高等学校电子信息类专业"十三五"规划教材

U0617320

数字视频处理及应用

主　编　张晓燕　单　勇　符艳军

副主编　钱　渊　李瑞欣　张　锐　庄绪春

西安电子科技大学出版社

内 容 简 介

　　本书对数字视频处理的基础理论、关键技术及应用作了全面的介绍。全书共 9 章,从数字视频处理的基本理论出发,重点对运动估计技术、视频对象分割技术、目标检测及跟踪技术、视频编码技术、视频编码标准、视频传输技术等作了比较系统的阐述,最后对典型的数字视频处理应用系统作了分析和介绍。本书注重基础理论和基本技术的讲述,同时也对相关标准和前沿技术进行了介绍。全书系统性强,内容丰富、新颖,叙述深入浅出,注重理论与实际应用的结合,易于读者理解和掌握。

　　本书可作为高等学校通信工程、计算机通信等相关专业本科生的教材或研究生的教学参考书,也可供从事多媒体通信技术研究和开发的工程技术人员参考使用。

图书在版编目(CIP)数据

　　数字视频处理及应用/张晓燕,单勇,符艳军主编.
　　一西安:西安电子科技大学出版社,2014.1(2020.3重印)
　　高等学校电子信息类专业"十三五"规划教材
　　ISBN 978 - 7 - 5606 - 3262 - 9

　　Ⅰ. ① 数…　Ⅱ. ① 张…　② 单…　③ 符…　Ⅲ. ① 数字视频系统-数字信号处理
　一高等学校-教材　Ⅳ. ① TN941.1

中国版本图书馆 CIP 数据核字(2013)第 315531 号

策　　划　云立实
责任编辑　云立实　黄柏娴
出版发行　西安电子科技大学出版社(西安市太白南路 2 号)
电　　话　(029)88242885　88201467　　邮　　编　710071
网　　址　www.xduph.com　　　　　电子邮箱　xdupfxb001@163.com
经　　销　新华书店
印刷单位　北京虎彩文化传播有限公司
版　　次　2014 年 1 月第 1 版　2020 年 3 月第 2 次印刷
开　　本　787 毫米×1092 毫米　1/16　印张 14.5
字　　数　339 千字
印　　数　3001~4000 册
定　　价　32.00 元
ISBN 978 - 7 - 5606 - 3262 - 9/TN

XDUP　3554001 - 2

＊＊＊如有印装问题可调换＊＊＊
本社图书封面为激光防伪覆膜,谨防盗版。

前　言

随着电子信息技术的发展，数字视频技术在视频监控、视频会议、可视电话及视频点播等方面获得了越来越广泛的应用。在视频应用系统中，数字视频处理技术用于对视频内容进行处理，可以大大提高系统的灵活性，并具有低成本及集成特性，因此，这方面的研究一直吸引着国内外广大科技人员的关注，并已成为新的热点。

本书系统地讨论了数字视频处理的基础理论、关键技术及典型应用，目的在于使读者了解数字视频处理所涉及的运动估计、视频对象分割、目标检测与跟踪、视频编码、视频传输等主要处理技术以及典型应用系统的组成、工作原理与关键技术。全书共分为 9 章：第 1 章从数字视频处理的基本理论出发，介绍了视频处理技术基础，第 2 章至第 7 章对运动估计技术、视频对象分割技术、目标检测及跟踪、视频编码技术及标准、视频传输技术等作了比较系统的阐述，第 8 章和第 9 章对视频监控和视频会议两种典型的数字视频处理应用系统作了分析和介绍。

本书的编者均从事数字视频处理方面的研究，承担了国家自然基金、中国博士后科学基金特别资助、陕西省自然基金等多项研究课题，发表了很多高质量的论文，取得了一些研究成果。本书是根据编者近年来从事数字视频处理技术教学的积累以及数字视频技术方面的主要科研成果，并参考了国内外相关文献，在原有讲义的基础上编写而成的。在编写过程中编者注重难易结合，体现出数字视频的技术原理及其实用性，力求对基础技术做到系统深入的介绍，对新技术做到文献材料详实可靠，对具体应用做到具体分析。本书每章后面均附有思考练习题，以帮助读者更好地理解和巩固所学内容。

本书由张晓燕、单勇、符艳军任主编，钱渊、李瑞欣、张锐、庄绪春任副主编。本书引用了一些文献中的内容，以反映数字视频处理当前的水平，在此对这些文献的作者表示深深的感谢。

本书可作为高等院校通信工程专业和计算机通信专业本科生的教材或教学参考书，也可作为相关专业的研究生教材。本书对从事通信、计算机方面工作的工程技术人员也有一定的参考价值。

由于时间紧迫，学识有限，书中难免有不足之处，敬请读者批评指正。

编　者

2013 年 8 月

目　　录

第 1 章　数字视频处理基础

　　视觉是人类最重要的感觉，也是人类获取信息的主要来源。据统计，人类从外界获取的信息中，70%～80%来自于视觉，这些信息实际上就是图像。在图像的基础上再加上时间因素，就形成了视频。视频信息与其他的信息形式相比，具有直观、具体、生动、信息量大等特点，因此，各种视频技术的研究和应用一直吸引着国内外广大科技人员的关注。从最早出现的模拟视频到现今的数字视频，数字视频处理技术已成为当前最流行、使用最频繁、应用范围最广的新技术，是信息领域的基础技术之一。

1.1　绪　　论

　　随着电子信息技术的发展，人们已经能够利用各种电子设备完成视频信息的采集、编解码、存储、传输和处理等操作，为高效地分析和处理客观世界提供了丰富的手段。在视频应用系统中，数字视频处理技术一直吸引着国内外广大科技人员，并已成为新的研究热点。本节首先阐述数字视频处理的概念、组成及应用，从而使读者对数字视频处理技术有一个基本的认识。

1.1.1　数字视频处理概述

　　视频是一组在时间轴上有序排列的图像，是二维图像在一维时间轴上构成的图像序列，又称为动态图像、活动图像或者运动图像。它不仅包含静止图像所包含的内容，还包含场景中目标运动的信息和客观世界随时间变化的信息。电影、电视等都属于视频的范畴。

　　早期的视频主要是模拟的视频信号，如传统的广播电视信号就是一种典型的模拟视频信号，它由摄像机通过电子扫描将随时间和空间变化的景物进行光电转换后，得到一维的时间函数的电信号，其电平的高低反映了景物的色彩值。模拟视频信号在传输、存储、处理和交互操作等方面具有很大的局限性，为此，可以将视频信号数字化，得到数字视频信号。数字视频信号便于传输、存储、处理和加密，无噪声累积，便于多媒体通信和设备的小型化。随着数字电路和微电子技术的进步，特别是超大规模集成电路的快速发展，数字视频信号的优点越来越突出，应用越来越广泛，例如高清晰度电视（HDTV）、多媒体、视频会议、移动视频、监控系统、医疗设备、航空航天、教育、电影等。

　　数字视频信号处理系统主要包括视频信号的采集、数字化、视频编码、存储、处理、传输、回放等主要模块。广义地讲，上述内容都属于数字视频处理的范畴。与之相对应，狭义的数字视频信号处理主要指对已数字化的视频信号进行某种特殊功能的分析和加工，如运动估计、视频压缩、运动对象分割、运动目标跟踪及动态场景分析等。

数字视频处理技术的发展历史可大致分为初级阶段、主流阶段和高级阶段。在初级阶段，由于处理、存储和传输能力的不足，计算机通常捕获单幅视频图像，将其以指定的文件格式存储起来，再利用图像处理技术进行处理，将结果保存下来用于需要的各种场合。

随着计算机软硬件性能的不断提高，以及视频采集设备、大容量存储设备、视频显示设备等不断升级，最终使得视频捕获、存储、播放在个人台式机上成为可能。由此进入数字视频处理的主流阶段，即模拟视频不再是视频处理的主流。这其中非常关键的是压缩解压缩（Codec）技术的成熟，压缩可以极大地降低数据量（达数十上百倍）。

在高级阶段，视音频处理硬件与软件技术高度发达，这些都为数字视频的流行起到了推动作用。在这个阶段，数字视频被进一步标准化，各种数字视频处理的应用不断丰富，如智能视频监控、视频增强、视频滤波等。数字视频处理的理论和技术成为研究的前沿和热点。

1.1.2 数字视频处理系统组成

一个基本数字视频处理系统的构成可用图 1-1 来表示。图中各模块都有特定的功能，分别是输入、输出、存储、通信、处理和分析。为完成各自的功能，每个模块都需要一些特定的设备。

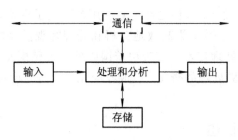

图 1-1 基本数字视频处理系统的构成

1. 输入模块

视频信号采集的常用工具包括录像机或摄像机等。摄像机种类繁多，其工作的基本原理都是一样的，即把光学图像信号转变为电信号，以便于存储或传输。当拍摄一个物体时，此物体上反射的光被摄像机镜头收集，使其聚焦在摄像器件的受光面（如摄像机的靶面）上，再通过摄像器件把光信号转变为电信号，即得到了"视频信号"。

随着电子技术的发展以及全球数字化进程的推进，视频的采集设备和采集方式有了很大的进展，直接采集数字视频的设备得到了广泛的开发和应用。

2. 输出模块

视频输出的主要功能是将经过系统处理后的视频图像信号以用户能感知的形式显示出来。目前，常用的显示设备有阴极射线荧光屏（CRT）、液晶显示屏（LCD）、等离子体显示屏（PDP）、场发射显示板（FED）等。

在诸多显示器中，阴极射线荧光屏的发展历史最久，技术最成熟。液晶显示屏的主要特点是高性能、彩色、高分辨率、快速、轻薄，但工艺复杂、成本高。等离子体显示屏的主要特点是大屏幕、全彩色和视频显示，其主要应用领域是公共场所信息显示、广告、电视和 HDTV 等。场发射显示板被认为是 CRT 的最好继承者，具有 CRT 的优点，又克服了

CRT 体积笨重的缺点，而且功耗较低，但其结构复杂、封装困难、寿命问题还未解决，一旦寿命和制造问题得到解决，FED 将会成为新一代的显示器。

3．存储模块

视频数据量非常大，对存储设备要求很高。视频存储设备分为内置存储和外置存储两大类，外置存储又分为直连存储和网络存储两类。内置存储主要指本地存储，如光盘、磁盘、磁带等各种存取器件。直连存储依赖服务器主机操作系统进行数据的 IO 读写和存储维护管理，数据备份和恢复要求占用服务器主机资源(包括 CPU、系统 IO 等)，直连式存储的数据量越大，备份和恢复的时间就越长，对服务器硬件的依赖和影响也就越大。网络存储可以分为 NAS(Network Attached Storage，网络接入存储)和 SAN (Storage Area Networks，存储区域网络)。NAS 用户通过 TCP/IP 协议访问数据，采用业界标准文件共享协议(如 NFS、HTTP、CIFS)实现共享，使用同一个文件管理系统。SAN 通过专用光纤通道交换机访问数据，采用 SCSI、FC－AL 接口。

4．通信模块

通信相当于远端的存取操作。数字视频数据量大，对通信传输网络提出了很高的要求。在视频通信发展初期，人们尝试着用已有的各种通信网络(普通电话网 PSTN、综合业务数字网 ISDN、计算机局域网 LAN 等)作为数字视频通信的支撑网络。每种通信网络均是为传送特定的媒体而建设的，在提供数字视频通信业务上各具特点，同时也存在一些问题。近十多年来，通信、计算机和互联网技术的不断发展与完善为视频通信提供了物理上的保证。

5．处理和分析模块

数字视频处理是指根据人的要求对视频图像进行某种处理，是视频处理系统的核心和关键模块，主要包括：

* 在保证一定图像质量的前提下尽可能压缩视频图像的数据量(即视频压缩)。由于视频信号的数据量非常大，因此压缩编码技术是数字视频处理中最为重要的一环。

* 消除视频信号产生、获取和传输过程中引入的失真和干扰，使视频信号尽可能逼真地重构原始景物，如视频滤波处理。

* 根据主观或客观度量，尽可能地去除视频中的无用信息而突出其主要信息，如视频增强、视频稳像技术等。

* 从视频图像中提取某些特征，以便对其进行描述、分类和识别，如视频分割、目标检测与跟踪、视频检索等。

1.1.3　数字视频处理的应用

视频内容数字化以后，就可以采用数字信号处理技术进行灵活的处理，如进行视频滤波、图像增强、图像缩放、运动估计、目标检测与跟踪等。数字视频处理的理论和技术是当前研究的前沿和热点，相关理论和技术的研究成果也在不断拓宽视频处理应用的范围。

1．广播电视中的应用

广播电视是视频技术的传统领域，早期的电视采用的是模拟视频技术，而数字视频处理技术促进了数字电视的开发和使用。数字电视采用从节目摄制、编辑、制作、发射、传输、接收到节目显示完全数字化的系统，具有清晰度高、音频效果好、抗干扰能力强、占用带宽窄等优点。数字视频处理技术在广播电视中的应用主要包括：地面电视广播、卫星电视广播、数字视频广播、卫星电视直播、交互式电视、高清晰电视等。

2．通信领域中的应用

视频压缩技术的发展，使得视频信号的数码率大大降低，而通信技术的发展又为视频通信提供了所需的带宽。这两者的结合与发展，促发了视频通信的革命。数字视频处理技术在通信领域中的应用包括视频会议、可视电话、远程教育、远程医疗、视频点播业务、移动视频业务、联合计算机辅助设计、数字网络图书馆、视频监控等。

3．计算机领域中的应用

近年来，由于多媒体技术的发展，视频技术已广泛应用于计算机领域。现在计算机几乎都配置有视频解压缩卡、CD‐ROM和视频播放软件，这种多媒体计算机集视频画面的真实性和计算机的交互性于一体，已成为当前计算机领域的热门话题。数字视频处理技术在计算机领域的应用主要包括多媒体计算机、视频数据库、交互式电视、三维图形图像、多媒体通信、动画设计与制作、视频制作、虚拟显示等。

4．其他领域中的应用

在工业生产方面，流水线上机械零件的自动检测、分类、内部结构分析或裂缝检测等，都可基于数字视频处理技术实现。在智能交通方面的应用包括车速、车型、车牌的识别，交通流量的监视以及车载导航系统等。在体育方面，视频图像处理技术应用于运动员动作分析，能够提高训练水平。此外，数字视频处理技术在卫星遥感、天气预报、军事、电子图书馆、电子新闻等方面都有广泛的应用。

1.2 彩 色 空 间

1.2.1 色彩的形成

在自然界中，当阳光照射到不同的景物上时，所呈现的色彩不同，这是因为不同的景物在太阳光的照射下，反射（或透射）了可见光谱中的不同成分而吸收了其余部分，从而引起人眼的不同色彩视觉。例如，当一张纸受到阳光照射后，如果主要反射蓝光谱成分，而吸收白光中的其他光谱成分，则引起蓝光视觉效果，因此人们说这是一张蓝纸。可见，色彩是与物体相关联的，但是色彩并不只是物体本身的属性，也不只是光本身的属性，同一物体在不同光源照射下所呈现的色彩效果不同。例如当绿光照射到蓝纸上时，这时的纸将呈现黑色。可见色彩的感知过程包括了光照、物体的反射和人眼的机能三方面的因素。色彩是一个心理物理学的概念，既包含主观成分（人眼的视觉功能），又包含客观成分（物体属性与照明条件的综合效果）。

从视觉的角度描述色彩会用到亮度、色调和饱和度三个术语。亮度表示光的强弱；色度是指色彩的类别，如黄色、绿色、蓝色等；饱和度则代表颜色的深浅程度，如浅紫色、粉红色。当然，在描述上述参数时，还必须考虑照射光的光谱成分、物体表面反射系数的光谱特性以及人眼的光谱灵敏度三方面的影响。

色调与饱和度又合称为色度，可见它既表示彩色光的颜色类别，又表示颜色的深浅程度。尽管不同波长的光波所呈现的颜色不同，但存在这样的现象：适当比例的红光和绿光混合，可以产生与黄单色光相同的彩色视觉效果，而日光也可以由红、绿、蓝三种不同波长的单色光以适当的比例组合而成。实际上自然界中的任何一种颜色都能由这三种单色光混合而成，因而称红、绿、蓝为三基色。

人眼视网膜是由大量的光敏细胞组成的，按其形状可分为杆状细胞和锥状细胞。杆状细胞能够起到感光作用，它对弱光的灵敏度要比锥状细胞高。锥状细胞只能在正常光照条件下才能产生视觉和色感。锥状细胞又分别为红敏细胞、绿敏细胞和蓝敏细胞。红光、绿光和蓝光分别能够激励红敏细胞、绿敏细胞和蓝敏细胞。换句话说，当红光、绿光、蓝光以适当的比例混合起来并同时作用在视网膜上时，将分别激励红敏细胞、绿敏细胞和蓝敏细胞，从而产生色彩感觉。这说明自然界中任何一种色彩可以通过红、绿、蓝三颜色混合而成，这三种颜色又称为三基色。

1.2.2　彩色空间

各种颜色可以用一个三维空间来描述，称为彩色空间，彩色空间中每个空间点都代表某一特定的色彩。为了定量描述和处理的需要，建立合适的彩色空间非常重要。不同彩色空间面向不同的应用场合，具有不同的特性，但大体上可以将其分为面向硬件设备和面向视觉感知两大类。常用的数字视频处理彩色空间包括 RGB、YUV、YIQ 和 YCbCr 等。

1. RGB 彩色空间

计算机彩色显示器与彩色电视机都是采用 R、G、B 相加混色的原理，通过发射出三种不同强度的电子束，使屏幕内侧覆盖的红、绿、蓝磷光材料发光而产生颜色，这种颜色的表示方法称为 RGB 彩色空间表示。在多媒体计算机技术中，用得最多的是 RGB 彩色空间表示。根据三基色原理，用基色光单位来表示光的量，则在 RGB 彩色空间，任意色光 F 都可以用 R、G、B 三个不同分量的相加混合而成。

$$F = r \lfloor R \rfloor + g \lfloor G \rfloor + b \lfloor B \rfloor \qquad (1-1)$$

RGB 彩色空间可以用一个三维的立方体来描述，如图 1-2 所示。自然界中任何一种色光都可由 R、G、B 三基色按不同的比例相加混合而成，当三基色分量都为 0 时混合为黑色光；当三基色分量都为 1（最强）时混合为白色光。任一颜色 F 都是这个立方体坐标中的一点，调整三色系数 r、g、b 中的任一系数都会改变 F 的坐标值，也即改变了 F 的颜色值。RGB 彩色空间采用物理三基色表示，因而物理意义很清楚，适合彩色显像管工作。然而这一体制并不适应人的视觉特点。因而，产生了其他不同的彩色空间表示法。

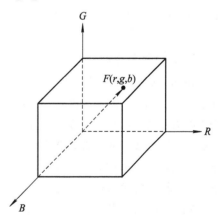

图 1-2　RGB 颜色空间

2. YUV 彩色空间

用彩色摄像机来获取图像信息时，摄像机把

彩色图像信号经过分色棱镜分成 R_0、G_0、B_0 三个分量信号，分别经过放大和 γ 校正得到 R、G、B，再经过矩阵变换电路得到亮度信号 Y 和色差信号 U、V，其中，亮度信号表示了单位面积上反射光线的强度，而色差信号（所谓色差信号，就是指基色信号中的三个分量信号 R、G、B 与亮度信号之差）决定了彩色图像信号的色调。最后发送端将 Y、U、V 三个信号进行编码，用同一信道发送出去，这就是在 PAL 彩色电视制式中使用的 YUV 彩色空间。YUV 与 RGB 彩色空间变换的对应关系如式（1-2）所示。

$$\begin{bmatrix} Y \\ U \\ V \end{bmatrix} = \begin{bmatrix} 0.299 & 0.587 & 0.114 \\ -0.146 & -0.288 & 0.434 \\ 0.617 & -0.517 & -0.100 \end{bmatrix} \begin{bmatrix} R \\ G \\ B \end{bmatrix} \tag{1-2}$$

YUV 彩色空间的一个优点是，它的亮度信号 Y 和色差信号 U、V 是相互独立的，即 Y 信号分量构成的黑白灰度图与用 U、V 两个色彩分量信号构成的两幅单色图是相互独立的。因为 Y、U、V 是独立的，所以可以对这些单色图分别进行编码。此外，利用 Y、U、V 之间的独立性可解决彩色电视机与黑白电视机的兼容问题。YUV 表示法的另一个优点是，可以利用人眼的视觉特性来降低数字彩色图像的数据量。人眼对彩色图像细节的分辨能力比对黑白图像细节的分辨能力低得多，因此就可以降低彩色分量的分辨率而不会明显影响图像质量，即可以把几个相同像素不同的色彩值当做相同的色彩值来处理（即大面积着色原理），从而减少了所需的数据量。在 PAL 彩色电视制式中，亮度信号的带宽为 4.43 MHz，用以保证足够的清晰度，而把色差信号的带宽压缩为 1.3 MHz，达到了减少带宽的目的。

在数字图像处理的实际操作中，对亮度信号 Y 和色差信号 U、V 分别采用不同的采样频率。目前常用的 Y、U、V 采样频率的比例有 4:2:2 和 4:1:1，当然，根据要求的不同，还可以采用其他比例。例如要存储 $R:G:B = 8:8:8$ 的彩色图像，即 R、G、B 分量都用 8 比特表示，图像的大小为 640×480 像素，那么所需要的存储容量为 $640 \times 480 \times 3 \times 8/8 = 921\ 600$ 字节；如果用 $Y:U:V = 4:1:1$ 来表示同一幅彩色图像，对于亮度信号 Y，每个像素仍用 8 比特表示，而对于色差信号 U、V，每 4 个像素用 8 比特表示，则存储量变为 $640 \times 480 \times (8+4)/8 = 460\ 800$ 字节，数据量减少了一半，但人眼察觉不出有明显变化。

3. YIQ 彩色空间

在 NTSC 彩色电视制式中可选用 YIQ 彩色空间，其中，Y 表示亮度，I、Q 是两个彩色分量。I、Q 与 U、V 是不相同的。人眼的彩色视觉特性表明，人眼对红、黄之间颜色变化的分辨能力最强；而对蓝、紫之间颜色变化的分辨能力最弱。在 YIQ 彩色空间中，色彩信号 I 表示人眼最敏感的色轴，Q 表示人眼最不敏感的色轴。在 NTSC 制式中，传送人眼分辨能力较强的 I 信号时，用较宽的频带（1.3～1.5 MHz）；而传送人眼分辨能力较弱的 Q 信号时，用较窄的频带（0.5 MHz）。

YIQ 与 RGB 彩色空间变换的对应关系如式（1-3）所示。

$$\begin{bmatrix} Y \\ I \\ Q \end{bmatrix} = \begin{bmatrix} 0.229 & 0.587 & 0.114 \\ 0.596 & -0.275 & -0.312 \\ 0.212 & -0.523 & 0.311 \end{bmatrix} \begin{bmatrix} R \\ G \\ B \end{bmatrix} \tag{1-3}$$

4. YCbCr 彩色空间

YCbCr 彩色空间是由 ITU－R（国际电联无线标准部，原国际无线电咨询委员会 CCIR）制定的彩色空间。按照 CCIR601－2 标准，将非线性的 RGB 信号编码成 YCbCr，编码过程开始时先采用符合 SMPTE－CRGB（它定义了三种荧光粉，即一种参考白光，应用于演播室监视器及电视接收机标准的 RGB）的基色作为 γ 校正信号。非线性 RGB 信号很容易与一个常量矩阵相乘而得到亮度信号 Y 和两个色差信号 Cb、Cr。YCbCr 通常在图像压缩时作为彩色空间，而在通信中是一种非正式标准。YCbCr 与 RGB 彩色空间变换的对应关系如式（1－4）所示，可以看到：数字域中的彩色空间变换与模拟域中的彩色空间变换是不同的。

$$\begin{bmatrix} Y \\ Cb \\ Cr \end{bmatrix} = \begin{bmatrix} 0.229 & 0.587 & 0.114 \\ -0.169 & -0.331 & 0.500 \\ 0.500 & -0.419 & -0.081 \end{bmatrix} \begin{bmatrix} R \\ G \\ B \end{bmatrix} + \begin{bmatrix} 0 \\ 128 \\ 128 \end{bmatrix} \tag{1-4}$$

1.3　视　频　表　示

视频为活动图像（或运动图像），我们所看到的视频信息实际上是由许多单一的画面所组成的，每幅画面称为一帧，帧是构成视频信息的最小和最基本的单元。由于每一帧图像的内容可能不同，因此，整个图像序列看起来就是活动图像。视频内容可以是活动的，也可以是静止的；可以是彩色的，也可以是黑白的；有时变化大，有时变化小；有时变化快，有时变化慢。

1.3.1　视频信息的特点

1. 直观性

人眼视觉所获得的视频信息具有直观的特点，与语音信息相比，由于视频信息给人的印象更生动、更深刻、更具体、更直接，所以视频信息交流的效果也就更好。这是视频通信的魅力所在。

2. 确定性

"百闻不如一见"，即视频信息是确定无疑的，是什么就是什么，不易与其他内容相混淆，能保证信息传递的准确性。而语音则由于方言、多义等原因可能会导致不同的理解。

3. 高效性

人眼视觉是一个高度复杂的并行信息处理系统，能并行快速地观察一幅幅图像的细节，因此，获取视频信息的效率要比语音信息高得多。

4. 广泛性

人类接收的信息，约 80％ 来自视觉，即人们每天获得的信息大部分是视觉信息。通常将人眼感觉到的客观世界称为景物。

5. 高带宽性

视频信息的信息量大，视频信号的带宽高，使得对它的采集、处理、传输、存储和显示都提出了更高的要求。例如，一路 PCM 数字电话所需的带宽为 64 kb/s，一路压缩后的

VCD 质量的数字电视要求 1.5 Mb/s，而一路高清晰度电视未压缩的信息传输速率约为 1 Gb/s，压缩后也要 20 Mb/s。显然，这是为了获得视频信息的直观性、确定性和高效性所需要付出的代价。

1.3.2 数字视频表示

从外界所获取的自然视频场景属于模拟视频信号，通常可以表示为时间与空间上的连续函数。所有信息在计算机内部都是使用数字形式描述的，为便于对采集得到的视频使用计算机进行处理、存储和传输，就必须将所获取的模拟信号在时间和空间域中转换为数字量，即视频的数字化，其结果便是数字视频（Digital Video）。模拟视频的 x、y 坐标及幅度值都是连续的，为把它转换成数字形式，需要在坐标和幅度上分别进行采样操作。数字化坐标值称为采样，包括空间采样和时间采样；而数字化幅度值则称为量化过程。

空间采样以固定尺寸的正方形区域为单位，采样后每个区域使用一个固定量表示。图像质量直接受到采样单元尺寸的影响：采样单元尺寸越小，图像分辨率越高，质量也越好。除了在空间域内进行采样，由于一个自然场景在时间上也是连续的，也需要在时间轴上以固定的间隔对模拟视频信号进行采样，以生成不同的帧（Frame）。为了保证视频的连续性，一般采样时间需要小于 1/20 s。时间域采样频率越高，视频也就越平滑，但也会使得视频数字化后的数据量成倍增加。视频场景空间与时间采样示意图如图 1-3 所示。

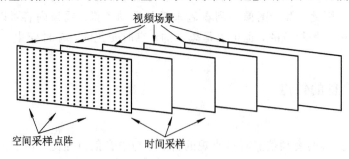

图 1-3 视频场景空间与时间采样示意图

模拟视频信号采样后，得到在空间上和时间上离散的视频信号。但是要实现视频的完全数字化，还必须将采集到的视频信号每一帧的幅值都转化为能使用有限位数表示的数值，即量化。量化就是按照一定的规则对连续采样值做近似表示，使得输出的幅值为有限个比特。量化输出的整数称为量化级，量化总是将一个范围内的输入值量化为同一个输出级，所以量化必然会造成信息的损失，是一个不可逆的过程。

数字视频一般都表示为一个三维信号 $f(x,y,t)$ 的形式，给定的 t 定义了某个时刻的一帧图像，而 x 和 y 表示视频帧中的行和列，标识了图像帧中点的空间位置，在该处的元素值也就是相应的灰度值，这个点一般称为图像元素或像素（Pixel）。对于彩色图像而言，要根据需要使用不同的颜色空间加以表示。通常在讨论视频信号处理的时候，更多地是以帧或图像的形式进行，直接将其表示为如下形式：

$$F(x,y) \quad x = 0, 1, \cdots, M \quad y = 0, 1, \cdots, N \tag{1-5}$$

这里采样、量化后产生的数字图像为 M 行 N 列，坐标 (x, y) 为离散量。对于整幅图像而言，采样和量化的最终结果可以表示为一个二维矩阵，完整的 $M \times N$ 数字图像可表示为

$$f(x,y) = \begin{bmatrix} f(0,0) & f(0,1) & \cdots & f(0,N-1) \\ f(1,0) & f(1,1) & \cdots & f(1,N-1) \\ \vdots & \vdots & \ddots & \vdots \\ f(M-1,0) & f(M-1,1) & \cdots & f(M-1,N-1) \end{bmatrix} \qquad (1-6)$$

数字化过程中,假设离散灰度级是等间隔的,并且是区间$[0,L-1]$内的整数,离散灰度级 L 定义为 $L=2^k$,存储数字图像所需比特数 $B=M \times N \times k$。当一幅图像有 2^k 灰度级时,通常称该图像是 k bit 图像。例如一幅灰度图像通常使用 256 个灰度级表示,也称其为 8 bit 图像。

1.3.3　数字视频的特点及应用

模拟视频在传输、存储和交互等方面具有很大的局限性。例如,在普通模拟电视中,只有频道选择等简单功能;在盒式磁带录像机(VCR)中,只能进行快速搜索和慢速重放等操作。模拟视频的录制、存储非常不方便,且多次录制、存储时噪声积累严重,传输时所叠加的噪声(即使很小)很难消除和分开,对信道的线性特性要求较高,放大器的非线性会产生波形畸变;随着传输距离的增加,噪声积累越来越大,使模拟视频信号的传输质量恶化,微分增益、微分相位失真会带来彩色失真;等等。

与模拟视频相比,数字视频具有很多优点:便于传输和交换,便于多媒体通信,便于存储、处理和加密,无噪声积累,差错可控制,可通过压缩编码来降低数码率,便于设备的小型化,信噪比高,稳定可靠,交互能力强等。

随着数字电路和微电子技术的进步,特别是超大规模集成电路的快速发展,使得数字视频的优点变得越来越突出,应用越来越广泛。例如,高清晰度电视(HDTV)、多媒体、视频会议、移动视频、监视控制、医疗设备、航空航天、军事、教育、电影等。

目前,数字视频用于桌面和掌上的技术已经成熟,也已成为消费电子产业的支柱,例如,数字电视、数码照相机和数码摄像机等。数字视频将会给计算机、通信和电子消费等产业带来一种革命性的"变化"。

1.4　视　频　模　型

视频图像序列是从动态的三维景物投影到视频摄像机图像平面上的一个二维图像序列。为了把真实世界的变化与视频序列的变化联系起来,需要描述真实世界和图像生成过程的参数化模型,最重要的模型是场景、摄像机、物体和照度模型。

场景模型用于描述包括照明光源、物体和摄像机的世界,即描述运动物体与一个三维场景的摄像机是如何相互定位的。在视频编码中,通常假定物体与摄像机的成像平面平行运动,即使用二维场景模型。三维场景模型能更有效地描述真实世界。根据不同的照明模型、摄像机模型和物体模型可得到不同的场景模型。下面讨论照明模型、摄像机模型和物体模型。

1.4.1　照明模型

照明模型主要用于描述照明变化引起的视频信号在时间上的变化。照明模型可分为光谱模型和几何模型。光谱模型适用于多种彩色光源(或由不同彩色物体反射的间接光源),几何模型适用于环境光源(照射物体时不会产生阴影)和点光源(例如聚光灯)。对每一种类型的光源,又可以分为局部照明模型和总体照明模型。局部照明模型假定照明光源与物体的位置无关,总体照明模型要考虑物体间的影响(例如阴影等)。

光源有两种,即照明光源和反射光源。照明光源包括太阳、灯泡等。照明光源的色彩感觉取决于光的波长范围。照明光源遵循相加规则。反射光源指能反射入射光的光源。当一束光照射到物体上时,一部分光被吸收,另一部分光被反射。反射光源的色彩感觉取决于入射光的光谱成分和被吸收的波长范围。反射光源遵循相减规则。在反射光中,镜面反射可以用发亮的表面和镜子观察到,它只能显示入射光的颜色,而不能显示物体的颜色。漫反射在所有方向上都具有相同的光强分布。通常的表面既有漫反射也有镜面反射,但只有漫反射才能显示物体表面的颜色。

反射光辐射强度的分布与入射光的光强 $f_i(\boldsymbol{L}, \boldsymbol{V}, \boldsymbol{N}, \boldsymbol{P}, t, \lambda)$ 和物体表面的反射系数 $r(\boldsymbol{L}, \boldsymbol{V}, \boldsymbol{N}, \boldsymbol{P}, t, \lambda)$ 有关,即

$$f_r(\boldsymbol{L}, \boldsymbol{V}, \boldsymbol{N}, \boldsymbol{P}, t, \lambda) = r(\boldsymbol{L}, \boldsymbol{V}, \boldsymbol{N}, \boldsymbol{P}, t, \lambda) \cdot f_i(\boldsymbol{L}, \boldsymbol{V}, \boldsymbol{N}, \boldsymbol{P}, t, \lambda) \quad (1-7)$$

其中,$\boldsymbol{P}$ 为物体表面的位置,$\boldsymbol{L}$ 为照明方向,$\boldsymbol{V}$ 为 $\boldsymbol{P}$ 点与摄像机焦点的观测方向,$\boldsymbol{N}$ 为点 $\boldsymbol{P}$ 处的表面法线矢量,λ 为光的波长。反射系数 $r(\boldsymbol{L}, \boldsymbol{V}, \boldsymbol{N}, \boldsymbol{P}, t, \lambda)$ 为反射光的强度与入射光的强度之比。例如,假定照明方向 $\boldsymbol{L}$ 和观测方向 $\boldsymbol{V}$ 固定不变,则式(1-7)可简化为

$$f_r(\boldsymbol{N}, \boldsymbol{P}, t, \lambda) = r(\boldsymbol{N}, \boldsymbol{P}, t, \lambda) \cdot f_i(\boldsymbol{N}, \boldsymbol{P}, t, \lambda) \quad (1-8)$$

当只有环境光源 $f_a(t, \lambda)$,且物体表面为漫反射时,其反射光强度的分布为

$$f_r(\boldsymbol{P}, t, \lambda) = r(\boldsymbol{P}, t, \lambda) \cdot f_a(t, \lambda) \quad (1-9)$$

当只有点光源时,对于局部照明模型和漫反射表面,物体表面上任意点 $\boldsymbol{P}$ 处的反射光强度取决于入射光方向 $\boldsymbol{L}$ 与该点处的表面法线 $\boldsymbol{N}$ 之间的夹角 θ,即

$$f_r(\boldsymbol{P}, t, \lambda) = r(\boldsymbol{P}, t, \lambda) \cdot f_p(t, \lambda) \cdot \cos\theta \quad (1-10)$$

其中,$f_p(t, \lambda)$ 为点光源的最大光强,即光垂直于表面时的光强。

当多个环境光源和点光源都存在时,任意一点反射光强度的分布是该点对每个光源反射光强的叠加。

1.4.2　摄像机模型

摄像机模型描述真实场景中物体在摄像机成像图像平面上的投影,即实现四维空间 (X, Y, Z, t) 到三维空间 (x, y, t) 的映射,有

$$f: \mathbf{R} \to \mathbf{R}^3$$
$$(X, Y, Z, t) \to (x, y, t) \quad (1-11)$$

其中,(X, Y, Z) 为三维空间坐标系(也称为世界坐标系);(x, y) 为二维投影图像平面。

1. 透视投影

透视投影也称为中心投影。以摄像机(如针孔摄像机)为中心,观察空间中的物体,可以获得物体在二维图像平面上的投影图像,如图1-4所示。其中,原点 O 为观察点(或透视中心);$OO' = F$ 为焦距,表示观察者与投影图像平面之间的距离。从观测点 O 观测空间中物体上一特征点 $P(X, Y, Z)$,在投影图像平面上有一投影点 $p(x, y)$。观测点 O、物体上

点 $P(X,Y,Z)$ 和投影点 $p(x,y)$ 在一条直线上。满足 $\dfrac{x}{F}=\dfrac{x}{Z}$，$\dfrac{y}{F}=\dfrac{Y}{Z}$（或 $x=F\dfrac{X}{Z}$，$x=F\dfrac{X}{Z}$）的结构称为透视投影（或中心投影），即以观察者为中心的投影模型。

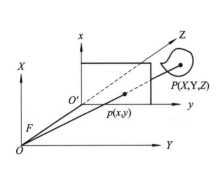 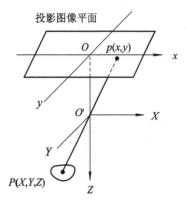

(a) 摄像机在观测物体和成像图像平面的一侧　　　(b) 摄像机在观测物体和成像图像平面之间

图 1-4　透视投影

2. 正交投影

当物体距离摄像机很远时，中心投影可用正交投影（也称为平行投影）来近似，如图 1-5 所示，即 $x=X$，$y=Y$，或

$$
\begin{bmatrix} x \\ y \end{bmatrix} = \begin{bmatrix} 1 & 0 & 0 \\ 0 & 1 & 0 \end{bmatrix} \begin{bmatrix} X \\ Y \\ Z \end{bmatrix}
\tag{1-12}
$$

其中，x、y 为投影图像的平面坐标。

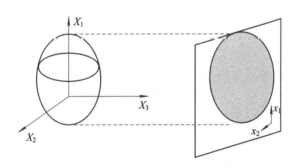

图 1-5　正交投影

3. 摄像机运动

摄像机的典型运动形式有跟(track，摄像机沿成像图像平面的水平轴平移，包括左跟、右跟)，吊(boom，摄像机沿成像图像平面的垂直轴平移，包括上吊、下吊)，摇(pan，摄像机绕垂直轴旋转，包括左摇、右摇)，倾(tilt，摄像机绕水平轴旋转，包括上倾、下倾)，滚(roll，摄像机绕光轴旋转)，变焦(摄像机改变其焦距)。

1）跟和吊

跟和吊是指摄像机沿世界坐标系 $OXYZ$ 的 X 轴和 Y 轴的平移。设摄像机的实际平移为 T_X 和 T_Y，原摄像机坐标中任意一点 (X, Y, Z) 的三维空间位置将变化到 (X', Y', Z')，有 $x = F\dfrac{X}{Z}$，$y = F\dfrac{X}{Z}$，

$$
\begin{bmatrix} X' \\ Y' \\ Z' \end{bmatrix} = \begin{bmatrix} X \\ Y \\ Z \end{bmatrix} + \begin{bmatrix} T_X \\ T_Y \\ 0 \end{bmatrix} \tag{1-13}
$$

利用 $x = F\dfrac{X}{Z}$，$y = F\dfrac{X}{Z}$，可得到摄像机在成像图像平面 $xO'y$ 的二维空间位置变化，即

$$
\begin{bmatrix} x' \\ y' \end{bmatrix} = \begin{bmatrix} x' \\ y' \end{bmatrix} + \begin{bmatrix} \dfrac{FT_X}{Z} \\ \dfrac{FT_Y}{Z} \end{bmatrix} \tag{1-14}
$$

2）摇和倾

摇和倾是指摄像机绕世界坐标系 $OXYZ$ 的 X 轴和 Y 轴旋转。设摄像机绕 X 轴和 Y 轴的旋转角分别为 θ_X 和 θ_Y，摄像机的新旧坐标之间的变化关系为

$$
\begin{bmatrix} X' \\ Y' \\ Z' \end{bmatrix} = \boldsymbol{R}_X \boldsymbol{R}_Y \begin{bmatrix} X \\ Y \\ Z \end{bmatrix} \tag{1-15}
$$

其中，$\boldsymbol{R}_X$ 和 $\boldsymbol{R}_Y$ 分别为摄像机绕 X 轴和 Y 轴的旋转矩阵，即

$$
\boldsymbol{R}_X = \begin{bmatrix} 1 & 0 & 0 \\ 0 & \cos\theta_X & -\sin\theta_X \\ 0 & \sin\theta_X & \cos\theta_X \end{bmatrix} \tag{1-16}
$$

$$
\boldsymbol{R}_Y = \begin{bmatrix} \cos\theta_Y & 0 & \sin\theta_Y \\ 0 & 1 & 0 \\ -\sin\theta_Y & 0 & \cos\theta_Y \end{bmatrix} \tag{1-17}
$$

当旋转角 θ_X 和 θ_Y 均很小时，有

$$
\boldsymbol{R}_X \boldsymbol{R}_Y = \begin{bmatrix} 1 & 0 & \theta_Y \\ 0 & 1 & -\theta_X \\ -\theta_Y & \theta_X & 1 \end{bmatrix} \tag{1-18}
$$

3）变焦

设 F 为摄像机变焦前的焦距，F' 为摄像机变焦后的焦距，由 $x = F\dfrac{X}{Z}$，$y = F\dfrac{X}{Z}$ 可得

$$
\begin{pmatrix} x' \\ y' \end{pmatrix} = \begin{pmatrix} \mu x \\ \mu y \end{pmatrix} \tag{1-19}
$$

其中，$\mu = \dfrac{F'}{F}$ 称为变焦系数。

4）滚

滚是指摄像机绕 Z 轴旋转，即

$$\begin{bmatrix} x' \\ y' \end{bmatrix} = \begin{bmatrix} \cos\theta_z & -\sin\theta_z \\ \sin\theta_z & \cos\theta_z \end{bmatrix} \begin{bmatrix} x \\ y \end{bmatrix} \tag{1-20}$$

当摄像机绕 Z 轴的旋转角 θ_z 很小时，有

$$\begin{bmatrix} x' \\ y' \end{bmatrix} \approx \begin{bmatrix} 1 & -\theta_z \\ \theta_z & 1 \end{bmatrix} \begin{bmatrix} x \\ y \end{bmatrix} \tag{1-21}$$

1.4.3　物体模型

物体模型是关于真实物体的假设。所谓物体是指在一个场景中可以分离的实体，例如一辆车、一台电视、一个人等。一个物体可用形状、运动和纹理等来描述。其中，纹理模型用于描述一个物体表面的特性。下面简要介绍形状模型和运动模型。

1. 形状模型

一个三维物体的形状由它所占据的三维空间来描述。通常由于人们不太关注物体的内部，因此可用物体的表面来描述它的形状。一般可采用三角形网格（即线框）的方法，三角形网格是用位于物体表面的控制点（顶点）来构建的。控制点的数量和位置取决于物体的形状和三角形网格模型对物体形状描述的精度。图 1-6 给出了一个三角形网格的例子，其中控制点为 $P_i = P_i(X_i, Y_i, Z_i)$，不同的控制点形成了索引面。该例中有 5 个控制点，构成了分别由三个控制点（如控制点 1，2，3）形成的三个控制面，其控制点表和索引面集分别如表 1-1 和表 1-2 所示。

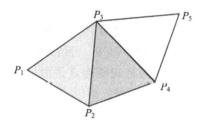

图 1-6　表示物体表面的三角形网格

表 1-1　控制点集

1	X_1	Y_1	Z_1
2	X_2	Y_2	Z_2
3	X_3	Y_3	Z_3
4	X_4	Y_4	Z_4
5	X_5	Y_5	Z_5

表 1-2　索引面集表

1	2	3
2	4	3
4	5	3

2. 刚体运动模型

当控制点不能被独立地移动和不能改变物体形状时，该物体就是刚性的；否则，就是柔性的。一个物体可以是刚性的或柔性的。

刚性物体在三维空间中的运动可以分解为围绕通过原点的一个轴的旋转和平移。在三维空间中，物体的旋转可用一个 3×3 矩阵 $\boldsymbol{R}$ 来描述，平移可用一个 3×1 的列向量 $\boldsymbol{T}$ 来描述。$\boldsymbol{R}$ 和 $\boldsymbol{T}$ 是描述刚性物体三维空间运动的重要参数。

假设在三维空间中一运动物体上的特征点为 p，运动前(在 t_1 时刻)的坐标为 $p(x,y,z)$；运动后(在 t_2 时刻)与相对应的点 p' 的坐标为 $p'(x',y',z')$，运动前后应满足

$$\begin{bmatrix} x' \\ y' \\ z' \end{bmatrix} = \boldsymbol{R} \begin{bmatrix} x \\ y \\ z \end{bmatrix} + \boldsymbol{T}$$

其中，$\boldsymbol{R}$ 为旋转矩阵，定义为 $\boldsymbol{R} = \begin{bmatrix} r_{11} & r_{12} & r_{13} \\ r_{21} & r_{22} & r_{23} \\ r_{31} & r_{32} & r_{33} \end{bmatrix}$；$\boldsymbol{T}$ 为平移向量，定义 $\boldsymbol{T} = \begin{bmatrix} \Delta x \\ \Delta y \\ \Delta z \end{bmatrix}$，$\Delta x$、

Δy、Δz 分别为运动物体在 x、y、z 三个方向上的平移量。

1.5　数字视频格式

目前，视频格式主要分为适合在本地播放的本地影像视频和适合在网络中播放的网络流媒体影像视频两大类。

1.5.1　本地影像视频

1. AVI 格式

AVI(Audio Video Inter‐leaved，音频视频交错格式)于 1992 年由 Microsoft 公司推出，伴随 Windows 3.1 一起被人们认识和熟知。所谓音频视频交错，就是可以将视频和音频交织在一起进行同步播放。这种视频格式的优点是图像质量好，可以跨多个平台使用，其缺点是占用空间太大，而且压缩标准不统一。

AVI 文件包含三部分：文件头、数据块和索引块，如图 1‐7 所示。文件头包括文件的通用信息、定义数据格式、所用的压缩算法等参数，构成一个 AVI 文件的主要参数包括视像参数、伴音参数和压缩参数等。数据块包含实际数据流，即图像和声音序列数据，这是文件的主体，也是决定文件容量的主要部分，视频文件的容量等于该文件的数据率乘以该视频播放的时间长度。索引块包括数据块列表和它们在文件中的位置，以提供文件内数据的随机存取能力。

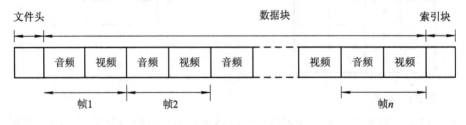

图 1‐7　AVI 文件存储格式

在采集或获取 AVI 文件时，视像部分和伴音部分是分别采集的，只是它们通过采集程序的控制，自动配合起来形成同步。从图中也可以看出，在 AVI 文件中，视像和伴音是分别存储的，因此可以把一段视频中的视像与另一段视频中的伴音组合在一起。AVI 文件与 WAV 文件密切相关，因为 WAV 文件是 AVI 文件中伴音信号的来源。

有关压缩的主要参数包括压缩算法、图像深度、压缩质量、关键帧等。同是 AVI 格式可以采用不同的压缩算法；图像深度即视频中可以显示的颜色数；压缩质量常用百分数表示，100％表示最佳效像压缩；关键帧只有在使用帧间压缩编码（如帧间差值编码）时才起作用，是其他帧压缩时与之比较并产生差像的基准。

2. MPEG 格式

MPEG(Moving Picture Experts Group，活动图像专家组)成立于 1988 年，它的工作不仅局限于活动图像编码，还把伴音与图像的压缩联系在一起，并且根据不同的应用场合，定义了不同的标准。

MPEG－1 是 1993 年 8 月正式通过的技术标准，其全称为"适用于约 1.5 Mb/s 以下数字存储媒体的运动图像及伴音的编码"。这里所指的数字存储媒体包括 CD－ROM、DAT、硬盘、可写光盘等。同时利用该标准也可以在 1SDN 或局域网中进行远程通信。它的目的是把 221 Mb/s 的 NTSC 图像压缩到 1.2 Mb/s，压缩率为 200∶1。它可对 SIF 标准分辨率（对于 NTSC 制为 352×240；对于 PAL 制为 352×288）的图像进行压缩，传输速率为 1.5 Mb/s，每秒播放 30 帧，具有 CD 音质，质量级别基本与 VHS（广播级录像带）相当。MPEG－1 的编码速率最高可达 4～5 Mb/s，但随着速率的提高，其解码后的图像质量有所降低。使用 MPEG－1 压缩算法可以把一部长 120 min 的电影压缩到 1.2 GB 左右。这种视频格式的文件扩展名包括.mpg、.mlv、.mpe、.mpeg 及 VCD 光盘中的 .dat 文件等。

MPEG－2 是 1994 年 11 月发布的"活动图像及其伴音通用编码"标准，该标准可以应用于 2.048 Mb/s～20 Mb/s 的各种速率和各种分辨率的应用场合之中，如多媒体计算机、多媒体数据库、多媒体通信、常规数字电视、高清晰度电视以及交互式电视等。MPEG－2 格式主要应用在 DVD/SVCD 的制作（压缩）方面，同时在一些 HDTV（高清晰电视广播）和一些高要求的视频编辑、处理上面也有相当的应用。MPEG－2 能够提供广播级的视像和 CD 级的音质，其音频编码可提供左右中及两个环绕声道，以及一个加重低音声道和多达 7 个伴音声道。这种视频格式的文件扩展名包括 .mpg、.mpe、.mpeg、.m2v 及 DVD 光盘上的 .vob 文件等。MPEG－2 兼容 MPEG－1 标准，除了作为 DVD 的指定标准外，MPEG－2 还可用于为广播、有线电视网、电缆网络以及卫星直播提供广播级的数字视频。

1999 年 1 月公布了 MPEG－4 标准的 V1.0 版本，同年 12 月公布了 V2.0 版本。该标准主要应用于超低速系统之中，例如多媒体 Internet、视频会议和视频电视等个人通信，交互式视频游戏和多媒体邮件，基于网络的数据业务、光盘等交互式存储媒体，远程视频监视及无线多媒体通信，特别是它能够满足基于内容的访问和检索的多媒体应用，且其编码系统是开放的，可随时加入新的有效算法模块。

3. MOV 格式

MOV 格式是由美国 Apple 公司开发的一种视频格式，可通用于 MAC 系统与 PC 平台，默认的播放器是苹果的 QuickTimePlayer。MOV 格式的视频文件可以采用不压缩或压缩的方式，其压缩算法包括 Cinepak、Intel IndeoVideoR3.2 和 Video 编码，具有较高的压缩比率和较完美的视频清晰度，其最大的特点是跨平台性，既能支持 MacOS 也能支持 Windows 系列。

1.5.2　网络数字视频

1. ASF 格式

ASF(Advanced Streaming Format，高级流格式)是 Microsoft 为了和现在的 Realplayer 竞争而发展出来的一种可以直接在网上观看视频节目的文件压缩格式。可以直接使用 Windows 自带的播放器 Windows Media Player 对其进行播放。由于它使用 MPEG-4 的压缩算法，压缩率和图像的质量都很不错。高压缩率有利于视频流的传输，但图像质量肯定会有损失，所以有时候 ASF 格式的画面质量不如 VCD，但比同是视频流格式的 RAM 格式要好。不过，如果不考虑在网上传播，选最好的质量来压缩文件的话，其生成的视频文件比 VCD(MPEG-1)好，但是，这样就失去了 ASF 本来的发展初衷。

2. WMV 格式

WMV(Windows Media Video)也是 Microsoft 推出的一种采用独立编码方式并且可以直接在网上实时观看视频节目的文件压缩格式。WMV 格式的主要优点包括相比 MPEG、VOB 格式同等画质时文件相对较小、本地或网络回放、可扩充的媒体类型、部件下载、可伸缩的媒体类型、流的优先级化、多语言支持、环境独立性、丰富的流间关系以及扩展性。它是由 ASF 格式升级延伸来的，在同等视频质量下，WMV 格式的体积非常小(RM 格式也很小，是不同的技术相同的应用)，因此也很适合在网上播放和传输。

3. RM 格式

Real Networks 公司制定的音频/视频压缩规范，称为 RealMedia，可以使用 RealPlayer 或 RealOne Player 对符合 RealMedia 技术规范的网络音频/视频资源进行实况转播，并且 Real Media 可以根据不同的网络传输速率制定出不同的压缩比率，从而实现在低速率的网络上进行影像数据实时传送和播放。这种格式的另一个特点是使用 RealPlayer 或 RealOne Player播放器可以在不下载音频/视频内容的条件下实现在线播放。另外，RM 作为目前主流网络视频格式，它还可以通过其 Real Server 服务器将其他格式的视频转换成 RM 视频并由 Real Server 服务器负责对外发布和播放。RM 和 ASF 格式可以说各有千秋，通常 RM 视频更柔和一些，而 ASF 视频则相对清晰一些。

4. RMVB 格式

RMVB 格式是一种由 RM 视频格式升级延伸出的新视频格式，它的先进之处在于 RMVB 视频格式打破了原先 RM 格式那种平均压缩采样的方式，在保证平均压缩比的基础上合理利用比特率资源，就是说静止和动作场面少的画面场景采用较低的编码速率，这样可以留出更多的带宽空间，而这些带宽会在出现快速运动的画面场景时被利用，这样在保证静止画面质量的前提下可大幅提高运动图像的画面质量，在图像质量和文件大小之间达到了微妙的平衡。另外，相对于 DVDrip 格式，RMVB 格式也有着较明显的优势，一部大小为 700 MB 左右的 DVD 影片，如果将其转录成同样视听品质的 RMVB 格式，最多也就 400 MB 左右。不仅如此，这种视频格式还具有内置字幕和无需外挂插件支持等独特优点,可以使用 RealOne Player 2.0 或 RealPlayer 8.0 等播放软件播放这种视频格式。

1.6　数字视频质量评价

在视频处理过程中必然会引入失真(误差),因此需要建立评价准则,对视频图像质量进行评价,评价准则可以分为主观质量评价和客观质量评价两类。

1.6.1　视频图像主观评价

主观评价是目前用得较多,也是最具有权威性的评价视频图像质量的方法。所谓视频图像主观评价是通过人在给定的观察条件下观察视频图像,对视频图像的优劣作主观评定,然后对评分进行统计平均得出的评价结果。视频图像主观评价与观察者的个性和观察条件等因素有关。

视频图像的主观评价通常采用平均评价分值(Mean Opinion Score,MOS)方法。如表1-3 所示,主观测试可分为以下三种类型:

(1) 质量测试:观察者评定视频图像的质量等级;

(2) 损伤测试:观察者评定视频图像的损伤程度;

(3) 比较测试:观察者对一个给定的视频图像序列与另一个视频图像序列进行质量比较。

表 1-3　主观测试五级标准

质量测试	损伤测试	比较测试
5:不能觉察	A:优	+2:好得多
4:刚能觉察,不讨厌	B:良	+1:好
3:有点讨厌	C:中	0:相同
2:很讨厌	D:次	-1:坏
1:不能用	E:劣	-2:坏得多

1.6.2　视频图像客观评价

视频图像的客观质量可以用算法自动测量。客观质量的评价算法有均方差(Mean Square Error,MSE)、峰值信噪比(Peak Signal Noise Ratio,PSNR)等。MSE 定义为原视频图像序列 $f_1(m, n, k)$ 与处理后的视频图像序列 $f_2(m, n, k)$ 之间的均方误差,即

$$MSE = \frac{1}{KMN} \sum_{k=1}^{k} \sum_{m=1}^{M} \sum_{n=1}^{N} \left[f_1(m, n, k) - f_2(m, n, k) \right]^2 \qquad (1-22)$$

其中,k 为视频图像序列帧数,$M \times N$ 为帧图像的大小,KMN 为视频图像序列的总像素数。对于彩色视频,每个彩色分量的 MSE 是分别计算的。

另一种更常用的视频图像客观评价方法是 $PSNR$,定义为

$$PSNR = 10 \lg \frac{f_{max}^2}{MSE} \qquad (1-23)$$

其中,f_{max} 为视频信号峰值,对每个彩色分量通常取 $f_{max}=255$。对于峰值信噪比准则,通

常 $PSNR$ 高于 40 dB 的亮度分量，就意味着视频图像非常好(即与原始视频图像很接近)；30～40 dB，意味着有比较好的视频图像质量(即失真可察觉，但可以接受)，20～30 dB 的视频图像质量则是相当差的；而低于 20 dB 则是不可接受的。尽管 $PSNR$ 能够表示视频图像的质量，但图像的主观质量才能最好地体现人的视觉对图像的真实感受。

1.7 本 章 小 结

本章首先介绍了数字视频处理的概念、系统组成以及主要应用，然后对视频数字图像处理涉及的主要颜色空间及其相互关系进行了探讨；其次详细分析了视频信息的特点、数字视频的表示、数字视频的特点及应用，并对三种主要的视频模型进行了介绍；最后对数字视频的主要格式以及质量评价进行了分析。

❖ 思考练习题 ❖

1. 简述数字视频的特点及应用。

2. 目前常用的彩色空间有哪些？它们之间的关系是什么？

3. 试画出数字视频处理系统的组成框图，并解释各个部分的作用。

4. 视频图像的质量评价方法主要分为哪几类？视频图像质量的主观评价方法主要分为哪几类？

5. 视频图像质量的客观评价方法相对于主观评价方法有什么优点？

第 2 章 运 动 估 计

运动分析与估计是数字视频处理的基本内容，也是视频处理研究的难点与热点。运动分析与估计广泛应用于计算机视觉、目标跟踪、工业监视和视频压缩等场合。运动分析与估计涉及到图像平面二维运动或物体三维运动的估计，以及序列图像中的二维运动和真实的三维运动之间的关系。二维运动估计是迈向三维运动分析的第一步，也是运动补偿滤波和压缩的主要部分。本章主要介绍二维运动估计。

2.1　二维运动估计的基本概念

在随时间变化的视频序列中，帧与帧之间存在着很大的空间冗余，通过运动估计可以有效地去除冗余，保留帧间的有效信息，这对于视频图像序列数据压缩和传输是非常重要的。如果景物和摄像设备都是静止的，则当前帧像素点的位置与在下一帧中的位置应当是相同的；如果在静止景物中还有运动的物体，则对当前帧中运动物体上的某一像素点，在未来时刻的最佳运动位置估计，应该为该像素点在下一帧中的位置。

真实物体的三维运动在图像平面上的透视或正交投影是二维运动。平面上的每一点在时刻 t 与 $t + \Delta t$ 间的位移矢量组成了该平面的二维位移矢量场，也称之为对应场。而平面上的每一点在时刻 t 与 $t + \Delta t$ 间的位移变化率就是该点的光流矢量，平面上各点的光流矢量组成了该平面的光流场。因此，产生了对于二维运动估计的两种提法：(1) 在时刻 t 与 $t + \Delta t$ 间，对于各像素点的位移矢量的估计，可表达为式(2—1)，(2) 在时刻 t 与 $t + \Delta t$ 间，对于各个像素点的光流矢量的估计，可表达为式(2-2)。

$$\boldsymbol{d}(\boldsymbol{x}, t; \Delta t) = \begin{bmatrix} d_1(\boldsymbol{x}, t; \Delta t) & d_2(\boldsymbol{x}, t; \Delta t) \end{bmatrix}^{\mathrm{T}} \qquad (2-1)$$

$$\boldsymbol{v}(\boldsymbol{x}, t) = \begin{bmatrix} v_1(\boldsymbol{x}, t) & v_2(\boldsymbol{x}, t] \end{bmatrix}^{\mathrm{T}} \qquad (2-2)$$

而在对运动属性缺乏附加假设的情况下，仅仅依据两帧图像来解决位移矢量或是光流矢量的估计，是一种"不适定"的问题(如果不存在唯一解或者解不连续地依赖于数据，则称之为"不适定"问题)，因为：

• 解的存在性。由于遮挡问题，不能为覆盖或是显露的背景建立对应关系。

• 解的唯一性。如果每一个像素的位移或速度分量被当作独立的分量，那么未知量的个数将是式(2-1)给出的方程个数的两倍。也就是说，虽然方程个数与图像中的像素点的个数相等，但是每个像素点的运动矢量却有两个分量，这种现象称为孔径问题，它导致了二维运动估计问题的解不是唯一的。

• 解的连续性。由于运动估计对于图像中出现的噪声是非常敏感的，所以一个极小的噪声也可能引起运动估计中很大的偏差。

2.2 二维运动场模型

由于对二维运动场的估算具有"不适定"性，运动估计的算法需要对有关二维运动模型附加假设。常用的模型有参数模型与非参数模型。

2.2.1 参数模型

参数模型是用来描述曲面的三维运动（位移和速度）在图像平面上的正交或透视投影的。通常三维曲面的表达式决定了带参数的二维运动场的模型。例如，一个由平面的三维刚体运动产生的二维运动场，在正交投影下，可用六个参数的仿射模型描述；在透视投影下，可用八个参数的非线性模型描述。

参数模型的子类是所谓的"准参数"模型，它们把每个三维点的深度当作独立的未知量来对待，那么六个三维运动参数可以限定局部图像的矢量沿着指定的方向伸展，同时利用局部深度的知识去确定运动矢量的准确值。这些模型可作为约束条件去规范二维运动矢量，导出联合的二维和三维运动估计公式。

2.2.2 非参数模型

参数模型的主要缺点是它只适用于三维刚体运动。那么，在不使用三维刚体运动模型的情况下可以将非参数均匀性约束条件强加于二维运动场上。常用的非参数模型有：

1. 基于光流方程的方法

基于光流方程（Optical Flow Equation）的方法依据时空图像的亮度梯度得到一个光流场的估算。对于灰度图像，光流方程要与合适的时空平滑约束条件联合使用，要求位移矢量在附近区域缓慢变化。对于彩色图像，光流方程可分别施加于每个颜色带上，约束三个不同方向的位移矢量。

2. 块运动模型

该方法假设图像是由运动的块构成，然后逐帧确定出块位移。通常包括两种方法：相位相关法和块匹配法。在相位相关法中，两个相邻帧之间的傅立叶相位差决定了运动估计的结果。块匹配算法是使用"距离准则"搜索出相继帧间的固定大小的最佳匹配块的位置，确定出块位移。

3. 像素递归法

像素递归法是预测校正型的位移估算器。预测值可以作为前一个像素位置的运动估算值，或作为当前像素邻域内的运动估算线性组合。依据该像素上的位移帧差的梯度最小值，对预测作进一步的修正。

4. 贝叶斯法

贝叶斯法利用随机平滑度约束条件，通常采用 Gibbs 随机场方法来估算位移场。贝叶斯法方法的主要不足是需要大量的计算。

2.3　光流法运动估计

　　光流法运动估计是基于像素的运动估计技术之一,通过光流场对物体的运动进行描述。光流场是一个二维速度场,是对运动场的近似。它蕴含着三维的运动信息,但由于光流是从两幅差别很小的图像中求得的,往往含有很大的噪声,由此不可以精确地求出运动。尽管如此,通过对光流的分析,可以定性地解释物体在三维空间的运动。

　　基于光流场的运动估计技术针对单个像素,求其运动矢量 $V(u, v)$,该矢量包含像素运动的两个信息:幅值和方向。光流场的模型基于一些假设前提,比如物体运动无遮挡,物体表面反射系数均匀变化并且没有突变等。在这些前提之下,像素的运动有一个自然的约束方程

$$I(x, y, t) = I(x + \Delta x, y + \Delta y, t + \Delta t) \tag{2-3}$$

其中,$I(x, y, t)$ 代表位置在 (x, y) 的像素在 t 时刻的某种属性,比如亮度。对该约束方程的两边进行泰勒展开,同时再做一些变形,可以得到如下的光流约束方程

$$\frac{\partial x}{\partial t}\frac{\partial I}{\partial x} + \frac{\partial y}{\partial t}\frac{\partial I}{\partial y} + \frac{\partial I}{\partial t} = 0 \tag{2-4}$$

记 $u = \dfrac{\partial x}{\partial t}$,$v = \dfrac{\partial y}{\partial t}$,$I_x = \dfrac{\partial I}{\partial x}$,$I_y = \dfrac{\partial I}{\partial y}$,则有

$$(I_x, I_y) \cdot (u, v) = - I_t \tag{2-5}$$

其中,I_x 和 I_y 分别表示在水平和垂直方向上的亮度变化;u 和 v 分别表示在水平和垂直方向上的运动。仅依靠这个约束不能够得到要求的运动矢量,还需要一些附加的约束,比如运动矢量平滑的约束,也就是求解

$$\left(\frac{\partial u}{\partial x}\right)^2 + \left(\frac{\partial u}{\partial y}\right)^2 = 0 \tag{2-6}$$

和

$$\left(\frac{\partial v}{\partial x}\right)^2 + \left(\frac{\partial v}{\partial y}\right)^2 = 0 \tag{2-7}$$

在这些约束条件下,通过估计得到的 $\dfrac{\partial I}{\partial x}$、$\dfrac{\partial I}{\partial y}$、$\dfrac{\partial I}{\partial t}$ 来计算 $\left(\dfrac{\partial x}{\partial t}, \dfrac{\partial y}{\partial t}\right)$,也就是所要求的运动矢量 $V(u, v)$。

2.4　基于块的运动估计

　　基于块的运动估计是运动分析最通用的算法之一。其主要思想是把帧图像分成一定大小的图像块,认为每个图像块具有一个唯一的运动向量(包含运动方向和距离)。通过对图像块的运动分析,找出前后帧图像各部分的对应关系。要对块运动进行分析,首先要建立块的运动模型。

2.4.1　块运动的两种模型

　　块运动模型是假设图像由运动的块构成的。一般分为两种类型的块运动模型:块平移

模型和可变形块运动模型。

1. 块平移模型

这种模型限制每一个块作单纯的平移运动。设块 **B** 的大小是 $N_x \times N_y$，块 **B** 的中心为 (x_c, y_c)，经过一帧运动到新的位置，则块 **B** 中所有点可表示为

$$s(x, y, k) = \mathbf{B}(x + \Delta x, y + \Delta y, k + 1) \tag{2-8}$$

向量 $(\Delta x, \Delta y)$ 为从 (x_c, y_c) 指向 $(x_c + \Delta x, y_c + \Delta y)$ 的运动向量。一般情况下，$(\Delta x, \Delta y)$ 取为整数，在高精度下也可以取实数。块平移模型如图 2-1 所示。

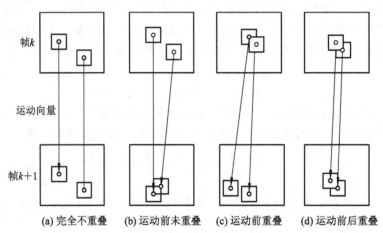

图 2-1　块平移模型

在图 2-1 中，整个块被认为具有单一的运动向量，可以直接在逐像素对比的基础上通过匹配来自 $k+1$ 帧中相应块的灰度级或颜色信息得到运动补偿。块平移模型的运动估计和运动补偿的优点是实现简单，另外，由于每个块只需要一个运动矢量，不需要很多附加条件表示运动场，且实现时有现成可用的低价超大规模集成电路支持，因此基于平移的块模型的运动补偿和估算具有较大的通用性。然而，使用平移块的运动补偿不适用于缩放、旋转运动和局部变形，同时由于物体边界通常与块边界不一致，邻近的块实际上可能被表示成完全不同的运动矢量，而导致严重的人为分割现象，这在甚低比特率的应用中尤其如此。

2. 可变形块运动模型

可变形块运动模型可以对物体的旋转、缩放、变形等建模。块的运动参数不再是简单的一个平移参数，而是一些空间变换参数。常用的可变形块运动模型有投影运动、仿射运动、双线性运动等。

（1）投影运动：

$$\begin{bmatrix} d_x(x, y) \\ d_y(x, y) \end{bmatrix} = \begin{bmatrix} \dfrac{a_0 + a_1 x + a_2 y}{1 + c_1 x + c_2 y} - x \\ \dfrac{b_0 + b_1 x + b_2 y}{1 + c_1 x + c_2 y} - y \end{bmatrix} \tag{2-9}$$

（2）仿射运动：

$$\begin{bmatrix} d_x(x, y) \\ d_y(x, y) \end{bmatrix} = \begin{bmatrix} a_0 + a_1 x + a_2 y \\ b_0 + b_1 x + b_2 y \end{bmatrix} \tag{2-10}$$

（3）双线性运动：

$$
\begin{bmatrix} d_x(x, y) \\ d_y(x, y) \end{bmatrix} = \begin{bmatrix} a_0 + a_1 x + a_2 y + a_3 xy \\ b_0 + b_1 x + b_2 y + b_3 xy \end{bmatrix} \tag{2-11}
$$

2.4.2 相位相关法

基于块的运动模型假设，图像是由运动的块组成的。对于作简单二维平移的块的运动模型可写为

$$
f(x, y, t) = f(x + m, y + n, t + \Delta t) \tag{2-12}
$$

对运动模型式(2-12)左右两边作二维傅立叶变换，当 $\Delta t = 1$ 时，

$$
F_t(u, v) = F_{t+1}(u, v) e^{-j2\pi(mu + nv)} \tag{2-13}
$$

其中，$F_t(u, v)$ 表示 t 帧对于空间变量 x、y 的二维傅立叶变换。由此可见，在平移运动的情况下，各个块的二维傅立叶变换的相位差为

$$
\arg\{F(u, v, t)\} - \arg\{F(u, v, t+1)\} = 2\pi(mu + nv) \tag{2-14}
$$

可见，相位差处在一个变量 (u, v) 定义的平面上。帧 t 与 $t+1$ 间的互相关函数为

$$
c_{t, t+1}(x, y) = f(x, y, t) \circ f(x, y, t+1) \tag{2-15}
$$

其中，$\circ$ 代表二维卷积运算。两边作傅立叶变换，就可得到互功率谱：

$$
C_{t, t+1}(u, v) = F_t(u, v) F_{t+1}(u, v) \tag{2-16}
$$

归一化互功率谱可得到互功率谱的相位：

$$
\widetilde{C}_{t, t+1}(u, v) = \frac{F_t(u, v) F_{t+1}^*(u, v)}{\| F_t(u, v) F_{t+1}^*(u, v) \|} = e^{-j2\pi(mu + nv)} \tag{2-17}
$$

将式(2-17)作逆傅立叶变换，得到相位相关函数：

$$
\tilde{c}_{t, t+1}(x, y) = \delta(x - m, y - n) \tag{2-18}
$$

注意到相位相关函数是一个脉冲函数，其位置就是位移矢量。但是在实际的计算过程中，采用二维离散的傅立叶变换来替代傅立叶变换，就会遇到一系列问题：

· 边界效应。二维离散傅立叶变换在两个方向上都是呈现周期形式的，那么由于图像的边界的不连续性，就可能造成虚假的尖峰。

· 由于非整数运动矢量造成的频谱泄漏。为了得到正确的脉冲，位移矢量的分量必须与基频的整数倍一致，脉冲将退化为尖峰。

相位相关法的优点是对亮度变化不敏感，同时可以处理多物体的运动。其缺点是：由于需要进行傅里叶变换，计算量较大；同时块的大小不好确定，为了计算较大的位移向量，块窗口必须足够大；为了保证运动向量的精度，块又必须足够小。

2.4.3 块匹配法

1. 块匹配运动估计原理

块匹配法的思想是将图像划分为许多互不重叠的子图像块，并且认为子块内所有像素的位移幅度都相同，这意味着每个子块都被视为运动对象。对于 k 帧图像中的子块，在 $k-1$ 帧图像中寻找与其最相似的子块，这个过程称为寻找匹配块，并认为该匹配块在第 $k-1$ 帧中所处的位置就是 k 帧子块位移前的位置，这种位置的变化就可以用运动矢量来表示。块匹配运动估计过程如图 2-2 所示。

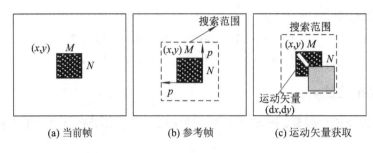

(a) 当前帧　　　　　　(b) 参考帧　　　　　(c) 运动矢量获取

图 2-2　块匹配运动估计过程

2. 块匹配运动估计的匹配准则

运动搜索的目的就是在搜索窗范围内寻找与当前块最匹配的数据块，这样就需要定义一个匹配准则来判断两个块是否匹配。一方面匹配准则的精确与否影响着运动估计的准确性，另一方面匹配准则的复杂度也影响着运动估计的速度。

目前的各种搜索算法中，常见的匹配准则有绝对平均误差函数（MAD）、绝对差值和函数（SAD）、归一化互相关函数（NCFF）、均方误差函数（MSE）、最大误差最小函数（MME）等。这些函数的表达式等具体内容如下：

MAD 的表达式为

$$MAD(i, j) = \frac{1}{MN} \sum_{m=1}^{M} \sum_{n=1}^{N} | f_k(m, n) - f_{k-1}(m+i, n+j) | \qquad (2-19)$$

SAD 的表达式为

$$SAD(i, j) = \sum_{m=1}^{M} \sum_{n=1}^{N} | f_k(m, n) - f_{k-1}(m+i, n+j) | \qquad (2-20)$$

NCFF 的表达式为

$$NCFF = \frac{\sum_{m=1}^{M} \sum_{n=1}^{N} f_k(m, n) f_{k-1}(m+i, n+j)}{\sqrt{\sum_{m=1}^{M} \sum_{n=1}^{N} f_k^2(m, n)} \sqrt{\sum_{m=1}^{M} \sum_{n=1}^{N} f_{k-1}^2(m+i, n+j)}} \qquad (2-21)$$

MSE 的表达式为

$$MSE(i, j) = \frac{1}{MN} \sum_{m=1}^{M} \sum_{n=1}^{N} [f_k(m, n) - f_{k-1}(m+i, n+j)]^2 \qquad (2-22)$$

MME 的表达是为

$$MME(i, j) = \max | f_k(m, n) - f_{k-1}(m+i, n+j) | \qquad (2-23)$$

其中，$M \times N$ 为宏块的大小，(i, j) 为位移量，f_k 和 f_{k-1} 分别为当前帧和参考帧的像素值。在上述匹配准则中，取 MAD、MSE、SAD 和 MME 的最小值点为最优匹配点，取 NCFF 的最大值点为最优匹配点。

上述各种误差匹配准则各有优势，不同的场合使用不同的准则会有更好的效果。MSE 和 NCFF 准则需要用到乘方运算，实现时占用较大的资源，且计算复杂度高，但其精度最高；MME 函数太过简单，没有能够很好地使用匹配块所包含的特征信息，因此不能够保证运动估计的精度；而 MAD 准则只需要进行加法运算和简单的乘法运算，计算量较低。通常广泛应用的是 MAD 和 SAD。

3. 典型搜索算法

1) 全搜索算法

全搜索算法(Full Search，FS)也叫穷尽搜索法，是一种最简单的搜索算法。该算法搜索所有可能的候选位置计算 SAD 值来找出最小 SAD，其对应的位置偏移值就是要求的运动矢量值。全搜索算法计算量很大，不过它也是最简单、最可靠的搜索算法，使用全搜索算法可以找到全局最优匹配点。全搜索算法有两种搜索顺序：光栅扫描顺序和螺旋扫描顺序，如图 2－3 所示。

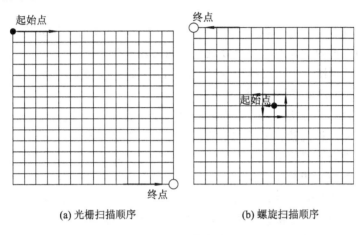

(a) 光栅扫描顺序　　　　　　　(b) 螺旋扫描顺序

图 2－3　全搜索算法

如图 2－3(a)所示，在光栅扫描顺序中，将搜索窗口的左上角作为搜索的起始点位，并且按照光栅扫描的顺序对搜索窗内的每个点的 SAD 值进行计算；如图 2－3(b)所示，在螺旋扫描顺序中，搜索的起始点位于搜索窗的中心(0，0)处，然后按照螺旋顺序计算搜索窗内每个点的 SAD 值。螺旋搜索顺序是一种较为优异的全搜索算法，它利用了运动矢量的中心偏置特性(运动矢量有很大的概率分布在搜索的中心位置及其附近位置)，可以在一定程度上加快运动矢量的搜索。

全搜索算法的搜索遍历所有的搜索范围来找到最优匹配块，因此它的搜索精度最高、所产生的残差系数最小。起初由于全搜索算法的思想非常地简单，并且非常易于在硬件上实现，因而被大家所采用，但是全搜索算法的计算量非常大。近年来，快速算法的研究得到了广泛关注，研究人员提出了很多快速算法。

很多运动估计的快速算法从降低匹配函数复杂度和降低搜索点数等方面进行了改进，早期的运动估计改进算法主要有三步搜索法 TSS(Three Step Search)、二维对数搜索法 TDLS(Two－Dimensional Logarithm Search)和变方向搜索法 CDS(Conjugate Direction Search)，这些快速算法主要建立在误差曲面呈单峰分布，存在唯一的全局最小点假设上；后来为了进一步提高计算速度和预测矢量精度，利用运动矢量的中心偏移分布特性来设计搜索样式，相继又提出了新三步法 NTSS(New Three Step Search)、四步法 FSS(Four Step Search)、梯度下降搜索法 BBGDS(Block－Based Gradient Descent Search)、菱形搜索法 DS(Diamond Search)和六边形搜索法 HEXBS(HEXagon－Based Search)等算法。

实际上，快速运动估计算法就是在运动矢量的精确度和搜索过程中的计算复杂度之间进行折中，寻找最优平衡点。

2）三步搜索算法

三步搜索算法（Three Step Search，TSS）是由 T. Koga 等人提出的一种应用相当广泛的运动估计搜索算法。三步法的基本思想是使用一种由粗到精的搜索模式，从零矢量开始，选取一定的步长，取周围 8 个点做匹配，直到搜索到最小误差值点。当三步法的搜索区间是[-7,7]，搜索精度取 1 个像素时，则步长为 4、2、1，总共需三步即可满足要求，所以得名三步法。其具体的算法步骤如下：

（1）选取最大搜索长度的一半为步长，在原点周围距离为步长的 8 个点处进行块匹配计算并比较。

（2）将步长减半，中心点移到上一步的 MBD（Mininum Block Distortion，最小块误差）点，重新在周围距离为步长的 8 个点处进行块匹配计算并比较。

（3）在中心及周围 8 个点处找出 MBD 点，若步长为 1，该点所在位置即对应最优运动矢量，算法结束；否则重复第（2）步。

如图 2-4 所示，三步法共搜索 9+8+8＝25 点，这相对于全搜索算法计算量有很大的降低。三步法作为一种比较典型的快速算法，在基本上保持与全搜索算法一致性能的基础上，其计算量约为全搜索的 10%。由于三步法的快速、高效和易于硬件实现，所以三步法在很多视频压缩系统中得到了应用，如 H.261。三步法同样也是基于运动矢量平均分布的运动规律，虽然比全搜索算法效率高，但是由于它采用固定的搜索模式进行搜索，所以也有明显的缺陷：它的第一步搜索步长过大，在搜索窗的范围比较大时，会导致搜索过于粗糙，使得步长和运动矢量相差太大，这样容易陷入局部最优，导致搜索精度的下降。

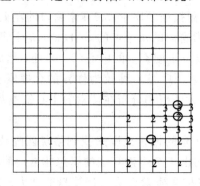

图 2-4 TSS 算法示意图

3）新三步搜索算法

新三步搜索算法（New Three Step Search，NTSS）是 1994 年由 Ren-Xiang Li 等人提出的。作为对 TSS 的一种改进，NTSS 拥有更好的性能。NTSS 利用运动矢量的中心偏置特性，在原有的 TSS 算法的第一步搜索点的基础上增加了中心点的 8 个邻域点作为搜索点，并且采用了提前终止的策略。该算法加强了对中心区域的搜索，对于运动较小或者静止的视频序列具有很好的效果。其具体的算法步骤如下：

（1）在原有的 TSS 算法第一步的测试点的基础上再增加中心点的 8-邻域作为测试点。

（2）半途终止策略用于估计静止及半静止块的运动向量。如果最小的 MBD 在第一步出现在搜索窗口的中心，则停止搜索。如果最小的 MBD 出现在中心点的 8-邻域中，则以最小 MBD 为中心计算其 8-邻域，找出最小的 MBD。重复上面的步骤，直到最小 MBD 出现在中心。如果最小的 MBD 出现在($\pm w/2,\pm w/2$)上，则执行 TSS 算法的第二步和第三步。

图 2-5 是 NTSS 算法的原理图，图中数字表示搜索顺序，用黑圈圈出的数字表示搜索到的最小块误差点。

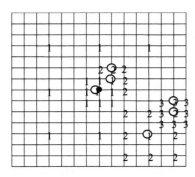

图 2-5 新三步搜索算法原理图

假设选取的搜索范围为 ± 7、搜索窗口为 15×15，最好的情况下 NTSS 算法只需要对 17 个点做匹配（第一步搜索，最小 MBD 值点在中心），在最坏的情况下需要对 $25+8=33$ 个点做匹配，对于运动较小的块（运动范围在 ± 2 个像素内）需要对 20 或 22 个点做匹配。根据运动矢量的中心偏置特性可以知道运动矢量通常分布在搜索窗中心附近一个较小的范围内的概率很大，所以 NTSS 充分利用运动矢量的中心偏置特性进行搜索，不仅提高了匹配的速度，而且也使得运动搜索陷入局部最优的可能减少了很多。提前中止策略的采用可以加快搜索的速度，这一技术也被以后的算法所广泛使用。

4）四步搜索算法

四步搜索法（Four Step Search，FSS）是 1996 年由 Lai - Man Po 和 Wing - Chug Ma 提出的。该算法类似于三步法，但它基于现实中序列图像的一个特征，即运动矢量都是中心分布的，从而在 5×5 大小的搜索窗口上构造了有 9 个检测点的搜索模板。FSS 改 TSS 的 9×9 搜索窗为 5×5，窗口的中心总是移到最小 MBD 的位置，步长的大小由最小 MBD 的位置来决定。FSS 的具体的算法步骤如下：

（1）在 15×15 的搜索区域的中心放置一个 5×5 的窗口，如图 2-6(a)所示，如果最小 MBD 出现在窗口的中心转(4)，否则转(2)。

（2）搜索窗口保持 5×5 大小，但是搜索模式依赖于最小 MBD 出现的位置。

① 如果最小 MBD 出现在窗口的四角，要增加五个测试点，如图 2-6(b)所示；

② 如果最小 MBD 出现在窗口四边的中心，要增加三个测试点，如图 2-6 (c)所示；

③ 如果最小 MBD 出现在窗口的中心转(4)，否则转(3)。

（3）搜索模式与第二步相同，但要最后转(4)。

（4）搜索窗口缩小为 3×3，如图 2-6(d)所示，最后的运动向量由该九个点中拥有最小 MBD 的点决定。

FSS 是快速搜索算法的又一次进步，它在搜索速度上不一定快于 TSS，搜索范围为 ± 7，搜索窗口为 15×15，FSS 最多需要进行 27 次匹配计算。但是 FSS 的计算复杂度比 TSS 低，它的搜索幅度比较平滑，不致出现方向上的误导，所以获得了较好的搜索效果。

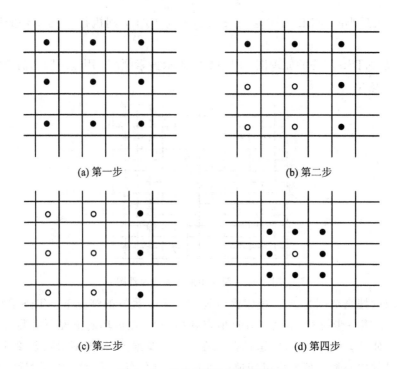

(a) 第一步 (b) 第二步

(c) 第三步 (d) 第四步

图 2-6 四步搜索法的搜索模式

而且 FSS 同样适用于如摄像机镜头伸缩、有快速运动物体的图像序列中。因此，FSS 是一种吸引人的运动估计算法。

5）菱形搜索算法

菱形搜索算法（Diamond Search ，DS）又被称为钻石搜索算法，1997 年由 Shan Zhu 和 Kai - Kuang Ma 提出，1999 年 10 月被 MPEG - 4 国际标准采纳并收入验证模型。作为采用固定模板进行搜索的算法中优秀的算法之一，DS 算法利用了实际视频序列中运动矢量存在的中心偏置的特点，基于搜索模板形状和大小的考虑，采用了两种搜索模板，分别是有 9 个搜索点的大菱形搜索模板（Large Diamond Search Pattern，LDSP）和有 5 个搜索点的小菱形搜索模板（Small Diamond Search Pattern，SDSP）。DS 算法的具体步骤如下：

（1）以搜索窗的中心点为中心，使用 LDSP 在中心点和周围 8 个点处进行搜索，经过匹配计算，如果最小 MBD 值点位于 LDSP 的中心点，则转（3）；否则，转（2）。

（2）以（1）中得到的最小 MBD 值对应的点为中心，开始一个新的 LDSP，如果最小 MBD 值点位于中心点，则转（3）；否则，重复执行（2）。

（3）以（1）中得到的最小 MBD 值对应的点为中心，使用 SDSP 在中心点和周围 4 个点处进行搜索，找出最小 MBD 对应的点，该点的位置即对应最优运动矢量。

如图 2-7(a)所示，左边为 LDSP，右边为 SDSP，它们分别构成一个大菱形和一个小菱形；如图 2-7(b)所示，使用 DS 算法经过 5 步搜索得到运动矢量(-4，-2)，其中第一次搜索得到最小 MBD 点(-1，-1)，然后第二次在该点为中心的大菱形上搜索到最小 MBD 点(-3，-1)，再第三次以该点为中心的大菱形上搜索到最小 MBD 点(-4，-2)，再第四次以节点为中心的大菱形上搜索到最小 MBD 点(-4，-2)，因该最小 MBD 点是大菱形的中心，所以第五次以小菱形模块搜索，得到了运动矢量(-4，-2)。其中第一次搜索 9 个点，第二次增加了 3 个点(边点)，第三次增加了 5 个点(角点)，第四次增加了 3 个点(边点)，最后一次为 SDSP，增加了 5 个点，总共搜索点数为 24，前 4 次使用 LDSP，最后一次则使用 SDSP。

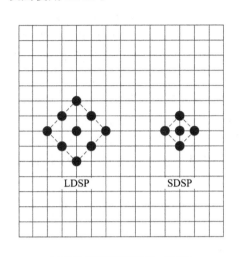

(a) 两种搜索模板(LDSP、SDSP)

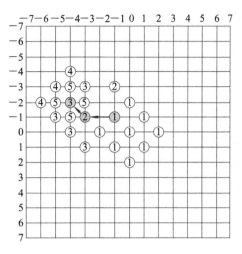

(b) DS 算法搜索示意图

图 2-7 菱形搜索算法

　　DS 算法利用了运动矢量的中心偏置特点，并通过大量的视频统计规律和实验论证，选择了不同大小的 LDSP 和 SDSP 搜索模板。它首先用 LDSP 搜索，这样可以进行粗定位，因为 LDSP 模板的搜索步长大，有很广的搜索范围，使搜索过程不会陷于局部最小；当 LDSP 搜索后，可以认为最优点就在 LDSP 周围 3×3 范围内，这时再使用 SDSP 来准确搜索，使搜索有比较好的准确性，所以它拥有比其他算法更优越的性能。此外，使用 DS 进行搜索时，它的两个步骤之间相关性很强，只需在模板移动时对几个新的检测点处进行匹配计算，因此搜索速度也得到了提高。由于实际所拍摄的视频都具有使景物运动趋于水平或垂直方向的运动状态，因此菱形搜索模式具有相当好的搜索效果。

　　正是由于 DS 算法的这些优良特性，近年来出现了许多基于 DS 的改进算法，如 C. H. Cheung 等人在 2001 年提出的十字形—菱形搜索算法(Cross - Diamond Search，CDS)，W. G. Zheng 和 I. Ahmad 等人提出的自适应可伸缩菱形搜索法(Adaptive Motion Search with Elastic Diamond，AMSED)，A. M. Tourapis 和 G. C. Au 等人提出的高级菱形区域搜索法(Advanced Diamond Zonal Search，ADZS)等，在性能上都获得了不同程度的提高。

　　6) 基于块的梯度下降搜索算法

　　基于块的梯度下降搜索算法(Block - Based Gradient Descend Search，BBGDS)是 1996 年由 Lurng - Kuo Liu 和 Ephraim Feig 提出的。与其他快速搜索算法一样，BBGDS 算法是基于以下假设进行的：运动估计的匹配误差随着搜索方向沿着全局最小块误差 MBD 的位置移动而单调减少，并且误差曲面函数是单调的。BBGDS 算法充分利用了运动矢量的中心偏置特性，其搜索的模板是由搜索中心邻近 3×3 的 9 个点构成的。与 TSS 和 NTSS 相比，BBGDS 不限定搜索的步数。BBGDS 某一步对匹配点进行计算时，若最小 MBD 值点位于中心位置或者已经达到搜索窗口的边缘，则停止搜索。BBGDS 算法的具体步骤如下：

　　(1) 以当前块搜索窗中心(0，0)为中心，使用步长为 1 的 3×3 搜索窗对周围的 9 个点进行搜索。

（2）如果最小 MBD 值点在搜索窗的中心，则结束当前搜索，设置运动矢量为（0，0）；否则以上一步的 MBD 值点为中心，重复（1）进行搜索。

如图 2-8（a）所示，BBGDS 算法的第 1 步以①点为中心，若最小 MBD 值点为①点所在位置，则得到运动矢量，搜索结束；否则第 2 步的中心点可能是②点（边点，需要增加三个搜索点）或者③点（角点，需要增加 5 个搜索点）。图 2-8（b）演示了使用 BBGDS 搜索到运动矢量（4，-2）的过程，点（1，0）、（2，-1）、（3，-1）、（4，-2）是依次搜索的 MBD 点。BBGDS 算法初始搜索时利用了运动矢量的中心偏置特征来搜索匹配块，BBGDS 算法匹配的每一步中都对块进行搜索，而不是对单纯的点进行搜索，降低了陷入局部最优点的可能性；BBGDS 算法对搜索模式中的一个小搜索块（3×3）进行匹配，找出最匹配的点并设定梯度下降方向，沿着这个方向进行运动矢量的搜索，这样加快了搜索的速度，从而大大降低了算法的复杂度。

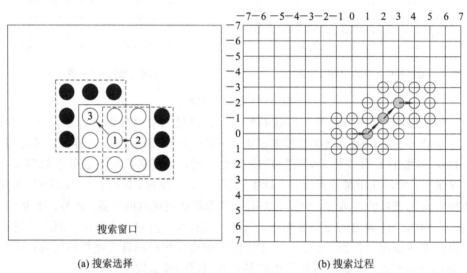

(a) 搜索选择　　　　　　　　　　　　　　(b) 搜索过程

图 2-8　基于块的梯度下降搜索算法

此外，还有一些快速搜索算法，如二维对数搜索法、交叉搜索法、钻石搜索法、运动矢量场自适应搜索算法、遗传搜索法等。上面介绍的都是基于整数像素精度的，若需要进行分数精度搜索，可以在各个算法最后一步的最佳匹配点邻域内实行插值操作，然后进行分数精度搜索。

2.5　基于网格的运动估计

由于块匹配算法使用规则的块模型，各个块中的运动参数都是独立规定的。除非邻近的块的运动参数被约束得非常平滑，一般所估计的运动场通常是不连续的，有时还是混乱的（如图 2-9（a）所示）。解决这个问题的一个办法是采用基于网格的运动估计。如图 2-9（b）所示，当前帧被一个网格所覆盖，运动估计的问题是寻找每一个节点（这里的节点指任意形状的运动区域的部分边界特征点）的运动，使得当前帧中每一个元素内（即任意形状的运动区域）的图案与参考帧中相应的变形元素很好地匹配。

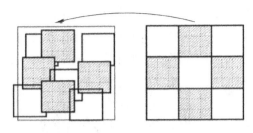

(a) 两帧之间基于块的运动估计(在确定帧中的每一块内采用平移模型)

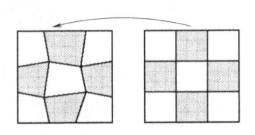

(b) 两帧之间基于网格的运动估计(当前帧中采用常规格式)

图 2-9　两帧之间的运动估计

　　在基于网格表示的运动估计中，每一个运动区域内各点的运动矢量是由该区域的节点的运动矢量内插得到的。只要当前帧的节点仍构成一个可行的网格，基于网格的运动表示就保证是连续的，从而不会有与基于块的表示相关联的块失真。基于网格表示的另一个优点是，它能够连续地跟踪相继帧上相同的节点集，这在需要物体跟踪的应用中是很好的。如图 2-10 所示，可以为初始帧生成一个网格，然后在每两帧间估计其节点的运动。每一个新帧都使用前一帧所产生的网格，使得相同的节点集在所有的帧内得到跟踪。这在基于块的表示是不可能做到的。

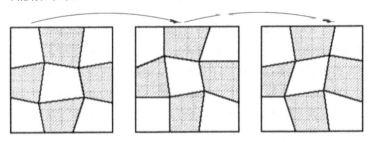

图 2-10　基于网格的运动、跟踪

　　基于网格的运动估计的主要步骤有：

　　(1) 建立网格，希望每个多边形单元内的点具有相同的运动特性，这要求节点尽量多，但是过多的节点会产生大量的运动信息，这是视频压缩所不希望看到的，通常网格可分为规则网格和自适应网格两种。

　　(2) 网格节点的运动估计，估计网格节点的运动需要最小化位移帧差函数，可以基于一阶或二阶梯度进行迭代，通常基于二阶梯度的迭代收敛速度较快，但很容易得到较差的局部最小值。各个算法估计节点运动矢量的先后顺序也有所不同，有的按光栅扫描顺序估计每个节点的运动，有的根据节点处图像梯度值进行排序估计，也有的将节点分组进行估计。

图 2-11 给出了采用网格运动估计与块匹配运动估计获得的预测图像的对比，可以看出，基于网格运动估计方法得到的预测图像明显优于全搜索块匹配算法的图像。

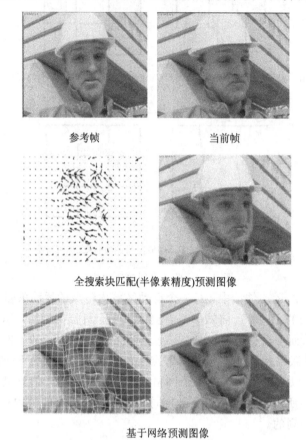

参考帧　　　　　　　　　　　当前帧

全搜索块匹配(半像素精度)预测图像

基于网络预测图像

图 2-11　网格运动估计与块匹配运动估计预测图像对比

使用基于网格运动估计方法时，其模型可以看做橡胶板的变形，它是各处连续的。在视频序列中，物体边界处的运动经常是不连续的，更精确的表示可以对不同的物体使用分离的网格。与基于块的表示一样，基于网格的运动估计的精度依赖于节点数。只要使用足够数量的节点，就可以重现非常复杂的运动场。为了使所需要的节点数最小，网格的选择应该自适应成像场景，使每个元素中的真实运动是平滑的（即可以由节点的运动精确地内插）。如果使用一个常规的网格，那么为了精确地近似运动场就需要大量的节点。

2.6　基于区域的运动估计

2.6.1　概述

在一个三维场景中，通常存在不同类型的运动（可能属于不同类型的物体或一个物体的不同部分）。基于区域的运动估计的基本思想是：将视频图像分割为多个区域，每个区域对应一个特定的运动，然后为每个区域估计运动参数。由于真实的物体运动通常不能用简单的平移模型表示，因此，区域运动模型一般可使用仿射模型、双线性模型和投影运动模型。基于区域的运动估计方法有：

（1）区域优先。首先基于当前帧的纹理、边缘信息进行区域分割，然后估计每个区域的运动参数，此方法被称为区域优先。

（2）运动优先。首先估计整个运动场，可以由前面提到的基于光流、像素、块和网格等方法得到，然后对运动场进行分割，使得每个区域都可以用一个参数模型描述，此方法被称为运动优先。

（3）联合区域分割和运动估计。该方法将区域分割和运动估计联合进行，一般采用迭代法交替进行区域分割和运动参数估计。

2.6.2　区域分割与运动估计

1. 区域优先的方法

对于较简单的视频图像，如视频电话、视频会议等，可以基于图像的边缘信息进行区域分割，也可以使用区域连接增长的方法得到区域分割。

当前帧区域分割完毕后，需要为每个区域估计运动参数，令 $\psi_1(x)$ 和 $\psi_2(x)$ 表示当前帧和参考帧，$\psi_1(x)$ 中第 n 个区域表示为 R_n，R_n 中像素 x 的运动表示为 $d(x; a_n)$。其中，a_n 表示区域 R_n 的运动参数矢量，它可以是仿射模型、双线性模型和投影运动模型中的任意一种。定义区域 R_n 上的误差函数为

$$E = \frac{1}{2} \sum_{x \in R_n} \left[\psi_2(x + d(x; a_n)) - \psi_1(x) \right]^2 \tag{2-24}$$

最小化误差函数可得到参数矢量 a_n。

2. 运动优先的方法

基于运动优先的方法是指把运动场分成多个区域，使每个区域中的运动都可以由一个单一的运动参数集来描述。这里给出两种实现方法：第一，使用聚类技术确定相似的运动矢量；第二，采用分层技术从占主导运动的区域开始，相继地估计区域和相应的运动。

1）聚类

对于每个区域的运动模型是纯平移的情况，采用自动聚类分割方法（例如 K 均值方法）把所有具有类似运动矢量的空间相连的像素分组到一个区域。该分割过程是一个迭代过程，从一个初始分割开始计算每个区域的平均运动矢量（称为质心），然后每个像素被重新划分到其质心最接近这个像素的运动矢量的区域，从而产生一个新的分割，重复这两步，直到分割不再发生变化为止。在分割过程中，由于没有考虑空间的连通性，得到的区域可能包含空间不连通像素，这样在迭代的末尾可以加一个后处理步骤，以改善所得到区域的空间连通性。当每个区域的运动模型不是一个简单的平移时，因为不能用运动矢量间的相似性作为准则来进行聚类，这样基于运动的聚类就较复杂，此时可以给像素邻域分配一个映射运动模型，计算运动模型的参数矢量，然后以运动参数矢量为基本的观察量进行类似的聚类迭代过程，如果运动场由基于网格或基于可变形块的方法得到，就可以将运动参数矢量相近的网格单元或图像块合并成区域。

2）分层

实际中，可以把运动场分解为不同的层，用第一层表示主导的运动，第二层表示次主

导的运动,依此类推。这里,运动的主导性是由进行相应运动的区域范围决定的。主导的运动通常反映摄像机的运动,它影响整个区域。例如,在网球比赛的视频剪辑中,背景是第一层,一般进行一致的全局运动;运动员是第二层,它通常包含对应于身体不同部位的运动的几个子物体级的运动;球拍是第三层;球是第四层。为了提取不同层的运动参数,可以递归地使用健壮估计方法。首先,尝试使用单个参数集来模型化整个帧的运动场,并且连续地从剩余的内围层组中去掉外露层像素,直到所有的内围层组中的像素能够被很好地模型化。这样便产生了第一个主导区域(相应于内围层区域)和与之相关的运动。然后对剩余的像素(外露层区域)应用同样的方法,确定次主导区域及其运动。持续进行这个过程直到没有外露层像素为止。同前面一样,在迭代的末尾可启用后处理以改善所得区域的空间连通性。

为了使这种方法能很好地工作,在任何一次迭代中,内围层区域都必须明显大于外露层区域。这意味着最大的区域必须大于所有其他区域的联合,次最大区域必须大于剩余区域的联合。这个条件在大多数视频场景中是满足的,它通常含有一个静止的覆盖大部分图像的背景和具有变化尺寸的不同的运动物体。

3. 联合区域分割和运动估计的方法

从理论上讲,可以把区域分割图和每个区域运动参数的联合估计公式转换为一个最优化问题,最小化目标函数可以是运动补偿预测误差和区域平滑度量的结合。然而,因为高维的参数空间和这些参数之间复杂的相互依赖关系,解决这个最优化的问题是困难的。在实际应用中,经常采用次最优化的方法,即轮换地进行分割估计和运动参数估计。基于初始的分割,估计每一个区域的运动,在下一次迭代中,优化这个分割。例如,去掉每个预测误差大的区域中的外露层像素,合并共用相似运动模型的像素,然后重新估计每个优化区域的运动参数,持续这个过程直到分割图不再发生变化为止。图 2-12 给出了该方法的区域分割和运动估计结果。

参考帧

当前帧

运动估计结果

区域分割结果

图 2-12 联合区域分割与运动估计结果

另一个方法是以分层的方式估计区域及其有关的运动,这类似于前面所述的分层方法。这里假定每一个点的运动矢量都是已知的,使用一个运动参数集表示各个运动矢量所造成的匹配误差来确定最主导运动区域(即内围层),这实质上是前面介绍的间接健壮估计法。在联合区域分割和运动估计方法中,为了从剩余的像素中提取次主导区域和相关运动,可以使用直接健壮估计法,即通过最小化这些像素的预测误差来直接估计运动参数。参数一旦确定,通过检验这个像素的预测误差,就可以确定这个像素是否属于内围层组,然后通过只最小化内围层像素的预测误差来重新估计运动参数。

2.7 多分辨率运动估计

2.7.1 概述

运动估计可以转化为求解误差函数最小值的问题,常用的方法有基于梯度下降法和全搜索法。但存在最小化误差函数过程的计算量很大以及最小化误差函数可能会收敛到局部最小值两个问题,而使用多分辨率运动估计法可有效解决上述问题。

视频图像的多分辨率原理如图 2-13 所示。图像的多分辨率表示也称为金字塔表示,通常可由空间低通滤波和欠取样得到。最大分辨率的图像(原图像)在最底层,越往上图像分辨率越低。

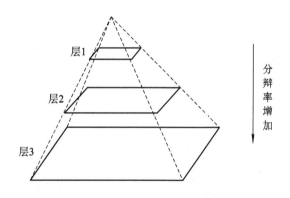

图 2-13 视频图像的多分辨率原理

多分辨率运动估计的基本思想是:首先在最小分辨率层(顶层)进行运动估计,然后每层依次连续进行,最后得到高分辨率的运动场。每次到达一个新的分辨率时,要对上一层的运动矢量进行内插,形成当前层的初始解,然后通过最小化误差函数更新运动矢量。每一层的运动估计法可以是前面所介绍的任意一个,如基于光流、像素、块、网格的运动估计等。

使用多分辨率运动估计的优点有:

· 在较小分辨率层上,误差函数可以接近全局最小值,可以为较大分辨率层求解奠定一个较好的初始解。因此最后得到最大分辨率时,运动场很可能接近最优解。

· 在较小的分辨率层上进行运动估计时,通常可以将搜索范围限制在较小的范围内,因此其计算量要比在最大分辨率上进行运动估计时小。

2.7.2 分层块匹配法

在块匹配运动估计中，块尺寸的大小对基于块的运动估计影响比较大，小尺寸块存在运动估计的多义性问题，大尺寸块则因为可能包含多个运动物体会降低精度。使用分层块匹配算法（HBMA）或多分辨率块运动估计算法可以有效地解决此问题。

图 2-14 给出了两个视频帧的多分辨率金字塔表示，金字塔共分三层，从下至上每增加一层，图像分辨率都在两个方向上同时减半。图 2-15 显示了每一层的运动估计情况。

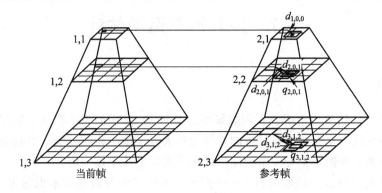

图 2-14　两个视频帧的多分辨率金字塔表示

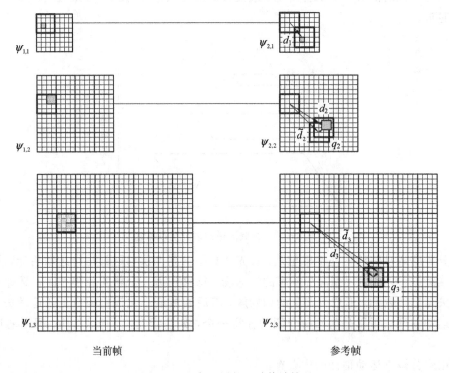

图 2-15　每一层的运动估计情况

假设 l 层上块 (m, n) 的运动矢量表示为 $\boldsymbol{d}_{l,m,n}$，进行运动估计时，首先在顶层估计所有块的运动矢量 $\boldsymbol{d}_{l,m,n}$，然后由 l 层的运动矢量 $\boldsymbol{d}_{l,m,n}$ 插值到 $l+1$ 层的运动矢量，插值方法为

$$\tilde{\boldsymbol{d}}_{l+1, m, n} = 2\boldsymbol{d}_{l, \lfloor m/2 \rfloor, \lfloor n/2 \rfloor} \tag{2-25}$$

其中，符号$\lfloor x \rfloor$表示 x 下取整，即不大于 x 的最大整数。在 $l+1$ 层中，根据初始解搜索校正矢量 $\boldsymbol{q}_{l+1, m, n}$，$l+1$ 层的运动矢量为

$$\boldsymbol{d}_{l+1, m, n} = \tilde{\boldsymbol{d}}_{l+1, m, n} + \boldsymbol{q}_{l+1, m, n} \tag{2-26}$$

顶层的运动矢量 $\boldsymbol{d}_{l, m, n}$ 和各层的校正矢量 $\boldsymbol{q}_{l+1, m, n}$ 由最小化误差函数得到。

图 2-16 显示了基于分层块匹配方法运动估计的结果，可以看出，随着每一层分辨率的增加，运动估计的准确性得到了提高。

(a) 第1层块匹配运动估计及运动补偿结果

(b) 第2层插值校正后运动估计及运动补偿结果

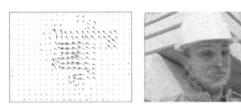

(c) 第3层插值校正后运动估计及运动补偿结果

图 2-16　基于分层块匹配方法运动估计的结果

在上述示例中，假设所有层使用相同的块尺寸、搜索范围和步长，则第 l 层宽度为 N 的块相当于最大分辨率层上宽度为 $N \times 2^{3-l}$ 的块，搜索范围和步长类似。当然也可以在不同的层上使用不同的块尺寸、搜索范围和步长。通常在较小分辨率层，块尺寸、搜索范围和步长可以选择较小值。

多分辨率运动估计可以提高运动估计的精度和减小计算量，但算法需要更大的存储空间。多分辨率运动估计也可以使用分数像素精度。

2.8　本　章　小　结

本章对二维运动估计进行了详细介绍，首先阐述了二维运动估计的基本概念；其次介绍了二维运动场的两种模型即参数模型与非参数模型，重点介绍了基于块的运动估计，详细探讨了各种块匹配运动估计算法；最后对基于网格的运动估计、基于区域的运动估计以及多分辨率运动估计进行了分析探讨。

❖ 思考练习题 ❖

1. 为什么运动估计能够去除视频帧间的时间冗余？
2. 提高块匹配运动估计效率的主要技术有哪几项？

3. 全搜索算法的优点和缺点是什么?

4. 请比较全搜索块匹配算法、三步搜索算法以及新三步搜索算法的计算复杂度。

5. 简述基于块节点的可变形块模型和基于网格的模型之间的相似点和区别。

6. 与单分辨率方法相比,多分辨率运动估计的主要优点是什么?缺点是什么?

第 3 章　视频对象分割

视频对象分割是视频压缩标准 MPEG - 4 基于内容的编码系统中的关键技术之一,此外,它在基于内容的检索、对象识别、对象跟踪、视频电话、视频购物、视频监控、电视特技制作和交互式操作的多媒体中也有重要的应用。不仅如此,许多机器视觉问题都要借助视频对象分割技术才能完成。因此,视频对象分割技术具有重要的研究意义和应用价值,是数字视频处理技术研究中的热点和难点之一。

3.1　视频对象分割概述

3.1.1　基本概念

传统的视频编码标准,例如 MPEG - 1、MPEG - 2、H.261、H.263 等,采用基于块的编码方式进行视频编码,这些编码方法不仅编码效率低,容易造成视觉上的方块效应,而且其最大缺点是仅仅把数字图像看作数值矩阵,把视频看作帧流,而没有考虑视频场景的按内容的真实构成。随着多媒体应用和服务的增加,特别是基于内容操作和具有交互式特性的多媒体应用的增加,传统的编码方法已不能满足新的多媒体应用的需求,因此有必要采取一种编码方式按内容对视频信息进行编码。基于这种情况,国际运动图像专家小组制定了视频编码标准 MPEG - 4,MPEG - 4 除了能提供高效的压缩编码效率外,还能提供基于对象的交互功能,使用户能够访问(搜索、浏览)和操作(剪贴、移动)场景中的各个对象,可更广泛地延拓应用范围,因此也被称为第二代编码标准。

在 MPEG - 4 标准中,视频对象被定义为在景物中的一个单元,允许用户存取(搜索、浏览)和操作(剪切、粘贴)。即视频对象是区域的聚类,且至少有一个共同的特征一致地出现在视频对象中。这个概念较为抽象,在实际的视频场景中,视频对象是指具有一定高层"语义"的区域,更符合现实生活中人们视觉上对事物认知的抽象表达。现实世界中的任何一个有语义意义的实体,比如行使的汽车、人等,都可以被视为语义视频对象。在 MPEG - 4 中,视频序列的每一帧图像都被分解成若干个任意形状的对象,视频对象在某一时刻(某一帧中)的表象称为视频对象平面(Vodeo Object Plane,VOP)。

基于对象的编码和交互功能首先需要将场景或视频序列中的各类对象(如运动的汽车、人等前景对象和静止的房屋、树木等背景对象)分割提取出来,但 MPEG - 4 并没有规定从视频序列中分割出此类具有语义意义的视频对象(video object,VO)的方法,而是对用户开放,其目的是便于用户针对具体应用来设计特定的视频对象分割算法。然而,语义视频对象分割与早期的图像分割相比更是一项挑战性的难题,为此自 MPEG - 4 标准诞生后的10 多年来,国内外包括各大公司、高校和各类研究机构在内的学者和研究人员已进行深入、广泛地研究。目前，尽管还不很完善，但已进入应用阶段，而且应用领域已远远超越了原先仅作为便于高效编码和对象交互功能的范围。

3.1.2 视频对象分割方法分类

常见的视频对象分割方法可有下面四种分类。

1. 按照应用目标的不同分类

按照应用目标的不同来分类可分为两类：一类是要求得到准确的视频对象轮廓，但不追求实时应用；另一类是要求能实时处理、在线应用，但对所分割得到的对象轮廓的准确性要求并不很严格。

2. 按照是否需要人工参与或人机交互分类

按照是否需要人工参与或人机交互来分类可分为两类：一类是无需人工参与或人机交互的自动分割，包括对初始帧视频对象分割和对后续帧的对象跟踪都可以自动进行；另一类是需借助人机交互的半自动分割，即借助人工参与或人机交互来定义语义视频对象的轮廓形状和位置，进而来分割初始帧的视频对象，后续帧的对象跟踪则自动地进行（有时需对跟踪对象的区域边界按预先定义的语义特征稍做修正，以减少跟踪误差）。

3. 按照分割过程中所用信息的不同分类

按照分割过程中所用信息的不同来分类可分为空间分割、时间分割和时空分割三类。空间分割先按传统的图像分割将该帧图像划分为区域，其中某些区域具有相似特征而与其他区域明显不同，然后将这些具有相似特征的一致性区域，按照一定的空间信息（颜色、灰度、边缘、纹理）、变换域信息（DCT 系数）、统计信息和先验知识进行分割和聚类成语义视频对象；时间分割通常是利用前后帧之间视频对象的运动信息进行分割，也可结合颜色、纹理和边缘等特征；时空分割一般先通过时间分割标识出运动对象，然后与空间分割得到的对象边界融合在一起，以得到更精确的分割结果，这是目前的主流分割方法。

4. 按照视频形式分类

根据视频是否以压缩形式提供，视频对象分割算法可分为压缩域分割和非压缩域分割。在压缩域分割时，视频是以压缩的形式提供，分割过程一般不要求将视频序列解压缩，以节省处理时间。目前，大多数压缩域对象分割算法主要针对 MPEG 视频，在 MPEG 视频中，宏块的运动矢量提供了视频的运动信息，I 帧的 DCT 系数在一定程度上描述了图像的纹理信息，基于 MPEG 视频的压缩域对象分割主要利用这两类特征实现对象分割。由于压缩视频中的宏块运动矢量存在着比较大的噪声，并且不能准确计算图像的纹理特征，因此，压缩视频对象分割只能在宏块一级进行，形成块一级的视频对象分割。

在非压缩分割时，视频直接以原始视频序列提供或通过摄像机直接捕获得到。目前视频对象分割算法的研究大都集中于非压缩域。

3.1.3 视频对象分割性能评价

近年来，视频对象分割得到了越来越广泛的重视。目前，已经提出了各种各样的视频对象分割算法。然而，视频对象分割算法性能评价的研究并未受到应有的重视，目前，仍然缺乏一种被广泛认可的评价方法。

为了评价视频分割算法的分割结果，在 MPEG-4 核心实验中，Wollborn 提出了一种存在参考对象模板的评价方法，认为分割误差的产生有错分和漏分两种情况，如果事先已知一个准确的参考模板，可定义分割结果的空间误差为

$$d(O_t^{seg}, O_t^{ref}) = \frac{\sum_{(x, y)} O_t^{seg}(x, y) \oplus O_t^{ref}(x, y)}{\sum_{(x, y)} O_t^{ref}(x, y)} \tag{3-1}$$

其中，O_t^{seg} 和 O_t^{ref} 分别为第 t 帧的分割对象模板和参考分割模板，$\oplus$ 为逻辑异或操作。

该指标反映了分割结果中不属于实际对象的面积占整个实际对象面积的百分比。该指标越小表明分割结果的质量越好。以图 3-1 为例，图(a)是原始图像，图(b)是手工分割的结果，图(c)是计算机分割的结果。按照式(3-1)计算值为 0.0975，可认为其分割结果较好。

(a) 原始图像　　　　　　　　(b) 手工分割的结果　　　　　　　(c) 计算机分割的结果

图 3-1　视频对象分割示例

视频分割算法评价的另一方面是时间一致性(Temporal Coherency)，这实际上是衡量视频序列每一帧的空间准确度的变化程度，因此，可以通过计算连续帧间的空间准确度来评价。其定义如下：

$$\eta(t) = d(O_t, O_{t-1}) \tag{3-2}$$

其中，O_t 和 O_{t-1} 分别为第 t 帧和 $t-1$ 帧的分割对象模板。

上述评价方法虽然是客观评价准则，但是由于通常需要采用手动分割的结果作为评判的参考，因此也同样缺乏客观性，所以，目前算法的设计仍然需要从应用背景、对分割时间以及分割质量的要求出发，从准确性、灵活性、通用性、复杂度几个方面来综合考虑。主观评价仍然是算法性能的主要评判方法，并且为大多数文献所采用。

3.2　视频对象分割技术基础

3.2.1　图像分割

图像分割是按选定的一致性属性准则，将图像正确划分为互不交叠的区域集的过程，可以形式化地定义如下：假设 X 是所有像素点组成的集合，P 是一个定义在一组相互连通的像素点上的一致性属性准则，那么图像分割就是将集合 X 划分成一组连通子集 $\{S_1, S_2, \cdots, S_n\}$，并且这一划分必须满足下述四个条件：

(1) $X = \bigcup_{i=1}^{n} S_i$

(2) $S_i \bigcap S_j = \Phi$　　　对所有 $i \neq j$

(3) $P(S_i) = 1$ 对所有 i

(4) $P(S_i \bigcap S_j) = 0$ 对所有 $i \neq j$；S_i 与 S_j 相邻

图像分割技术的研究多年来一直受到人们的高度重视，至今已提出了上千种各种类型的分割算法。有文献从细胞学图像处理的角度将图像分割技术分为三大类：特征阈值或聚类、边缘检测和区域提取。还有文献提出了更加细致的分类，将所有算法分为六类：测度空间导向的空间聚类、单一连接区域生长策略、混合连接区域生长策略、中心连接区域生长策略、空间聚类策略和分裂合并策略。依据算法所使用的技术或针对的图像，也可以把图像分割算法分成六类：阈值分割、像素分割、深度图像分割、彩色图像分割、边缘检测和基于模糊集的方法。但是，在该分类方法中，各个类别的内容是有重叠的。为了涵盖不断涌现的新方法，有研究者将图像分割算法分成以下六类：并行边界分割技术、串行边界分割技术、并行区域分割技术、串行区域分割技术、结合特定理论工具的分割技术和特殊图像分割技术。而在近年的研究中，更有学者将图像分割简单的分成数据驱动的分割和模型驱动的分割两类。

下面，我们将图像分割算法分为基于阈值的分割技术、基于边缘的分割技术、基于区域特性的分割技术和基于统计模式分类的分割技术四类分别进行介绍。

1. 基于阈值的分割技术

这类方法简单实用，在过去的几十年间备受重视，其分类也不一而足。根据使用的是图像的整体信息还是局部信息，可以分为上下文相关（contextual）方法和上下文无关（non-contextual）方法；根据对全图使用统一阈值还是对不同区域使用不同阈值，可以分为全局阈值方法（global thresholding）和局部阈值方法（local thresholding），也叫做自适应阈值方法（adaptive thresholding）；另外，还可以分为单阈值方法和多阈值方法。

阈值分割的核心问题是如何选择合适的阈值。其中，最简单和常用的方法是从图像的灰度直方图出发，先得到各个灰度级的概率分布密度，再依据某一准则选取一个或多个合适的阈值，以确定每个像素点的归属。选择的准则不同，得到的阈值化算法就不同。

2. 基于边缘的分割技术

这类方法主要基于图像灰度级的不连续性，它通过检测不同均匀区域之间的边界来实现对图像的分割，这与人的视觉过程有些相似。依据执行方式的不同，这类方法通常又分为串行边缘检测技术和并行边缘检测技术。

串行边缘检测技术首先要检测出一个边缘起始点，然后根据某种相似性准则寻找与前一点同类的边缘点，这种确定后继相似点的方法称为跟踪。根据跟踪方法的不同，这类方法又可分为轮廓跟踪、光栅跟踪和全向跟踪三种方法。全向跟踪可以克服由于跟踪的方向性可能造成的边界丢失，但其搜索过程会付出更大的时间代价。串行边缘检测技术的优点在于可以得到连续的单像素边缘，但是它的效果严重依赖于初始边缘点，由不恰当的初始边缘点可能得到虚假边缘，较少的初始边缘点可能导致边缘漏检。

并行边缘检测技术通常借助空域微分算子，通过其模板与图像卷积完成，因而可以在各个像素上同时进行，从而大大降低了时间复杂度。常见的并行边缘检测方法有如下几种：

- Roberts 算子
- Laplacian 算子

- Sobel 算子
- Prewitt 算子
- Kirsh 算子
- Wallis 算子
- LOG 算子
- Canny 算子

上述算法和其他边缘检测算法虽然在检测的准确性和边缘定位精度上有所差异，但是它们都有一个共同的缺点：不能得到连续的单像素边缘，而这对于分割来说是至关重要的。所以，通常在进行上述边缘检测之后，需要进行一些边缘修正的工作，如边缘连通、去除毛刺和虚假边缘。常用的方法包括启发式连接、相位编组法和层次记号编组法等。与串行边缘检测算法一样，边缘修正算法的代价也非常高。此外，也有人使用 Facet 模型或 Hough 变换检测边缘，但是这两种方法的复杂度往往是让人难以忍受的。

3. 基于区域特性的分割技术

基于区域特征的分割技术有两种基本形式：区域生长和分裂合并。前者是从单个像素出发，逐渐合并以形成所需的分割结果；后者是从整个图像出发，逐渐分裂或合并以形成所需要的分割结果。与阈值方法不同，这类方法不但考虑了像素的相似性，还考虑了空间上的邻接性，因此可以有效消除孤立噪声的干扰，具有很强的鲁棒性。而且，无论是合并还是分裂，都能够将分割深入到像素级，因此可以保证较高的分割精度。

区域生长算法先对每个要分割的区域找一个种子像素作为生长的起点，然后将种子像素邻域内与种子像素有相似性的像素合并到种子像素集合。如此往复，直到再没有像素可以被合并，一个区域就形成了。显然，种子像素、生长准则和终止条件是算法的关键。然而，种子点的选择并不容易，有人试图通过边缘检测来确定种子点，但是，由于边缘检测算法本身的不足，并不能避免遗漏重要的种子点。

分裂合并算法则是先从整个图像开始不断的分裂得到各个区域，再将相邻的具有相似性的区域合并以得到分割结果。这种方法虽然没有选择种子点的麻烦，但也有自身的不足。一方面，分裂如果不能深达像素级就会降低分割精度；另一方面，深达像素级的分裂会增加合并的工作量，从而大大提高其时间复杂度。

分水岭算法是一种较新的基于区域特性的图像分割方法。该算法的思想来源于洼地积水的过程：首先，求取梯度图像；然后，将梯度图像视为一个高低起伏的地形图，原图上较平坦的区域梯度值较小，构成盆地，原图上的边界区域梯度值较大，构成分割盆地的山脊；接着，水从盆地内最低洼的地方渗入，随着水位不断长高，有的洼地将被连通，为了防止两块洼地被连通，就在分割两者的山脊上筑起水坝，水位越涨越高，水坝也越筑越高；最后，当水坝达到最高的山脊的高度时，算法结束，每一个孤立的积水盆地对应一个分割区域。分水岭算法有着较好的鲁棒性，但是往往会形成过分割。

4. 基于统计模式分类的分割技术

模式可以定义为对图像中的目标或其他感兴趣部分的定量或结构化的描述，图像分割可以被视为以像素为基元的模式分类过程，这一过程主要包括两个步骤：特征提取和模式分类。阈值分割就相当于在一维（灰度）或二维（共生矩阵）特征空间进行的模式分类，它所使用的特征并没有充分反映像素的空间信息和其邻域像素的相关信息。为了改善分割的效果,我们自然地想到使用能够充分利用图像信息的高维特征来描述每一个像素。

这类方法,对于无法由灰度区分的复杂的纹理图像显得尤为有效。由于模式分类可以借鉴模式识别技术中的成熟算法(如 FCM 算法和 SOM 算法),所以这类分割技术的主要差别在于特征提取的方法。常用的特征有:

- 基于共生矩阵的特征
- 基于自相关的特征
- 基于边界频率的特征
- 基于 Law's 模板的特征
- 行程长度特征(run-length features)
- 基于二值栈方法(binary stack method)的特征
- 基于纹理操作符(texture operators)的特征
- 纹理谱特征
- 结构特征
- 空间域滤波特征
- 傅立叶域滤波特征
- 小波域滤波特征
- 矩特征
- 基于 Gabor 滤波器的特征
- 基于随机场模型的特征
- 分形特征

图 3-2 列出了对 lena 图像使用几种典型的分割算法进行分割的实验结果。图(a)为原始图像,图(b)为阈值分割,图(c)为 Sobel 边缘分割,图(d)为分裂合并算法的分割结果,图(e)为提取 Garbor 特征后模糊 C-均值(FCM)聚类的分割结果,图(f)为改进的分水岭算法的分割结果。

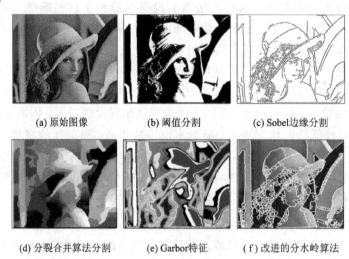

(a) 原始图像　　(b) 阈值分割　　(c) Sobel边缘分割

(d) 分裂合并算法分割　　(e) Garbor特征　　(f) 改进的分水岭算法

图 3-2　几种典型的分割算法的实验结果

从实验结果看出，图像分割问题还远远没有解决，这方面的研究仍然面临很多挑战。迄今为止，没有一种分割方法能够对任何图像都取得一致的良好效果，也不是所有算法都能在某一个图像上得到同样良好的效果，现有的方法大多还是为特定应用设计的

3.2.2　数学形态学处理

形态学一般指生物学中研究动物和植物结构的一个分支。后来，人们用数学形态学（Mathematical Morphology）表示以形态为基础对图像进行分析的数学工具。它的基本思想是用具有一定形态的结构元素（structuring element）去量度和提取图像中的对应形状，以达到对图像分析和识别的目的。数学形态学的数学基础和所用语言是集合论。数学形态学的应用可以简化图像数据，保持它们基本的形状特性，并除去不相干的结构。数学形态学的算法具有天然的并行实现的结构。

1.　二值形态学

二值数学形态学的基本运算有四个：膨胀（或扩张）、腐蚀（或侵蚀）、开启和闭合。形态学的运算对象是集合。设用 A 表示图像，B 表示结构元素（A 和 B 均为集合），形态学运算就是用 B 对 A 进行操作。

腐蚀是数学形态学的基本运算，集合 A 被集合 B 腐蚀，表示为 $A \Theta B$ ，定义为

$$A \Theta B = \{x \mid B + x \subset A\} \tag{3-3}$$

$A \Theta B$ 由将 B 平移 x 但仍然包含在 A 内的所有点 x 组成。如果将 B 看做是模板，那么 $A \Theta B$ 则由在平移模板的过程中，所有可以填入 A 内部的模板的原点组成。

膨胀是腐蚀运算的对偶运算，可以通过对补集的腐蚀来定义。A 被 B 膨胀表示为 $A \oplus B$，定义为

$$A \oplus B = \left[A^c \Theta (-B) \right]^c \tag{3-4}$$

其中，A^c 表示 A 的补集。含义为利用 B 膨胀 A，可将 B 相对原点旋转 $180°$ 得到 $-B$，再利用 $-B$ 对 A^c 进行腐蚀，腐蚀结果的补集就是所求的结果。

利用腐蚀和膨胀运算对图像做处埋，结果如图 3-3 所示，采用的结构元素为半径为 8 的圆。

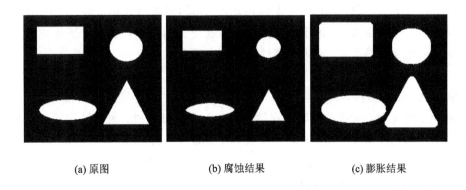

(a) 原图　　　　　　(b) 腐蚀结果　　　　　　(c) 膨胀结果

图 3-3　腐蚀、膨胀运算的结果

可见，膨胀操作可以扩充图像区域，而腐蚀操作则会缩小图像区域。

因为膨胀和腐蚀并不互为逆运算，所以它们可以级连结合使用。例如，可以使用同一

结构元素先对图像进行腐蚀运算，然后膨胀其结果；也可以对图像先进行膨胀运算再腐蚀其结果。前者通常称为开启(open)运算，后者则称为闭合(close)运算。

开启运算符为。，A 用 B 来开启记为 $A \circ B$，其定义为

$$A \circ B = (A \ominus B) \oplus A \tag{3-5}$$

闭合运算符为·，A 用 B 来闭合记为 $A \cdot B$，其定义为

$$A \cdot B = (A \oplus B) \ominus A \tag{3-6}$$

利用开启和闭合运算对图像做处理，结果如图 3-4 所示。可见，尽管开运算和闭运算都是由膨胀和腐蚀运算组成的，二者由于顺序的不同对图像处理后的结果明显不同。

(a) 原始图像 (b) 开运算图像 (c) 闭运算图像

图 3-4 开启、闭合运算的结果

2. 灰度形态学

数学形态学首先是在二值形态学的基础上发展起来的，然后推广到了灰度数学形态学。在二值形态学中，集合的交运算和并运算起着关键作用。在灰度形态学中，其对应的运算为极小和极大。与二值形态学类似，灰度腐蚀和灰度膨胀是其最基本的运算，下面给出灰度腐蚀和灰度膨胀的定义。

利用结构元素 g(也是一个信号)对信号 f 的腐蚀定义为

$$(f \ominus g)(x) = \max\{y: g_x + y \ll f\} \tag{3-7}$$

从几何角度讲，为了求出信号被结构元素在点 x 腐蚀的结果，先在空间滑动结构元素，使其原点与 x 点重合，然后向上推结构元素，结构元素仍处在信号下方所能达到的最大值，即为该点的腐蚀结果。由于结构元素必须在信号的下方，故空间平移结构元素的定义域必为信号定义域的子集。否则，腐蚀就在该点没有定义。

与二值情况一样，灰度膨胀也可以用灰度腐蚀的对偶运算来定义。在定义灰度腐蚀时，采取求最大值的方法，即在位于信号下方的条件下，求上推结构所能达到的最大值。利用结构元素的反射，求将信号限制在结构元素的定义域内时，上推结构元素使其超过信号时的最小值来定义灰度膨胀。f 被 g 膨胀可逐点地定义为

$$(f \oplus g)(x) = \min\{y: (\hat{g})_x + y \gg f\} \tag{3-8}$$

其中，$\hat{g}$ 代表 g 的映像(对原点的反射)。

图 3-5 列出了灰度形态学的实验结果，图(a)为原图，图(b)为灰度腐蚀的结果，图(c)为灰度膨胀的结果。可以看出，图(b)和(c)较好地保持了图(a)的重要细节，因此，灰度形态学膨胀和腐蚀操作可以视为图像滤波操作。

(a) 原图　　　　　　　　(b) 灰度腐蚀结果　　　　　　(c) 灰度膨胀结果

图 3-5　灰度形态学的实验结果

3. 形态学图像处理

数学形态学的思想和方法适用于与图像处理有关的各个方面。这是因为数学形态学既有坚实的理论基础，又有简洁、统一的基本思想。基于以上提及的基本运算还可以推导和组合成各种数学形态学实用算法。

1) 形态学滤波

利用形态学操作可以滤除图像中存在的噪声，这里因为图像中的噪声一般呈散乱分布或者正态分布。通过选择合适的结构元素，只要结构元素的尺寸大于噪声时，就可以滤除图像中存在的噪声。对某些强噪声图像，基于数学形态学的算法有可能取得较好的效果。形态学的操作都可以在某种程度上视为对图像进行滤波操作。图 3-6 显示了利用形态学开运算进行噪声滤除的结果。

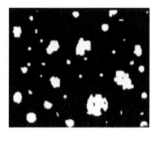 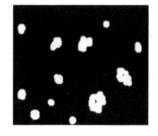

(a) 原图　　　　　　　　　　(b) 形态学开运算滤波

图 3-6　形态学滤波的结果

2) 形态学边缘检测

许多常用的边缘检测算子(如 Canny、Sobel 等)通过计算图像中局部小区域的差分来工作。这类边缘检测器或算子对噪声都比较敏感并且常常会在检测边缘的同时加强噪声。而形态边缘检测器主要用到形态梯度的概念，虽也对噪声较敏感，但不会加强或放大噪声。

形态学梯度定义为

$$Grad\big[f(x)\big] = (f \oplus g) - (f \ominus g) \tag{3-9}$$

其中，f 为原始图像，g 为结构元素。形态学梯度算子的性能取决于结构元素 g 的大小。大的结构元素会造成边缘间严重的相互影响，这将导致梯度极大值与边缘的不一致。然而，若结构元素过小，则梯度算子虽有高的分辨率，但对斜坡边缘会产生一个很小的输出结果。

图 3-7 为图像利用形态学梯度进行边缘检测的结果，图(a)为原图，图(b)为利用形态

学梯度检测的边缘。

(a) 原图   (b) 形态学边缘检测

图 3-7 利用形态学梯度进行边缘检测的结果

3）形态学后处理

在分割的后处理中，为了连接本来相关的区域或边界段，或者分离本来不接触的区域，常利用数学形态学的方法。在对视频序列中运动对象的分割过程中，由于信息不够完全，得到的对象轮廓往往存在空洞，这时往往需要进行形态学的后处理，以得到完整的视频对象。

此外，形态学在图像处理方面还有许多其他的应用，如基于击中击不中变换的目标识别、基于腐蚀和开运算的骨架提取等。

3.2.3 变化检测技术

变化检测作为一个重要的工具，广泛地应用于计算机视觉领域，如多媒体、视频监控、遥感等。通常，变化检测将视频图像划分为变化区域和未变化区域，它可以有效地检测图像序列或图像组中不同时刻的变化。由于对象的运动，使得不同时刻的图像灰度值或者彩色值发生了变化，因此，变化检测技术可以用于分割运动视频对象。

用 $f(x, y, k)$ 表示视频序列中的第 k 帧图像，(x, y) 表示图像中像素的坐标。变化检测的任务就是将两帧图像 $f(x, y, k)$ 与 $f(x, y, r)$ 进行比较，将特征值发生变化的像素标记为 1，没有发生变化的像素标记为 0，从而得到二进制掩膜图像 $c(x, y, k)$。其中，$f(x, y, r)$ 表示参考帧，例如当使用前一帧作为参考帧时，$r = k - 1$，参考帧为 $f(x, y, k-1)$。

不同的变化检测方法采用不同的策略 M，作为 $f(x, y, k)$ 和 $f(x, y, r)$ 的函数计算 $c(x, y, k)$，记为

$$c(x, y, k) = M(f(x, y, k), f(x, y, r)) \tag{3-10}$$

策略 M 分解为四个主要步骤：特征提取、特征分析、分类和后处理。

特征提取步骤通过变换 F 将输入图像 $f(x, y, k)$ 变换到最合适的特征空间，特征空间的选择依赖于具体的应用。$f(x, y, k)$ 经过变换 F 得到序列 $g(x, y, k)$。特征提取步骤记为

$$g(x, y, k) = F(f(x, y, k)) \tag{3-11}$$

特征分析步骤记为 T，通过比较 $g(x, y, k)$ 和 $g(x, y, r)$，计算表征像素值变化程度的活动索引值，该步骤的输出结果是序列 $t(x, y, k)$，记为

$$t(x, y, k) = T(g(x, y, k), g(x, y, r)) \tag{3-12}$$

特征分析之后进行分类，将视频图像的活动索引 $t(x, y, k)$ 根据门限值进行二进制分类，

每一个像素被标记为变化或者未变化，从而得到二进制掩膜图像 $c(x, y, k)$。为了得到分类结果，判决根据下面的阈值化检验进行：

$$c(x, y, k) = \begin{cases} 1 & if \quad t(x, y, k) > \tau \\ 0 & otherwise \end{cases} \qquad (3-13)$$

门限值 τ 可以根据经验值确定或者自适应计算。分类步骤的结果受各种因素的影响，为了提高检测结果的准确性，通常需要一个后处理步骤。

1. 检测的特征选取

为了更好地检测不同时刻图像的变化，需要选取合适的特征，将 $f(x, y, k)$ 变换到合适的特征空间，输出的结果是序列 $g(x, y, k)$。$g(x, y, k)$ 可以表示图像像素的亮度值、彩色分量，或者使用基于区域模型的参数作为检测的特征。

1）强度特征

强度特征是变化检测中普遍使用的特征，它包括亮度值和彩色分量。在单色相机情况下，不需要任何特征变换直接得到 $g(x, y, k)$。在彩色相机情况下，典型的视频图像包含三个彩色分量：

$$f(x, y, k) = (R(x, y, k), G(x, y, k), B(x, y, k)) \qquad (3-14)$$

其中，$R(x, y, k)$、$G(x, y, k)$ 和 $B(x, y, k)$ 分别表示视频图像的红色分量、绿色分量和蓝色分量。亮度值通过加权彩色分量得到：

$$g(x, y, k) = Y(x, y, k) = \omega_1 R(x, y, k) + \omega_2 G(x, y, k) + \omega_3 B(x, y, k)$$

$$(3-15)$$

$\omega_i(i=1, 2, 3)$ 表示人类视觉系统对不同彩色分量的敏感程度。

除了使用亮度值作为强度特征外，有些文献[33, 34]使用彩色值作为强度特征。可以直接使用相机传感器得到的彩色信息（通常是 RGB），或者将彩色信息变换到其他彩色空间，彩色空间的选择依赖于具体的应用。

2）光照不变特征

由于光照变化使得图像的强度值发生变化，因此当光照条件变化时，需要选择一些光照不变特征，例如边缘特征、图像反射分量等，以克服光照变化对变化检测结果的影响。基于图像边缘特征的变化检测方法，依据是全局光变不改变图像的边缘形状，而且由于边缘图是二值图像，因此便于计算和存储。另一个光照不变特征是反射分量。反射图用于表示图像的反射分量，包含物理对象信息，与光照变化无关。

3）二阶统计特征

通过建模信号 $f(x, y, k)$ 的强度分布，可以提取特征 $g(x, y, k)$ 用于变化检测。模型通常利用基于区域的统计表示，采用二阶统计模型，例如区域的方差和均值、建模区域的二次函数或者偏微分描述图像的局部强度分布。区域的形状通常选择以像素 (x, y, k) 为中心的 $N \times N$ 区域窗 $W_{(x, y, k)}$，窗内像素的均值和方差计算公式为

$$\mu(x, y, k) = \frac{1}{N^2} \sum_{(i, j, k) \in W(x, y, k)} f(i, j, k) \qquad (3-16)$$

$$\delta^2(x, y, k) = \frac{1}{N^2} \sum_{(i, j, k) \in W(x, y, k)} (f(i, j, k) - \mu(x, y, k))^2 \qquad (3-17)$$

用 $\delta^2(x, y, k)$、$\mu(x, y, k)$ 表示区域 $W_{(x, y, k)}$ 的特征。

2. 变化检测的特征分析

当图像变换到合适的特征空间后，对特征进行分析。特征分析步骤通过变换 T 比较 $g(x, y, k)$ 和 $g(x, y, r)$，该步骤的输出结果是反映视频图像特征值变化程度的活动索引 $t(x, y, k)$。下面讨论执行特征分析时如何选取邻域窗、参考帧和变换 T。

1）特征分析时邻域窗的选取

理想情况下，变换 T 分别作用于每一个像素。但是由于实际图像受噪声的影响，因此需要一个更稳健的方法处理噪声，为此，变换 T 作用于每个像素的邻域窗，在邻域窗内比较当前图像和参考图像的特征，以降低变化检测过程中噪声的影响。

邻域窗可以选择具有不规则形状的区域或者矩形窗。矩形窗是最常用的形状，当没有场景的先验知识可以利用时，通常选择矩形窗。邻域窗的面积越大，对噪声越不敏感，然而，检测的准确性降低。

在邻域窗得到的信息可以作用于不同的范围。如果从像素邻域窗内得到的信息作用于窗内的所有像素，则检测过程使用的邻域窗是非交叉空域窗，称为非重叠窗；如果从像素邻域窗得到的信息只是作用于中心像素，则检测过程使用的邻域窗是交叉空域窗，称为重叠窗。采用重叠窗时，可以提供较好的准确性，但是计算复杂度较高；采用非重叠窗时，计算复杂度降低，但是准确性也降低。

2）参考帧的选择

在特征分析步骤，需要将当前帧的特征 $g(x, y, k)$ 与参考帧的特征 $g(x, y, r)$ 进行比较。可以选择前一帧图像或者背景图像作为参考帧。许多变化检测技术使用前一帧图像作为参考帧，此时特征分析步骤表示为

$$t(x, y, k) = T(g(x, y, k), g(x, y, k-1)) \tag{3-18}$$

该方法的优点是降低了阴影区域的影响，不足之处是因语义视频对象运动而暴露出的背景区域也会检测为变化，而且当语义视频对象内部的纹理细节不丰富时，无法检测出语义视频对象平面的内部区域。

另一种方法是使用背景图像作为参考帧，一种简单的情况是若视频序列的初始帧中不包含对象，可选择视频序列的第一帧作为参考帧，此时特征分析步骤表示为

$$t(x, y, k) = T(g(x, y, k), g(x, y, 1)) \tag{3-19}$$

由于使用背景图像作为参考帧，即使对象停止运动，也可以检测出来。这种方法的不足之处是由于参考帧固定，因此不能自适应于环境光照的慢变化，不适合处理较长的室外视频序列。而且在许多应用中，视频序列的第一帧包含语义视频对象，不能用作参考帧。

为此，需要利用视频序列中多帧图像的背景信息构造背景帧。一般情况下，综合连续多帧图像的信息，预测当前的背景帧图像，然后利用构造的背景图像作为参考帧进行变化检测。背景图像 $\tilde{g}(x, y, r)$ 采用视频序列先前帧背景图像的加权值与当前帧进行构造时为

$$\tilde{g}(x, y, r) = (1-\alpha)(g(x, y, k) + \alpha\tilde{g}(x, y, k-1) \tag{3-20}$$

$\tilde{g}(x, y, 1) = g(x, y, 1)$，$0 < \alpha < 1$。这样即使所有的视频图像都包含语义视频对象，也可以生成背景图像。而且通过与当前帧进行加权，可以补偿光照条件的慢变化，使得构造的背景图像不受光照慢变化的影响。不足之处是只有当语义视频对象持续运动，背景像素

在大部分时间暴露时，该背景图像的构造方法才有效，而当语义视频对象运动速度很慢时，这种方法的效果不好。

3）活动索引的计算

将视频图像和参考帧变换到合适的特征空间后，接着根据 $g(x, y, k)$ 和 $g(x, y, r)$ 计算反映特征值变化程度的活动索引。将变换 T 分解为距离算子 T_d 和一个函数 T_l，因此方程（3-12）可以表示为

$$t(x, y, k) = T_l(T_d(g(x, y, k), g(x, y, r))) \tag{3-21}$$

距离算子提供像素级的特征距离，可以通过对应像素的差值、特征矢量差值或者二阶统计量的差值实现。对应像素的差值表示为

$$t_d(x, y, k) = T_d(g(x, y, k), g(x, y, r)) = g(x, y, k) - g(x, y, r)$$
$$\tag{3-22}$$

距离算子可以应用到亮度或者彩色分量表示的强度图像、二进制边缘图像。特征矢量差值用于对特征矢量进行运算，特征矢量可以是彩色特征或者区域特征。

进行距离算子 T_d 运算后，需要进一步变换 $t_d(x, y, k)$ 得到用于变化检测的活动索引。在一些情况下，距离算子的结果 $t_d(x, y, k)$ 可以直接用作活动索引，此时不需要经过函数 T_l 运算。T_l 变换可以是绝对值、平方值、二阶矩、四阶矩或者是边缘运算。如果使用的特征是边缘，则在图像差分距离算子之后取绝对值或者平方值：

$$t(x, y, k) = \|t_d g(x, y, k)\|_p \tag{3-23}$$

其中，$p = \{1, 2\}$ 分别表示绝对值和平方值。

当使用图像强度特征（亮度或者彩色分量）时，在矩形窗 $W_{(x, y, k)}$ 内计算矩。在这种情况下，活动索引表示为下面的形式：

$$t(x, y, k) = \frac{1}{N^2} \sum_{(i, j, k) \in W(x, y, k)} (t_d(i, j, k) - \mu)^s \tag{3-24}$$

其中，$t_d(i, j, k)$ 是差分图像，s 是矩的阶数，均值 μ 为

$$\mu = \frac{1}{N^2} \sum_{(i, j, k) \in W(x, y, k)}' t_d(i, j, k) \tag{3-25}$$

计算活动索引时，可以使用不同的 $t_d(i, j, k)$ 和 s 的组合。当 $t_d(i, j, k)$ 是图像亮度差分结果，并且 $s = 4$ 时，得到的 $t(i, j, k)$ 是四阶矩。当 $t_d(i, j, k)$ 是图像亮度值的比率，并且 $s = 2$ 时，得到的 $t(i, j, k)$ 是二阶矩。计算的活动索引可以作用于 $W_{(x, y, k)}$ 内的所有像素（非重叠窗）或者只是作用于 $W_{(x, y, k)}$ 的中心像素（重叠窗），后者提供了较好的空域准确性。

3. 变化检测的分类步骤

分类步骤根据活动索引 $t(i, j, k)$，将图像中的像素分为变化或者未变化两类。为了得到分类结果，需要根据方程（3-13）对 $t(i, j, k)$ 进行阈值化判决。活动索引 $t(i, j, k)$ 的范围依赖于特征空间的选择和特征分析采用的距离算子，例如，在采用边缘特征时，$t(i, j, k)$ 值的范围是 $\{-1, 0, 1\}$；在对图像强度特征取差分绝对值的情况下，$t(i, j, k)$ 的值为正整数。

式（3-13）中的门限值 τ 是经验值或者自适应计算。经验门限值对于视频序列中所有视频图像都是固定的，通常基于很大的数据库，根据实验确定。自适应门限值根据某些规

则动态确定。下面介绍一些选择门限值的方法。

1) 经验门限值的选取

当变化检测过程中选择强度特征时,门限值的选取依赖于场景、相机噪声和时空光照条件。当变化检测过程中使用边缘特征时,活动索引 $t(i, j, k)$ 通过边缘图差分的绝对值计算,这种情况下门限值为 0。

经验门限值 τ 根据测试序列的不同而手工调节,不足之处是需要根据场景的特征交互式改变门限值,因此不适合自动分割和较长的视频序列。为了得到最优的检测,门限值需要自适应于场景内容和不同类型的噪声。

2) 自适应门限值的选取

自适应门限值需要根据相机噪声方差 δ_c 自动确定。如果相机噪声的概率密度函数已知,使用区域统计分析计算自适应局部门限。统计分析方法基于建模噪声的密度函数,比较差分图像中每个像素点的邻域窗内的统计行为,基于显著性检验技术判决像素值是否发生了变化。噪声模型的定义基于下面的假设:邻域窗内所有像素值的变化都是由于噪声引起(假设 H_0);序列中的每一帧都受特定均值和方差的加性高斯噪声的影响。在这些假设下,噪声模型通过 χ^2 分布描述,它的属性依赖于邻域窗内像素的数目和噪声的方差。给定 χ^2 分布和显著性水平 α,自适应门限值 τ_a 通过下式确定:

$$\alpha = P\{\delta > \tau_a \mid H_0\} \tag{3-26}$$

其中,显著性水平 α 是一个固定的参数,不需要手工调节。

4. 变化检测的后处理

分类结果 $c(x, y, k)$ 受各种因素的影响,这将在 $c(x, y, k)$ 中引起虚警。这些虚警主要包括:阈值分割和统计分析存在一定的虚警,因对象运动暴露的背景区域,对象的阴影区域。这些虚警影响了对象检测结果的准确性,需要通过后处理步骤进行消除。

1) 使用二进制掩膜图像的后处理

后处理步骤要求在保持轮廓的同时消除不规则性,可以使用当前的二进制掩膜图像或者一组二进制掩膜图像进行处理。在只使用当前二进制掩膜图像的情况下,后处理步骤表示为

$$p(x, y, k) = P(c(x, y, k)) \tag{3-27}$$

P 表示后处理步骤采用的方法,它基于一些先验假定调整二进制掩膜图像 $c(x, y, k)$,典型的假定是语义视频对象的紧凑性。在这种假定下,变化区域必须是连通的,而且具有一定的几何规则性。通常使用形态学滤波器、形态学开运算或者更为复杂的形态学组合滤波器进行处理。其优点是计算复杂度低,不足之处是先验假定(紧凑性和规则轮廓)并不总是成立的。

联合基于背景图像的变化检测结果和帧间变化检测结果进行处理,后处理步骤表示为

$$p(x, y, k) = P(c(x, y, k-1), c(x, y, k), c'(x, y, k), c(x, y, k+1)) \tag{3-28}$$

其中,$c(x, y, k)$ 是基于背景图像的变化检测分类结果,$c'(x, y, k)$ 是帧间变化检测分类结果。由于使用了后一帧信息,因此该系统引进了延迟,不是因果系统。

2）使用二进制掩膜图像和原始图像的后处理

可以通过分析当前帧图像和二进制掩膜图像改进分类结果，表示为

$$p(x, y, k) = P(c(x, y, k), f(x, y, k)) \tag{3-29}$$

或者通过分析当前帧图像、参考帧图像、以及二进制掩膜图像改进分类结果：

$$p(x, y, k) = P(c(x, y, k), f(x, y, k), f(x, y, r)) \tag{3-30}$$

参考帧 $f(x, y, r)$ 是背景帧或者前一帧。后处理步骤通常采用运动、颜色和边缘信息。根据（3-30）式进行后处理的典型例子是阴影检测。阴影区域通常被检测为运动区域的一部分，通过消除阴影区域，可以改善变化检测结果。

3.3　基于时/空域联合分割

在视频对象分割算法中，空间域分割和时间域分割分别依赖于帧内和帧间的信息。由于场景中存在噪声以及运动估计所固有的遮挡和孔径问题，往往不能获得精确的运动估计。同时，基于运动的分割方法一般对有较大运动的目标分割效果不好，影响到运动分割的精度，不能准确地逼近运动物体的边缘。因此，要准确地实现分割，还需要在运动分割算法的基础上联合物体的颜色、亮度、边缘等空间信息进行视频分割。这种视频对象分割方法称为基于时/空域联合分割。

时/空域联合的分割方法是综合利用时间域的帧间运动信息和空间的亮度、颜色信息，同时进行空间分割和时间分割的方法，其目的是为了提取足够准确的边缘。通过空间分割将图像分割为具有准确语义边界的初始分割区域，时域分割则定位图像中的运动区域，最后结合空间分割和时域分割的结果，获得边缘定位较精确的分割对象。本节介绍一种静止背景视频序列的时/空联合分割算法，分割框图如图 3-8 所示。

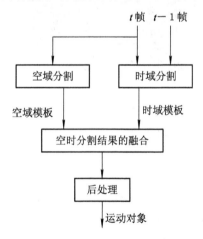

图 3-8　时/空联合分割框图

3.3.1　时间分割

时间分割可以判断出哪些像素发生了变化或者属于哪个对象，并通过标记或掩模的方式表现出来。时间分割的方法主要有变化检测、运动估计、光流法、对象跟踪等。这些方法

各有不同的特点，适应不同特征的视频序列。本节采用简单的帧间变化检测算法进行时间分割，得到空域模板。

变化检测把当前视频帧分割成相对于参考帧"变化的"和"未变化的"区域。未变化的部分表示静止的背景，变化的部分代表运动和遮挡区域。假设 $f_k(x, y)$ 表示第 k 帧的原始图像，$f_{k+1}(x, y)$ 表示第 $k+1$ 的原始图像，则前、后帧之间的偏移帧差（displaced frame difference）为

$$d_{k, k+1}(x, y) = | f_{k+1}(x, y) - f_k(x, y) | \qquad (3-31)$$

在理想情况下，不等于零的点的位置代表"变化"区域，然而由于噪声的存在，这种情况很少存在，为此，可以用以下方式计算变化检测模板（change detection mask）：

$$C_{k, k+1}(x, y) = \begin{cases} 1 & \text{当 } d_{k, k+1}(x, y) > T \\ 0 & else \end{cases} \qquad (3-32)$$

其中，T 为阈值。

显然，上述变化检测模板反映运动对象位置变化的性能存在阈值依赖性，即阈值的选取是至关重要的一步。借助一些数学工具，目前已提出了许多自动判断并计算阈值的方法，如直方图法、高阶统计量法、置信度法等，都取得了较好的效果。图 3-9 为用置信度法计算得到阈值的变化检测实验图，图（a）是 Trevor 序列第 7 帧图像，图（b）是 Trevor 序列第 8 帧图像，图（c）为第 7 帧和第 8 帧用帧差法得到的时间阈变化检测图像，可以看出，时间分割掩模基本反映了对象的运动区域，但还需要经过一些后处理技术，才能得到相对较为准确的分割掩模。后处理通常采用连同组件分析和形态学滤波。

(a) Trevor序列第7帧图像　　　(b) Trevor序列第8帧图像　　　(c) 时间阈变化检测图像

图 3-9　变化检测实验图

3.3.2　空间分割

由于运动信息的复杂性，时间分割往往只能得到大致准确的对象边界。空间分割则可以得到准确的对象边界，但很难自动得到语义对象区域。阈值法、聚类法以及分水岭变换等都可实现空间分割，其中，分水岭算法就是一种常用的基于区域的分割方法，可以得到一致性很好的均匀区域，本文将采用分水岭算法作为空域分割方法。

1. 分水岭算法的基本思想

分水岭算法主要利用图像梯度值的不同，形成不同高度的堤坝，然后仿照流水的过程，分配各像素值到不同的"流域"内，形成不同的分割区域。为了便于处理，在实际中，梯度值一般用形态学梯度计算。图 3-10 是分水岭算法的原理示意图。

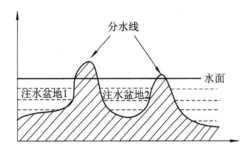

图 3-10　分水岭算法的原理示意图

　　假设待分割对象是由不连续的物体组成的，则形态学梯度将由"深度"不同的区域组成。图中的不同深度区域对应不同的图像梯度。分水线就是明显不同的梯度的交汇线，注水盆地则对应着梯度的极小值。对于一个给定的极小区域，水珠则会滚入该区域的所有点构成的集合，可以称之为该极小区域的集水域或流域。对流域变换也可以换一个角度看，即不从水珠流入区域的角度而从水溢出的角度看。假设注水盆的底部有一个小孔，水从这个小孔注入时不同流域的水面都将不断提高而将要汇合在一起。为防止不同流域的水相互混合，需要筑起一条坝，堤坝即对应着流域的分界线。

2. 分水岭算法的计算方法

　　Beucher 和 Lanturjoul 最先提出了基于"浸没"模型的分水岭算法，在已知区域最小的前提下，在每个区域最小值影响的区域（Influence Zones）内，通过形态学厚化运算，逐步扩展所影响的区域范围，最后得到分水岭线。但是该算法在计算的过程中，当同一区域呈环形时，就可能产生错误的分水岭线，并且因为在每一次二值厚化的过程中，都必须将所有的像素扫描一次，所以这种算法的效率是非常低的。

　　Friedlander 提出了一种有序算法。这类算法按照预先规定的顺序对图像进行扫描，在扫描的过程中每个像素的新的值可能会对下一个像素的新的值的计算产生影响。整个算法必须有一个初始化的步骤，生成"主要蓄水盆地（Broad Catchment Basin）"，拥有区域最小值 M 的主要蓄水盆地是一些像素的集合，从像素 M 开始，经过一个非降的浸没过程可以到达这些像素。图像中的任何一个像素都至少属于一个主要蓄水盆地，而两个或两个以上的主要蓄水盆地重叠的区域就称为"分水岭区域"，这些区域组成了"受限蓄水盆地（Restricted Catchment Basin）"。最后，可以通过 SKIZ（受影响区域的骨架提取，Skeleton by Influence Zones）得到分水岭线。整个过程是相当快的，因为每一个步骤都是有序进行的。另外，在算法中对每个蓄水盆地都进行了标记编号，所以可以避免 Beucher 和 Lanturjoul 算法中同一区域呈环形时产生的分水线错误，但该算法获取的分水岭线位置可能会不正确，有时甚至不在图像的脊线（Crest-lines）上。

　　Luc Vincent 考虑到在运算过程中的每一步都只有少量的像素发生变化的特点，将算法分为两个步骤：排序和浸水淹没。排序是按照图像中像素的灰度值进行从小到大的分类，具有相同灰度值的像素被存储在一个链表中，以方便对同一灰度级像素的随机访问，这样为接下来的浸水淹没过程提供了方便。浸水淹没过程是当水由区域最小值逐渐进入由图像表示的地形曲面时，计算当前灰度级的测地影响区。假设高度小于等于 h 的像素所属的盆地已经标记出来，则处理高度为 h+1 的像素时，将这一层中与已标记的汇水盆地相邻的像素放入一个先进先出的存储队列。再由这些像素开始，根据测地距离将已经标记的汇水盆地扩展至 h+1 层。这样，只剩下高度为 h+1 的区域最小值没有被标记，它们与已经标记出来的汇水盆地均不邻接。最后，再通过一次二维扫描，将 h+1 层中可能存在的区域最小值标记为新的标号。在最终的分割结果中，具有同一标号的像素属于同一个汇水盆地，而距离不同汇水盆地相等的像素就构成分水线。使用这种方法计算一幅 256×256 大小图像的分水岭大约只需要几秒钟，相比前面介绍的算法而言，效率很高。这种算法对于4-连通、6-连通或是 8-连通的图像来说是通用的，甚至可以推广到任意一种网格。使用这种算法计算分水岭可以推广到 N 维的图像。并且因为给每个蓄水盆地进行了标记，这种算法计算的精确度也是相当高的。

　　分水岭算法尽管可得到较为一致的平滑区域，但却容易出现"过分割"现象，这会造成出现较多的小区域。通常分水岭算法执行在梯度图像上，如果要减轻过分割现象，一个直接简单的方法就是需要对一些极小点进行抑制，从而减小区域的数量。对于所期望的目标区域，也需要利用一些知识对其进行强调，从而使分水岭算法能够得到较好的分割结果。

　　对 Tennis 第 1 帧图像用分水岭分割，结果如图 3-11 所示。

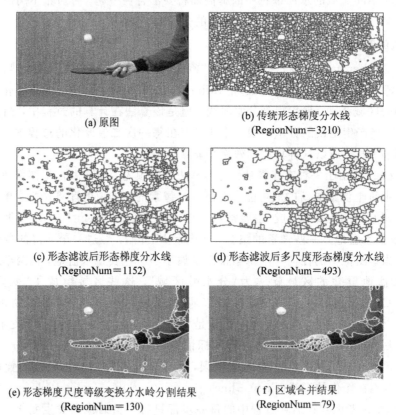

(a) 原图

(b) 传统形态梯度分水线
(RegionNum=3210)

(c) 形态滤波后形态梯度分水线
(RegionNum=1152)

(d) 形态滤波后多尺度形态梯度分水线
(RegionNum=493)

(e) 形态梯度尺度等级变换分水岭分割结果
(RegionNum=130)

(f) 区域合并结果
(RegionNum=79)

图 3-11　Tennis 第 1 帧图像分水岭分割结果

　　从图中的分割结果可以看出，基于传统形态梯度的分割方案对图像中的噪声十分敏感，分割结果中存在大量的细小区域，尤其在平坦区域内部也有相当数量的细小区域存在，显然，过分割现象没有得到很好的抑制；经过形态滤波后分割结果有了很大改进，分割出的有效区域数目明显减少。形态滤波后使用多尺度形态梯度进一步提高了分割效果。

再使用尺度等级变换获得了较理想的分割效果，经过合并后，分水岭分割算法获得更有意义的空间分割结果。

3.3.3　时/空融合分割

常见的时间分割信息和空间分割信息融合方法之一是对多个特征采用马尔可夫建模，然后进行优化求解，但存在计算量大的缺点。

由于前面已通过时间分割得到了视频对象的大致区域，又通过空间分割得到了视频对象的一致区域的准确边界，因此可采用比重法进行时空分割信息融合，即将空间分割后得到的区域向时间分割得到的视频对象区域进行投影，如果其像素数与属于时间分割所标识的区域像素之比高于某一预设置阈值 Th，则可认为此区域属于视频对象，然后合并所有的此类区域，即可得到视频对象。这种方法的实质是时间分割提供了语义对象的大致范围，而通过空间分割得到语义对象的准确边界。

通常，阈值 Th 的选取与具体的图像序列中包含的阴影、噪声等有关，还与空间区域的阈值有关。经过比重法判断后，仍然会出现部分视频运动对象区域丢失以及把背景区域误判为运动区域的情况，因此还需要后处理。使用小区域去除的方法把误判的背景区域去除掉，再使用形态结构的闭运算及填充运算得到完整的视频运动对象。

使用时空联合分割方法对 Akyio 序列进行分割，实验结果如图 3 - 12 所示。

(a) Akyio第4帧

(b) 空域分割结果

(c) 时域检测的运动区域

(d) 第4帧分割结果

图 3 - 12　Akyio 序列分割实验结果

Akyio 序列是一种典型的头肩序列，背景较复杂但基本不动，而仅仅人有较小的运动，从图中可以看出时域检测的运动区域准确，空间也得到了较准确的分割，所以得到了较好的分割结果。

3.4　交互式视频对象分割

通常，自动分割算法只适合较简单的场景以及特定的视频序列。它的分割速度虽然较快,但分割结果的质量不一定能达到满意的要求。这主要有两个原因:一方面,视频对象很难由低级特性(如颜色、直方图及运动特性)来描述,而自动分割算法依据视频内容的时空一致性,不能真正理解视频序列中有语义意义的视频内容;另一方面,现有大多数自动分割算法对运动对象轮廓的获取是通过区域的分裂与合并实现的,这样会使运动对象轮廓多出或丢失一些小的区域,而人眼的视觉对视频对象的轮廓极其敏感,所以通过自动分割获得的运动对象轮廓精度有时候不一定能够满足 MPEG-4 的交互式应用的要求。

引入人机交互的半自动视频分割(以下简称为半自动分割)由于可借助人机交互来协助定义视频对象的轮廓及位置、所选择的跟踪对象是刚性还是柔性等,往往可以取得较好的效果。在一些没有实时性要求的系统中,如多媒体制作和基于内容的视频检索等,半自动分割更为合适。因此,半自动的分割算法近年来得到了越来越多的重视。

交互式语义对象分割一般包括相互关联的两个步骤,即在某些关键帧(通常为初始帧或者需要进行对象修正的帧)通过简单的用户交互分割出用户感兴趣的任意对象,而在其他帧则利用对象的帧间相关性,依靠对象跟踪算法来完成对象的分割。

3.4.1　初始对象轮廓提取

关键帧中的感兴趣对象分割,可以使用静态图像的交互式分割工具来完成。目前流行的图像编辑软件(如 PhotoShop)中提供了 Magic Wand 和 Magic Lasso(也称为 Intelligent Scissors),两种成熟的交互式分割工具,但它们都需要用户在对象内部或者对象轮廓附近选择多个种子点,而且需要用户自始至终参与整个分割过程。此外,前者在对象和背景的颜色分布有重叠的情况下很难分割出满意的对象;而后者对于纹理丰富的区域需要用户提供较多的种子点来不断修正对象轮廓。

近年来的交互式对象分割研究中,用户交互方式一般是由用户勾勒出对象的大致轮廓或者用矩形和多边形圈定对象的大致区域,生成一幅三值图(Trimap)以区分对象区域、背景区域和界于对象和背景之间的不确定区域。一种直接的分割策略就是根据颜色或纹理的相似性将不确定区域依次合并到对象或背景区域中,一般采取种子区域生长算法,虽然计算简单,但用户交互的工作量较大,对于复杂图像的分割精度较低,而且用户无法控制最终的分割结果。

另一种间接的分割策略就是分别建立对象和背景的颜色分布模型,通过概率估计来决定不确定区域内像素的归属。Bayes Matting 方法通过计算出不确定区域内像素的 alpha 值(透明度)来表示其属于对象或者背景的概率,适合于不确定区域相对较小且具有较大差异的两类颜色分布模型。Graph Cut 方法将对象分割问题转换为有向加权图的切割问题,采用图的最大流(Max-flow)算法完成图的切割,将原始图像分割成对象和背景。Grab Gut 方法则将对象分割问题转化为一个能量最小化问题加以解决,并允许用户可自由地对对象的局部边界进行修正和平滑,以任意精度接近用户期望的分割结果。

3.4.2　对象跟踪

对于视频序列,其余帧的对象分割可通过对上述交互式分割得到的对象进行跟踪来完成。对象跟踪可以基于对象区域的投影来进行,首先对对象区域进行运动估计或者利用更复杂的参数运动模型进行投影以得到对象在当前帧的投影区域,然后修正投影区域的轮廓以获得具有准确边界的视频对象。利用上述对象投影策略同样可以获得对象的种子区域，然后对种子区域进行生长以得到完整的对象区域，或者同时考虑对背景区域进行投影，以两个投影区域作为种子区域进行生长和分裂来得到最终的对象。上述的区域投影可以看作是前向投影，即将已有的对象或者其分割区域向当前帧投影，也可将当前帧的分割区域进行后向投影，根据每个投影区域与前一帧对象相交面积的多少来判断它是否属于当前帧对象，还能够结合前向投影和在像素级上的后向投影以提高分割的精度和效率。

对象跟踪同样可以利用对象的边缘特征或轮廓特征来实现，如对对象的边缘模型在当前帧进行投影和距离变换得到其膨胀后的区域，然后对膨胀区域的彩色直方图进行反向映射后得到当前帧对象；也可在投影对象的边界区域上通过模板匹配使对象轮廓精确化；一些文献则引入了分割质量的反馈来自适应地调整对象的每段轮廓；采用基于水平集的曲线演化方法也能保证分割遮挡对象轮廓的可靠性。

为了增强分割的对象在整个序列上时空域的一致性和连贯性，对象分割可以在 Bayesian 框架下转变为一个最大化后验概率（MAP）的问题。首先以空域分割的各个区域为结点构造满足区域邻接关系的马尔可夫模型，以时空分割结果和其他约束条件作为能量函数项，通过最小化能量函数（即最大化后验概率）来标记每个分割区域，最后将具有相同标记的区域组合成一个个对象。能量函数项可以采用不同对象的参数运动模型之间的误差、对象在空域的颜色一致性和时域的运动一致性或者邻接像素或区域标记的一致性。

图 3-13 显示了 Trevor 序列交互式分割结果，图（a）是交互式提取的运动对象轮廓，图（b）和（c）给出了采用区域投影和轮廓修正得到的分割结果。Trevor 序列是典型的头肩序列，背景相对静止，前景变化小，从实验结果可看出，提取的对象轮廓以及分割结果都较准确。

(a) 提取的对象轮廓　　　　(b) 第10帧交互式分割结果　　　　(c) 第20帧交互式分割结果

图 3-13　Trevor 序列交互式分割结果

3.5　压缩域视频对象分割

在压缩域内进行视频对象分割，与像素域内的分割方法相比更适合实际应用的需要。鉴于实际应用中的大多数视频序列已经压缩为某种格式，直接在压缩域内进行视频对象分割，可免除对压缩视频进行完全解码；而且，从压缩视频中仅通过熵解码提取出的运动矢量（motion vector）和 DCT 系数，可直接用作对象分割所需的运动特征和纹理特征，这些在宏块（macroblock）或块（block）级别上提取的特征使得所需处理的数据量要比像素域少很多，从而显著降低了分割算法的计算量。因此，从压缩域分割视频对象具有快速的特点，适合具有实时性要求的应用场合，可解决像素域分割方法难以满足实时分割的要求，但想要达到像素级的分割精度，通常还需要将对象中的边界块完全解码后在像素域内进行边缘细化等后处理工作。

3.5.1　MPEG 压缩域的视频对象分割

MPEG 视频压缩的基本思想是消除帧内的空间冗余和帧间的时间冗余。MPEG 压缩方案分别对 I(帧内)、P(前向预测)和 B(双向预测)帧的比特流进行转换。I 帧作为单独的图像进行编码，不需要参考帧，在初始帧保存 DCT 信息，而 P 帧和 B 帧存储运动信息和运动补偿后的残差。编码时先用 DCT 将块由空间域转换成频域，把信号分离到独立的频带，信号能量一般集中在 DCT 的低频部分，反映纹理的平稳变化；DCT 的高频部分反映纹理的剧烈变化。直流系数 DC 显示宏块的平均颜色；运动矢量(MV)通过测量参考块与当前块匹配程度，然后取其 cost 最小的来获得。

从 MPEG 的编码原理可以看出，MV 和 DCT 系数两个特征参量是视频序列被压缩后的主要信息载体，因此自然成为 MPEG 压缩域进行视频对象分割的主要依据。围绕是否使用和如何使用这两个特征参量实现 MPEG 压缩域视频对象分割，将其分为基于 MV 分割、基于 DCT 系数分割和结合两者的 3 种算法。

1. 基于 MV 的分割算法

MV 可看作 MPEG 压缩域中对光流场的粗糙近似。由于运动矢量场(MVF)中常会存在一些因量化造成的噪声或伪矢量，因此对 MVF 要先进行预处理，尽可能抑制其中的伪矢量后再用各种对 MV 的聚类算法提取运动一致性区域。在一些早期的算法中，聚类只是简单凭借 MV 的大小和夹角完成对噪声滤除和区域合并。在对后续帧跟踪时，利用前后帧的 MV 相似性，并用计算前后帧中被标定对象的宏块数量与整体的比例上是否过大，来判断是同一对象还是出现新的对象。这些方法简单易行，但效果欠佳。有些方法在预处理时，使用基于标准矢量中值滤波(SVM)的噪声自适应软转换中值滤波(NASM)方法，可有效消除噪声干扰和保存正确的运动矢量。这种方法按照运动矢量的角度、大小及与周围运动矢量的联系，把运动矢量分为真实运动矢量、独立不规则运动矢量、非独立不规则运动矢量和边缘运动矢量 4 种，以便有效去除伪矢量。之后用"无偏模糊聚类算法"给出视频对象在空间的大致位置，再用"双向运动跟踪"修正上一步骤中出现的过分割、欠分割、不完全分割和错分割等问题。其结果虽标定出视频对象的大致位置，但提取出的运动对象轮廓仍不够准确。

有些算法用基于双线性运动模型的迭代拒绝方法来进行前景/背景的分割，通过检测迭代拒绝输出的时域一致性将得到的前景宏块聚类成连通区域，最终进行区域跟踪，构成有意义的前景时空对象。还用一些算法将经典的 EM 迭代算法引入 MPEG 域视频对象分割领域，提出一种能自动估计对象数量并独立提取运动对象的方法。先经若干帧累积运动矢量并通过空间插值得到稠密的运动矢量，再用 K - means 聚类处理来确定运动模型的数量，然后用 EM 算法完成分割，并在时域上跟踪已分割的对象得到视频对象。最后，为得到视频对象较好的边缘，对其中经过对象边缘的块及其 8 个邻接块进行解码，以使边缘块内的像素被分类给正确的对象。

2. 基于 DCT 系数的分割算法

DCT 系数包含了变换后的空间信息，大多使用 I 帧 DCT 系数分割的都用它的 DC 图像和 AC 能量分布的变化来定位运动物体，以及检测其纹理和边缘。早在 1997 年，就提出一种从 MPEG 压缩码流中快速确定人脸的算法，用皮肤色度的统计数据以及形状和亮度 DCT 系数的能量分布确定人脸区域。但它不能实现轮廓提取和人脸识别，仅用于快速人脸检测。有些文献采用自适应 K 均值算法将色彩信息进行空间聚类为多个不同的匀质区域，之后按区域间时空信息的相似程度进行区域合并，再按照区域的平均变化量分为运动区域或背景区域。其中，区域合并时，综合了"强时空相似性"和"区域内的平均时间变化量"这两个合并参考量，而空间相似性主要依据亮度信息，AC 能量的熵的大小、时间变化则由 3D Sobel Filter 检测时间梯度得到。最后对运动区域的边缘块进行部分解码，以使前景视频对象边缘精确到像素级。但该算法因没有利用 P 帧间运动矢量，在上述过程中分割各个对象需要预设大量的阈值。

3. 结合 MV 与 DCT 系数的分割算法

该方法将 DCT 系数的使用作为在对分割精度有进一步要求时对基于 MV 分割的一种补充。在沿用 MV 的分割算法中去除伪矢量、获得正确 MV 的基础上，在聚类时提出一种新的"最大熵模糊聚类算法"将不同的块聚类成匀质区域。当进一步要求提取精确轮廓时，采用 DCT 系数中的颜色信息和 DC 系数来进行分割。先用一个二状态运动学模型确定要精确轮廓的"感兴趣区域"，然后依据上一步 MV 的标定结果，仍用最大熵模糊聚类算法对 DC 系数进行分割，找出最适合的块数目。由于引入 DC 系数信息弥补基于稀疏的 MV 运动分割的不足，分割效果有了较大改善。但因未解决以 8×8 块作为一个运动矢量而使 MV 过于稀疏的问题，在分割精度上的改善有限。

为此，提出了改进方法进一步将运动和频率信息融合。先将 MPEG 流解析成 DCT 系数和运动矢量，构造二维的频率 时间的数据结构(该结构使用包含帧切换的 I 帧、P 帧的多图像组)，每个 GOP 由符合 I 帧中块的矢量层表示。每个矢量由一些选定的 DCT 系数和一组运动矢量集组成。提出了积的概念，当视频的邻接区域 DCT 系数和运动参量一致时积增大，对邻近区域有最小的纹理和梯度的块赋值，以提高产生连贯积的可能性。之后为每个积建立合适的运动模型，最后用描述符把相似的积融合起来(由粗到精的分层聚类迭代算法)，得到分层的对象分割树。并在累积 MV 的过程中使用"后向迭代投影算法"，以有效去除噪声干扰。

上述将运动信息和频率信息融合的思想也体现在构建统一的时空掩模上，再如一些算法采用 MV 形成运动掩模，用 DC 图像形成空间掩模，然后通过一个阈值判决将两个掩模统一起来描述运动对象。还可用中值滤波对 MV 进行预处理，之后对 MV 进行阈值分割形成运动掩模，用低分辨率 DC 图像进行阈值分割形成背景掩模，再将两掩模的矩阵相乘作为分割的最终掩模。此算法还可在没有运动跟踪的情况下解决遮挡问题。

上述 3 类方法的优缺点列于表 3-1 中。

表 3 - 1　　MPEG 压缩域 3 类 VO 分割算法比较

算法类型	优点	缺点
基于 MV 的分割算法	前/背景不易误分割，时间相关性强	对象边缘不够准确，运动缓慢时效果差
基于 DCT 系数的分割算法	能准确提取对象边缘，能处理运动缓慢或静止时的情况	对复杂前/背景容易产生过分割和错误的聚类
结合 MV 与 DCT 系数的分割算法	有效结合上面两种算法，综合两者的优点，克服两者缺点	算法步骤多，计算量比前两种算法大，实时性稍差

3.5.2　H.264 压缩域的视频对象分割

目前，在 H.264 压缩域进行运动对象分割的研究还很少。基于 MPEG 压缩域中的视频分割主要基于从压缩视频流中提取的 DCT 系数和运动场。但是对于 H.264 视频来说，由于其 DCT 系数采用了帧内预测的模式，所以每个块的 DCT 系数实际上是残差 DCT 系数。这与 MPEG 视频不同，MPEG 视频中的 DCT 系数是基于原始块作变换得到的。因此原有的基于 MPEG 压缩域 DCT 系数的分割方法不能在 H.264 压缩域中使用，若确实要使用的话，必须首先进行帧内补偿，这样不仅增加了处理开销，而且破坏了数据的压缩格式。正是因为如此，在 H.264 压缩域中进行分割所能使用的信息非常有限。另一方面，在像素域中进行分割由于可以使用灰度、颜色、纹理等丰富的信息，因此在分割方法的选择上有很大的余地，而 H.264 压缩域中的分割由于是基于矢量场，很多像素域中的分割方法都不能应用，这增加了研究的难度。此外，由于压缩域的运动场是基于宏块最佳匹配的规则生成的，不能完全反映物体的真实运动，即这个运动场不是完全可靠的矢量场，它包含许多噪声运动矢量，这给提高最后的分割质量造成了很大的困难。但是，直接在 H.264 压缩域中分割能够有效地避免将压缩视频完全解码，减少处理时间，有利于满足实时处理的要求。

基于 H.264 压缩域的视频对象分割目前采用的主要方法有：

1. 基于熵模型

该方法首先建立运动对象在空间和时间上的一致性模型，然后采用最大熵方法自适应获得阈值，从而将运动对象检测出来。

2. 基于 MRF 模型

该方法利用基于块的 MRF 模型从稀疏运动矢量场中分割运动对象，根据各个块运动矢量的幅值赋予各个块不同类型的标记，通过最大化 MRF 的后验概率标记出属于运动对象的块。该方法主要针对静态背景的视频序列进行分割。

3. 基于匹配矩阵

该方法采用统计区域生长方法将累积运动场划分为不同运动的区域，然后采用全局运动补偿的方法判断背景区域,最后构建背景区域和对象区域的匹配矩阵实现对运动对象跟踪。该方法的主要特点是跟踪对象的运动状态,如新对象出现、旧对象消失、对象的分离等。

4. 基于 EM 聚类

该方法先进行全局运动补偿,然后采用改进的 EM 聚类方法对运动矢量进行分类。该方法的主要特点是利用后验概率迭代估计运动模型的参数。

5. 基于 BPT(二叉树)的分割,

该方法首先采用分水岭方法近似地将运动场分割为多个区域,然后采用二叉树遍历的方法合并具有相似运动模型的区域。该方法的特点是以二叉树结构作为区域生长的次序逐步合并运动矢量。

目前,基于 H.264 压缩域的视频对象分割存在不能满足较高速度的实时视频传输要求、分割准确度不高、计算量较大以及对于背景运动的序列分割效果不佳等主要问题,是视频对象分割中的一个主要研究内容。

3.6　视频对象分割的应用

在 MPEG – 4 视频编码标准中,视频对象分割是用于基于对象的编码的,即将视频场景分割为若干个运动的前景对象和静止或存在全局运动的背景对象,对其中所关注的前景对象在压缩编码时分配较多的比特,而对那些不重要的背景对象分配很少的比特,从而达到既增强了所关注视频对象的图像质量,又使编码的比特率不增加,甚至减少。而且,它可以实现由用户操作的对象间的交互功能。

目前,视频对象分割的应用早已超越了上述基于对象编码的范围,主要应用领域如下:

1. 视频编码与传输

传统的视频编码标准,如 H.261/3/4 和 MPEG – 1/2 获得了较高的压缩比,并在许多领域得到了广泛应用。当前,多媒体技术正朝着分布式环境下提供交互式多媒体服务的方向发展。然而,H.261/3/4 和 MPEG – 1/2 都采用基于帧的技术,不要求对景物进行分割和分析,因而不能支持基于内容的新功能。MPEG – 4 引入了视频对象的概念,形成了基于对象编码的功能,视频对象分割就是其中一个必不可少的处理步骤。通过对视频对象的分割,基于对象的视频编码不仅可以提高编码压缩效率,提供视频解码端的多路复用和交互式的视频应用,还可以很好地克服传统视频编码标准所产生的块效应。

MPEG – 4 基于对象的编码思想有助于实现视频的基于内容的网络自适应传输,在视频会议或者视频电话之类的窄带宽通信中已经得到广泛的应用。在网络自适应传输中,需要根据网络带宽进行动态的码率控制。在基于对象编码的视频中,不同对象在传输中可以拥有不同的优先级,享受不同的网络资源,以确保人们感兴趣的对象可以得到优先保护。

2. 视频索引及检索

对于多媒体数据来说,每一种媒体数据都具有难以用符号化的方法描述的信息线索,现有的基于文本表达的搜索引擎已经不能满足多媒体数据库的需求,得到的结果往往也不能使用户满意。如果视频序列能够存储为各个视频对象的形式,必将有助于在视频数据中检索特定的对象。基于内容的多媒体数据库检索突破了传统的基于表达式的局限,它直接对图像、视频、音频中的语义对象进行分析并提取语义特征,利用这些特征建立索引并进行检索。MPEG-7 就是这样一个为基于内容的检索服务的标准。在 MPEG-7 中,用于描述内容的特征分三个层次:低层次(感知层)的特征包括颜色、纹理和运动信息;高层次(概念层,或称语义层)的特征是内容的概念信息;中间层(模型层)的特征则提供了低层感知特征和高层语义特征之间的联系模型。为了实现基于内容的检索,首先需要利用视频分割技术将视频分割为语义对象,并提取出这些对象的各层次特征信息,利用这些特征信息建立视频数据库的索引。

3. 视频监控

智能监控系统是视频对象分割技术另一个很好的应用场所。在传统的视频监控系统(如闭路电视系统)中,工作人员需要不时监控屏幕以发现可疑的事件和目标,因此工作量很大且效率低。智能化的视频监控系统要求能够从监控场景中检测出待定事件、跟踪可疑的运动对象,甚至理解场景图像的高层语义,视频对象的分割是实现这些功能的关键。运用视频分割技术后,计算机可以在分割、检测出运动目标对象时自动通知工作人员介入,从而减轻工作人员的负担并提高效率;如果可能的话计算机还可以对这些目标对象的运动模式进行一些自动分析,以确定是否为可疑目标。

在远程监控系统中,视频对象分割技术更是大有用武之地。大型远程监控系统面临的一个较大的问题是大量视频数据的传输与存储。传统的监控系统都是传输、存储完整的视频图像,在带宽和存储容量有限的情况下,只能采用降低空间分辨率和帧率的方法。如果在摄像监控端采用视频对象分割技术,在传输和存储的时候可以只传输和存储运动目标部分,而静止的背景区域可以不用传输和存储,或者只是定时存储背景图像,这样就可以极大地减少视频数据的传输量与存储量。

4. 可视化通信

在可视电话、视频会议等可视化通信中,人们关心的通常是人的脸部表情,如果将人脸区域分割出来进行实时传输,而不重复传输背景区域就可以节省大量的带宽资源,这对带宽资源紧张的无线可视通信尤为重要。

5. 虚拟现实

视频对象的分割及表示技术已经催生了许多交互式多媒体的应用,这类应用需要从现实环境中拍摄的视频中分割出感兴趣的视频对象,再将这些视频对象叠加到虚拟场景中,如虚拟演播室、虚拟场景下的娱乐或比赛节目等。

6. 在工农业、航空遥感、医学、交通、影视资料修复等领域中的应用

除了以上应用外,视频对象分割在其他领域的应用也非常广泛。例如,在工业监控中,分割燃烧炉中的火焰以便监测燃烧过程等;在农业中,图像分割被用于户外植物的检测等;在遥感中,分割合成孔径雷达图像中的目标或遥感云图中的不同云系和背景分布等;在医学中,脑部图像被分割成灰质、白质、脑脊髓等脑组织和其他的非脑部组织区域等;在交通图像分析中,把车辆目标从背景中分割出来等;在大量的影视资料修复中,分割损伤区域或斑点区域后予以复现等。

3.7　本 章 小 结

本章对数字视频处理的一个主要基本技术——视频对象分割进行了详细介绍，首先介绍了视频对象分割涉及的基本概念和主要方法分类以及分割结果性能评价，其次讲述了视频对象分割需要的一些技术基础，重点阐述了基于时/空联合的视频对象分割方法、交互式视频对象分割以及压缩域视频对象分割，最后对视频对象分割的应用进行了分析探讨。

❖ 思考练习题 ❖

1. 视频对象分割方法的主要分类有哪些？
2. 如何对视频对象分割算法性能进行评价？
3. 简述图像分割的主要方法。
4. 阐述实现变化检测技术的主要步骤。
5. 时/空联合视频对象分割的主要思想是什么？举例说明如何实现。
6. 分析交互式视频对象分割的优缺点并说明实现的主要步骤和方法。
7. 试举出一两种视频对象分割技术的具体应用。

第 4 章　视频运动目标检测和跟踪

视频运动目标检测和跟踪技术在科学研究和工程应用上有十分诱人的前景。在工业上，可用于工业控制、机器人视觉、自主运载器导航等方面；在商业上，可用于高清晰度电视及电视会议的动态图像传输中的数据压缩等方面；在医学上，可用于生物组织运动分析等方面；在气象上，可用于云图分析预报等方面；在运输上，可用于交通管理、运输工具流量控制等方面；在军事上，可用于对空监视中的多目标跟踪、机载或弹载前视图像的目标检测、导弹动态测量等方面。

通常运动目标检测的目的是为了把运动的目标从背景中分离出来，是运动目标与背景的二元决策问题；而跟踪的目的更多的是为了研究目标的运动状态，对目标的姿态进行连续不断捕获。

视频运动目标检测是指从视频图像中将运动的前景目标从背景中分割出来。它的基本任务是从图像序列中检测出运动信息，从而能够识别、跟踪物体。它是数字视频处理技术的一个重要部分，由于运动目标的正确检测与分割影响着运动目标能否被正确跟踪与分类，因此成为视频监控系统研究中的一项重要的课题。

视频运动目标跟踪是指从视场中获得感兴趣目标的传感器数据，并且把这些传感器数据分成对应的观测集合或者轨迹，同时，每一目标轨迹可以计算所需的量化信息，如速度、位置、分类属性等。从这一角度而言，目标跟踪的含义可以概括为传感器基于测量数据并经一系列处理，连续给出目标轨迹的动态过程。

根据目标检测与目标跟踪的时间关系，处理过程可以分为三类：一是先检测后跟踪(detect before track)，先检测每帧图像上的目标，然后将前后两帧图像上的目标进行匹配，从而达到跟踪的目的。这种方法延续了经典的信号和数据处理体制，可以借助很多图像处理和数据处理的现有技术，但是检测过程没有充分利用跟踪过程提供的信息。二是先跟踪后检测(track before detect)，先对目标下一帧所在的位置及其状态进行预测和假设，然后根据检测结果，来矫正预测值。这种方法面临的难点是事先要知道目标的运动特性和规律。三是边检测边跟踪(track while detect)，视频图像中目标的检测和跟踪相结合，检测要利用跟踪来提供处理的运动区域，跟踪要利用检测来提供目标状态的观测数据。

4.1　运动目标检测

目前常用的运动目标检测方法主要有三种：帧差法、光流法和背景差法。

4.1.1　帧差法

帧差法(Frame difference method)是使用最多的一类算法。其基本原理是将前后相邻两帧或三帧图像对应的像素值相减，在环境亮度变化不大的情况下，如果对应像素值相差很小，可以认为此处无运动目标，如果图像区域某处的像素值变化很大，则认为这是由于图像中运动物体引起的，将这些区域标记下来，利用这些标记的像素区域，就可以得到运动目标在图像中的位置。由于目标大小、背景亮度的差别，对差分图像的分割方法也不尽相同；另外，当目标有阴影干扰时也要进行特殊处理。

帧差法对于动态环境具有较强的自适应性，鲁棒性较好，能够适应各种动态环境，但一般不能完全提取出所有相关的特征像素点，这样在运动目标内部容易产生空洞现象。

此方法主要利用运动目标在视频图像中相邻图像帧中会产生较明显的差值图像而将前景目标与背景图像区分的，但对于抖动噪声等情况下的检测效果不理想。

设差分图像为 $D_t(x,y)$，第 $t+1$ 帧和第 t 帧图像在 (x,y) 的像素值分别为 $I_{t+1}(x,y)$ 和 $I_t(x,y)$，二值化结果为 $B_t(x,y)$，则帧差法的运算公式为

$$D_t(x,y) = |I_{t+1}(x,y) - I_t(x,y)| \qquad (4-1)$$

$$B_t(x,y) = \begin{cases} 1, & D_t(x,y) \geqslant T \\ 0, & D_t(x,y) < T \end{cases} \qquad (4-2)$$

帧差法检测的运动目标如图 4-1 所示。帧差法是最简单最直接的方法，它能较快的检测出视频图像中发生变化的部分，能较好的适应环境变化较大的情况，对于目标运动时引起图像中发生明显变化的像素容易检测，但对于像素变化不明显的点很难检测。例如一个表面灰度比较一致的目标用帧差法检测时会产生目标表面的空洞，这里需要增加增补空洞的算法来提取完整的目标，而且前后两帧相减的结果得到的运动区域往往与目标的真实大小有很大的差别，会给目标识别或行为分析带来困难（如图 4-1(c) 所示）。帧差法计算量小，实现简单，具有良好的实时性，但无法很好的克服背景中噪声对目标的干扰。因此该方法大多用于背景比较简单，环境干扰比较小的情况。

(a) 前一帧　　　　　　　　(b) 后一帧　　　　　　(c) 帧差法检测的运动目标

图 4-1　帧差法检测的运动目标

4.1.2　光流法

光流的方法是目前研究比较多的方法，光流反映了在一定时间间隔内由于运动所造成的图像变化，对图像的运动场进行估计，将相似的运动矢量合并成运动目标。

考虑一个视频序列，它的亮度变化用 $I(x,y,t)$ 表示。如果在时刻 t 的一个成像点 (x,y) 在时刻 $t+d$ 移动到点 $(x+d_x, y+d_y)$，假定同一个物体点在不同时刻的图像具有相同的亮度值，因此

$$I(x+d_x, y+d_y, t+d_t) = I(x,y,t) \qquad (4-3)$$

应用泰勒展开式,当 d_x, d_y, d_t 很小时,

$$I(x+d_x, y+d_y, t+d_t) = I(x, y, t) + \frac{\partial I}{\partial x}d_x + \frac{\partial I}{\partial y}d_y + \frac{\partial I}{\partial t}d_t \tag{4-4}$$

联合公式(4-3)和(4-4)得到

$$\frac{\partial I}{\partial x}d_x + \frac{\partial I}{\partial y}d_y + \frac{\partial I}{\partial t}d_t = 0 \tag{4-5}$$

公式(4-5)是用运动矢量 (d_x, d_y) 表示的,给两边同时除以 d_t 得到

$$\frac{\partial I}{\partial x}v_x + \frac{\partial I}{\partial y}v_y + \frac{\partial I}{\partial t} = 0 \quad 或 \quad \nabla I^T v + \frac{\partial I}{\partial t} = 0 \tag{4-6}$$

其中,(v_x, v_y) 表示速度矢量(也称为流矢量),$\nabla I = \left[\frac{\partial I}{\partial x}, \frac{\partial I}{\partial y}\right]^T$ 是 $I(x, y, t)$ 的空间梯度矢量。公式(4-6)通常称为光流方程,由于已经假定 d_t 很小,使得 $v_x = d_x/d_t$,$v_y = d_y/d_t$,这个公式成立的条件就是最开始的假设条件,即同一个物体点在不同时刻的图像具有相同的亮度值(恒定亮度假设)。

光流是空间运动目标在观测面上的像素点运动产生的瞬时速度场,包含了物体表面结构和动态行为的重要信息。一般情况下,光流由相机运动、场景中目标运动或两者的共同运动产生。光流计算法大致可分为三类:基于匹配的、频域的和梯度的方法。

1) 基于匹配的光流计算方法

基于匹配的光流计算方法包括基于特征和基于区域的两种。基于特征的方法是不断地对目标主要特征进行定位和跟踪,对大目标的运动和亮度变化具有鲁棒性,存在的问题是光流通常很稀疏,而且特征提取和精确匹配十分困难;基于区域的方法先对类似的区域进行定位,然后通过相似区域的位移计算光流,这种方法在视频编码中得到了广泛的应用,但它计算的光流仍不稠密。

2) 基于频域的光流计算方法

基于频域的方法利用速度可调整的滤波组输出频率或相位信息,虽然能获得很高精度的初始光流估计,但往往涉及复杂的计算,而且可靠性评价也十分困难。

3) 基于梯度的光流计算方法

基于梯度的方法利用图像序列的时空微分计算 2D 速度场(光流)。由于计算简单和较好的实验结果,基于梯度的方法得到了广泛应用。虽然很多基于梯度的光流估计方法取得了较好的估值,但由于在计算光流时涉及到可调参数的人工选取,可靠性评价因子的选择困难,以及预处理对光流计算结果的影响,在应用光流对目标进行实时检测与自动跟踪时仍存在很多问题。

总的来说,光流法的优点是能够检测独立运动的目标,不需要预先知道场景的任何信息,并且可用于摄像机运动的情况。光流计算是随后的一些高层处理所需的先决条件,主要利用运动目标的矢量流特征来检测运动区域。当相机运动时,该方法仍然可以用来检测独立运动的目标。但大部分光流法计算复杂并且对噪声十分敏感,如果没有特殊的硬件支持,很难将光流法应用到实时的视频图像处理系统中。因此,如何将光流的方法应用于实时视频图像处理是一个值得研究的方向。

影响光流场估计结果的主要参数有:平滑模板的大小和迭代次数。下面针对不同参数

对最终估计的影响进行了实验，如图 4-2 所示，随着模板大小的增大，图像的边缘信息更加平滑；如图 4-3 所示，随着迭代次数的增加，图像的方向信息更加清晰。

(a) 图像第20帧　　　　　　　　(b) 图像第22帧

(c) 模板大小3×3　　　　　　　　(d) 模板大小5×5

图 4-2　模板大小对光流估计的影响

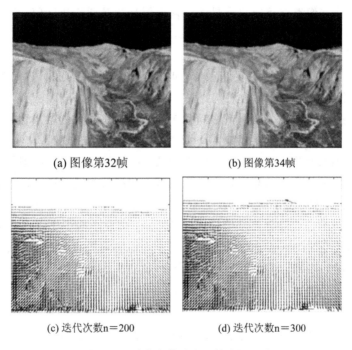

(a) 图像第32帧　　　　　　　　(b) 图像第34帧

(c) 迭代次数n＝200　　　　　　　(d) 迭代次数n＝300

图 4-3　迭代次数对光流估计的影响

4.1.3 背景差法

背景差法将当前帧和不断更新的参考模型进行比较，与模型不一致的区域被标识为运动区域。背景差法是目前运动目标检测比较常用的方法，特别是在背景相对静止的场合。背景差法复杂度不高，但对动态场景中由光照等自然条件引起的变化比较敏感，因此如何将这些变化标记为背景是学者们一直研究的课题。

该方法的基本思想是将图像分为背景和前景，对背景进行建模，然后把当前帧与背景模型进行逐像素的比较，那些与背景模型符合的像素被标记为背景像素，不符合的像素被标记为前景像素，同时更新背景模型。最简单的背景模型是时间平均图像，大多数研究人员目前都致力于开发不同的背景模型，以减少动态场景变化对运动分割的影响。

在视频监控系统中，静止的摄像头用来监视室内（外）场景中的运动。在摄像机拍摄到的图像中包括运动的目标及背景，消除图像中的背景只保留运动的目标是背景差法的目的，而它的关键是对背景进行建模，这是背景差法分割前景目标的基础。

总结已有的自适应背景提取与更新方法，大致可分为两类：第一类是非模型法，即从过去的一组观测图像中按照一定的假设选择像素灰度构成当前的背景图像；第二类是模型法，即对图像的每一个像素点都分别建立对应的背景模型，以提取背景图像，并采用自适应方法对模型参数进行调整以实时更新背景图像。

1. 非模型法

在非模型法中，最重要的是灰度选取的假设规则。最早提出的自适应平滑算法，认为在一段图像序列中，像素点稳定状态最长的灰度值是背景像素灰度值。但如果前景目标运动较慢或者在一段时间内暂时处于静止状态，稳定状态最长的灰度值往往是前景目标，此时就会产生错误结果。有学者对此作了改进，在算法中引入了光流场计算，就可以把由运动目标产生的稳定状态最长的灰度值去掉，但光流场的计算增加了算法的复杂性和运算量。另外，可以假设在训练阶段背景至少在 50% 的时间内可以被观测到，由此提出了中值法，即将图像序列中处于某个像素点中间的灰度值认为是该点的背景像素灰度值。但如果背景像素在少于 50% 的时间内被观测到，中值法就会得到错误结果。

非模型法得到的是灰度图像形式的参考背景。系统每读入一帧新图像，就将该帧图像每个像素点的灰度值与参考背景图像对应像素点的灰度值相减。若差值大于某个背景灰度阈值 T，则该像素点属于运动目标，反之则为背景像素。

由于是有选择的选取部分灰度值构成参考背景，因此非模型法可以在很大程度上避免混合现象。但非模型法的灰度选取规则都是基于一定的前提假设，如果实际情况和假设不符，就会得到错误的结果。而且背景判断的灰度阈值 T 是固定的，这导致算法适应气候环境和光照条件变化的能力下降。

2. 模型法

在模型法中，通过对图像的每个像素点建立对应的像素模型，来完成背景的自适应提取与更新。模型法获得的参考背景不是简单的灰度图像，而是图像中各像素的参数模型。系统每读入一帧新的图像时，就将该图像每个像素的灰度值与该点像素模型的各个分布进行匹配，以判定该点是属于前景运动目标还是背景像素，并进行模型参数更新。与非模型方法相比，模型法能更准确的提取背景，其模型自适应更新机制能更好的适应背景环境的变化。

背景模型一般有两种：单模型和多模型。前者是用单个概率分布模型来描述背景像素点的颜色分布，后者则用多个概率分布模型来共同描述同一个背景像素点的颜色分布。常用的描述背景像素点颜色分布的概率模型是高斯正态分布。

单个高斯分布的背景概率模型适用于单模型背景差法。单模型法可以在彩色空间用一个高斯模型对背景建模，对室内进行背景的变化检测。单模型的背景差法主要解决背景比较单一的情况，直方图会显示出单峰的特点。但当场景中有树叶晃动或者噪声等原因造成全程固定位置上的像素不断改变时，整个背景的直方图会显示出非单峰的特点，单个模型是无法准确模拟这些情况的。

当背景像素亮度的直方图在一段时间内是多峰分布时，可以利用多个分布来模拟一个像素的变化情况。于是出现了多模型方法，高斯混合背景模型就是为了解决这个问题提出的。该模型对视频图像中的每一点用多个高斯模型去近似，用新得到的观察值更新模型参数，使旧观察值的影响力逐渐变小。这些模型中包含有前景和背景，可以从多个高斯模型中根据一定的准则选择一个子集作为背景模型。将每个像素新的观察值与这个背景模型相比较，如果匹配则标记该像素为背景像素，否则标记为前景像素。模型中的每个参数的选择及更新方法是值得进一步研究的。

对视频帧中的某个像素 (x_0, y_0) 定义其分布模型，设到 t 时刻，该像素取值的集合为 $\{X_1, \cdots, X_t\} = \{I(x_0, y_0, i): 1 \leqslant i \leqslant t\}$，其中，$I$ 为视频帧。如果将该像素的所有历史值用 K 个高斯模型来近似，那么观察到的当前像素值的概率为

$$P(X_t) = \sum_{k=1}^{K} \omega_{k, t} \times \eta(X_t, \mu_{k, t}, \Sigma_{k, t}) \tag{4-7}$$

其中，$\omega_{k, t}$ 为 t 时刻第 k 个高斯模型的权值，满足 $\sum_{k=1}^{K} \omega_{k, t} = 1$，它的大小体现了当前用该高斯模型表示像素值时的可靠程度；$\mu_{k, t}$ 和 $\Sigma_{k, t}$ 分别为 t 时刻第 k 个高斯模型的均值和协方差；K 是高斯模型的个数，K 的取值取决于系统的计算能力，通常取值在 3 到 5 之间；η 是高斯概率密度函数，定义为

$$\eta(X_t, \mu, \Sigma) = \frac{1}{2\pi^{n/2} |\Sigma|^{1/2}} e^{-\frac{1}{2}(X_t - \mu_t)^T \Sigma^{-1}(X_t - \mu_t)} \tag{4-8}$$

考虑到减少计算复杂度的原因，协方差矩阵定义为：$\Sigma_{k, t} = \sigma_k^2 I$。通常权值 $\omega_{k, t}$ 比较大，方差 $\sigma_{k, t}$ 比较小的高斯模型被认为是匹配背景的模型。这是因为当一个新的物体出现在场景中时，它遮挡住了背景物体，此时在当前的所有高斯模型中不存在与它匹配的模型，那么这将导致产生一个新的模型或增加已知模型的方差，并且运动物体停止之前，它的方差总是大于背景像素的方差。为了在混合模型中找到代表背景的模型，首先将高斯模型按 $\frac{\omega}{\sigma}$ 值的降序进行排列。当一个高斯模型收集到更多与背景有关的信息，且其方差减小时，这个值会增大。在重新估计混合模型的各种参数之后，从匹配的模型到候选的背景分布得到了充分的排序，这样最有可能是背景的模型排在了最前面，最没有可能是背景的模型排在了最后面。然后选择前 B 个模型作为背景模型

$$B = \arg \min_b \left(\sum_{k=1}^{b} \omega_k > T \right) \qquad (4-9)$$

其中，T 是最小模型个数的度量。如果 T 选得比较小，背景模型会被认为是单峰的；如果 T 选得比较大，背景模型会被认为是多峰的。

算法运行时，每读入一帧样本，若存在分布 C_i 与样本 x_j 相匹配，即满足 $x_j \in [\mu_i - 3\sigma_i, \mu_i + 3\sigma_i]$，则认为当前像素为背景点，否则就判为前景点。

在进行长时间的视频应用时，由于背景静止标准定义的广泛性，背景物体会发生一定的变化，因此，高斯混合模型需要对各分布模型进行更新。对于每个像素值，首先应该检查它是否匹配混合模型的某个模型，检测方法如下：

$$for \ k = 1 \ to \ K$$
$$if \ |X_t - \mu_{k,t}| < \varpi_{k,t} \ then \ matched$$
$$else \ unmatched$$

其中，τ 的取值取决于场景的噪声，通常取 2.5，即新像素值与现有模型均值之差小于该模型方差的 2.5 倍时，新像素与这个模型匹配，否则不匹配。检查了是否匹配现有模型后，会出现两种可能的情况：匹配和不匹配。如果新像素值与现有模型中的某个模型匹配，那么增加该模型的权值 $\omega_{k,t}$，减小该模型的方差 $\sigma_{k,t}$，并重新计算均值 $\mu_{k,t}$；如果新像素值与现有任何一个模型都不匹配，则产生一个新的模型，并将该新增的模型放在模型队列的最后。对混合模型的更新，可以使用下面的方法：

$$\omega_{k,t} = (1-\alpha)\omega_{k,t-1} + \alpha M_{k,t} \qquad (4-10)$$
$$\mu_{k,t} = (1-\rho_{k,t})\mu_{k,t-1} + \rho_{k,t} X_t \qquad (4-11)$$
$$\sigma_{k,t}^2 = (1-\rho_{k,t})\sigma_{k,t-1}^2 + \rho_{k,t}(X_t - \mu_{k,t})^T(X_t - \mu_{k,t}) \qquad (4-12)$$

其中，

$$\rho_{k,t} = \alpha \eta(X_t \mid \mu_{k,t}, \sigma_{k,t}) \qquad (4-13)$$

α 是学习率，且 $0 < \alpha < 1$，它反映了背景更新的快慢，当学习率 α 较高时，背景变化会很快的融入到背景模型中去，当 α 较低时，背景的变化将比较缓慢的融入背景模型。$M_{k,t}$ 是模型匹配算子，它只取 0 和 1 两个值，当新像素值与模型匹配时它取 1，否则取 0，即

$$M_{k,t} = \begin{cases} 1, & if \ |X_t - \mu_{k,t}| < \varpi_{k,t} \\ 0, & otherwise \end{cases} \qquad (4-14)$$

一般 α 的取值是固定的，对于场景没有明显变化、检测时间短的应用是可取的，选取合适的值可以提高检测效率。但对于长时间的检测及背景的变化难以预测时，固定的 α 会大大的影响检测的效率与结果。另外，$M_{k,t}$ 是匹配检测算子，它属于像素级的运算，对于复杂的背景在像素级上进行匹配检测是远远不够的，还应该考虑区域级甚至帧级的匹配。

图 4-4 给出了高斯混合模型检测运动目标的结果，图(b)中白色区域表示运动区域，可以看出，高斯混合模型能较好的检测到运动区域(人)。在检测结果中还包含了背景的运动部分，这些实际上是一种干扰，会影响后续的处理，因此出现了一些改进的高斯混合模型，在检测前景运动区域的同时，消除了背景的运动干扰。

(a) 原始图像　　　　　　　　　　(b) 检测结果

图 4 - 4　高斯混合模型检测运动目标

4.2　运动目标跟踪

所谓目标跟踪，就是指对视频图像中的运动目标进行检测、提取、识别和跟踪，获取运动目标的运动参数（如目标质心、速度、加速度等）以及运动轨迹，从而进行进一步处理与分析，实现对运动目标的行为理解，以完成更高一级的任务。

运动目标跟踪融合了许多领域的先进技术，其中包括图像处理、模式识别、人工智能、自动控制等，它在军事视觉制导、机器人视觉导航、安全监测、公共场景监控、智能交通等许多方面都有广泛的应用。这也使得目标跟踪技术有着非常广泛的应用前景。国内外许多研究人员一直致力于该项技术的研究。

在智能交通领域，通过对车辆目标的跟踪，智能交通信息分析系统可以使用架设在城市道路和高速公路上的固定摄像设备获取道路上的车辆信息，从而为终端交通管理部门提供必要的信息，自动记录并获取交通事件，分析交通事故并自动报警，记录违章车辆信息等。

在军事和工业领域，随着视频传感设备的不断普及，基于视觉的目标跟踪技术的应用变得越来越广泛。视频设备具有非接触性、直观性的特点，在军事上，一些人类无法到达或者存在极大危险的地方可以由携带视频传感器的机器人去探索，一些更加智能的机器人不但可以发现目标，还可以跟踪目标，认知周围环境，自主行进。目前自主制导、精确打击的智能武器是军事研究中的一个热点，而这类武器必须具有目标跟踪模块，目前这一模块越来越多地由视频传感器来提供必要的信息，并使用视频目标跟踪技术来实现精确打击。

在日常生活中，运动目标跟踪技术的应用更为广泛。在银行、机场、广场等重要场所，智能的视频监控技术为安检部门、保安部门和军警部门提供了有效的防护手段，新技术的应用确保了国家和人民的安全。在医学界，医学影像处理中视频目标检测、跟踪技术使得非接触式地获得人类某些器官的运动特征成为一种可能，通过这种观测，可以通过不同时刻图像之间的运动估算来获取人体器官的运动变化信息，进而做出反映器官运动功能的定量描述，以便对病情进行检测，为治疗方案的确定提供重要的参考依据。在气象分析方面，通过对气象卫星传送的序列图像进行运动估计，可以较准确地估算出风速及风向，对未来的天气情况进行预报，并用于云层跟踪、台风轨迹跟踪和估计等。

在运动目标检测之后，视频中的运动目标会被一帧一帧地跟踪。在处理过程中，运动跟踪算法与运动检测算法会进行大量的信息交互。跟踪通常是利用点、线或区域等特征在后续帧中进行运动目标的匹配，常用的数学工具有卡尔曼滤波器(Kalman Filter)、水平集方法(Level Set Method)、粒子滤波或 CONDENSATION 方法、动态贝叶斯网络、测地学(Geodesic)的方法等。运动跟踪的方法主要分为四类：基于区域的跟踪、基于主动轮廓的跟踪、基于特征的跟踪和基于模型的跟踪。

1. 基于区域的跟踪

基于区域的跟踪(Region-based Tracking)算法的基本思想是：首先得到包含目标的模板(Template)，该模板通过分割获得或是预先人为设定，模板通常为略大于目标的矩形，也可为不规则形状；然后在序列图像中，运用相关算法跟踪目标，对灰度图像可以采用基于纹理和特征的相关准则，对彩色图像还可利用基于颜色的相关准则。最常用的相关准则是平方和准则(the Sum of Squared Differences，SSD)，如下式：

$$C = \sum (i - j)^2 \tag{4-15}$$

其中，i 和 j 分别是图像和图像的像素。该算法还可以和多种预测算法结合使用，如线性预测、二次曲线预测等，以估计每幅图像中目标的位置。

这种算法的优点在于当目标未被遮挡时，跟踪精度非常高，跟踪非常稳定。但其缺点首先是费时，当搜索区域较大时情况尤其严重；其次，算法要求目标变形不大，且不能有太大遮挡，否则相关精度下降会造成目标的丢失。对基于区域的跟踪方法关注较多的是如何处理模板变化时的情况，这种变化是由运动目标姿态变化引起的，如果能正确预测目标的姿态变化，则可实现稳定跟踪。

2. 基于主动轮廓的跟踪

基于主动轮廓的跟踪(Active Contour-based Tracking)方法是将目标描述为边缘轮廓来跟踪，在后续的帧中边缘轮廓会进行动态的更新，这是因为运动目标的边缘特征能提供与运动方式、物体形状无关的目标信息。Snake 方法是基于边缘信息跟踪的一种常用的主动轮廓算法。Snake 模型是一种有效的分割和跟踪工具，该模型可以用来检测和跟踪目标。用参数表示轮廓线：

$$v(s) = [x(s), y(s)] \tag{4-16}$$

轮廓线的能量定义为

$$E_{\text{snake}}[v(s)] = E_{\text{int}}[v(s)] + E_{\text{image}}[v(s)] + E_{\text{con}}[v(s)] \tag{4-17}$$

其中，E_{int} 表示主动轮廓线的内部能量，E_{image} 表示图像约束力的能量，E_{con} 表示外部限制作用力产生的能量。曲线在内部力、外部力和约束力的作用下，主动地向感兴趣的目标轮廓附近移动，当曲线能量最小时，该曲线就是感兴趣目标轮廓。

由于该方法利用了目标轮廓的全局信息，获得的轮廓是一条封闭的曲线，不需要目标的任何先验知识，因此在边缘检测、图像分割、目标跟踪和三维重构等方面得到了广泛应用。传统的 Snake 模型存在着两个严重的缺点：首先，初始轮廓必须靠近目标的真实边缘，否则很可能会得到错误的结果；其次，传统的模型不能进入目标的深凹部分。

针对这些缺点，出现了很多改进的方法，这些方法总体上是通过设计一个外力来实现的，如主动轮廓线的气球模型、距离势能模型、GVF - Snake(Gradient Vector Flow to Snake)模型等。这些模型都扩大了初始轮廓的捕获区域，使初始轮廓不必靠近目标的真实边缘，降低了对轮廓线初始化的敏感性。B－Snake 方法将目标轮廓用 B 样条来表达，轮廓的表达更加有效、更加结构化。

主动轮廓方法分为两类：参数化主动轮廓和测地线主动轮廓。参数化主动轮廓使用参数表示运动曲线；测地线主动轮廓的运动方程不包含与曲线几何结构无关的参数，并且在高维空间使用 Level Set 方法表示曲线。同参数化主动轮廓模型相比，测地线主动轮廓模型能够在不附加任何外界控制条件的情况下自动处理曲线在运动过程中的拓扑结构变化，而参数化模型需要附加外界控制条件或先验知识。测地线主动轮廓模型更适合于同时跟踪多个非刚体运动目标。

3. 基于特征的跟踪

基于特征的跟踪（Feature-based Trakcing）方法先从视频帧中提取特征基元，然后将基元分类到高层特征，最后通过在视频帧中匹配高层特征来跟踪和识别目标。用于目标跟踪的个体特征有很多，在视频图像相邻的两帧中，由于采样时间间隔很小，可以认为这些个体特征在运动形式上具有平滑性。因此可以用直线、曲线、参照点等个体特征来跟踪运动目标。

基于特征的跟踪方法有显著的优点：① 由于使用的符号模型运动方式简单，运动具有平滑性，因此跟踪目标的算法比较简单；② 该方法已经假设符号运动是相互独立的运动，因此在运动分析时可以不区分运动目标是刚体还是非刚体，也不需要考虑它的几何形状；③ 跳跃过程中符号特征容易获得，能够匹配到每一个特征符号。

基于特征的跟踪方法也存在缺点：① 伴随着复杂运动的简单运动，使得刚体运动目标的特征提取变得困难，如圆柱旋转运动时，运动目标不可能是匀加速运动，更不可能是匀速运动；② 运动初始化时的难点，刚体的一些特征会因为遮挡而无法识别，解决初始化的困难又会使跟踪算法变得非常复杂；③ 在改变符号参数和 3D 目标运动参数时，这些参数是非线性的，因此特征跟踪中恢复的 3D 运动参数对噪声很敏感；④ 该方法可以利用目标的运动信息等各种特征跟踪存在部分遮挡的目标，但不能有效处理全部遮挡、重叠及干扰等情况。

基于特征的跟踪方法又可细分为：基于全局特征（global-feature-based）的方法、基于局部特征（local-feature-based）的方法和基于独立图形（dependence-graph-based）的方法。

4. 基于模型的跟踪

基于模型的跟踪（Model-based Tracking）方法需要利用先验知识，跟踪的过程就是将运动区域与目标模型匹配的过程。基于模型的非刚体跟踪方法与基于模型的刚体跟踪方法差别很大，而具有非刚体特征的代表性目标就是人体，具有刚体特性的代表性目标就是车辆。因此，基于模型的跟踪又分为基于模型的人体跟踪和基于模型的车辆跟踪。

基于模型的人体跟踪采用预测—匹配—更新的工作模式。首先，下一帧的人体模型状态由先验知识和历史跟踪记录进行预测；然后，将被预测的模型投影到二维图像平面上与图像数据进行匹配，这时候需要一个特殊的状态估计函数来度量投影模型和图像数据的相似性；最后，根据不同的搜索策略，找到匹配的人体状态，并更新模型。

基于模型的车辆跟踪中车辆模型的建立要易于人体模型的建立。由于刚体形态不变的特性，车辆模型不用时刻进行更新，可以在数帧后更新，或匹配时相似性超过一定门限时进行更新。但基于模型的车辆跟踪需要考虑目标旋转时的匹配问题。

基于模型的跟踪与其他跟踪方法相比具有以下优点：① 由于有先验知识的支持，该方法具有较好的稳健性，能够在有干扰和遮挡的情况下得到较好的结果；② 用于人体跟踪时，可以将人体结构、人的运动约束及其他先验知识融合使用；③ 用于三维跟踪时，只要校正好相机，设置好二维图像坐标与三维真实世界坐标的对应关系，就可以获得目标的三维状态。当然基于模型的跟踪方法也有不足之处，如在跟踪前必须有相应目标的模型结构，不能进行未知目标或无目标模型的跟踪，并且该方法的计算量比较大。

4.2.1 均值漂移跟踪

均值漂移（Mean Shift）算法作为一种基于梯度分析的非参数优化算法，最早由Fukunaga Hostetler 于 1975 年提出，1995 年 Cheng 将其引入到计算机视觉领域，引起了国内外学者的广泛关注。均值漂移目标跟踪算法作为匹配类跟踪算法的典型代表之一，以其无需参数、快速模式匹配的特性在目标跟踪领域迅速发展起来。基于均值漂移的目标跟踪算法最大的优点就是计算量很小，特别适合于对跟踪系统有实时性要求的场合；其次，作为一个无参数密度估计算法，很容易做成一个模块，从而与其他的算法集成。尽管该算法速度快，对某些目标跟踪问题效果较好，但是它也存在一定的缺陷：使用经典的均值漂移算法时，当背景和目标的灰度分布较相似时，算法效果欠佳；另外均值漂移算法要求相邻两幅图像间的目标区域具备部分的重合，以此来向目标中心位置漂移，当目标发生严重遮挡或目标运动速度较快时因无法满足上述要求，往往导致跟踪收敛于背景中，而不是目标本身。

1. 均值漂移算法概述

在计算机视觉领域，目标跟踪过程必须用一定的手段对跟踪的方法进行优化，对目标进行建模。常用方法是将目标的表象信息映射到一个特征空间，其中的特征值就是特征空间的随机变量。假定特征值服从已知函数类型的概率密度函数，由目标区域内的数据估计密度函数的参数，通过估计的参数得到整个特征空间的概率密度分布。参数密度估计通过这个方法得到视觉处理中的某些参数，但要求特征空间服从一个已知的概率密度函数，而对于实际应用来说，一般当前帧图像的概率密度分布信息是无法根据先验知识得到的，这就要借助无参密度估计（Non-parametric Density Estimation）来获得概率密度的梯度，从而为快速模式匹配创造条件。均值漂移迭代就是一种高效的无参密度估计方法。

设 $\{x_i^*\}$，$i = 1, \cdots, n$ 是观测值。概率密度函数的核密度估计定义为

$$\hat{q}_u = C \sum_{i=1}^{n} k(\|x_i^*\|^2) \delta(b(x_i^*) - u) \tag{4-18}$$

其中，$\delta(\cdot)$ 是 Delta 函数；$\delta(b(x_i^*) - u)$ 的作用是判断目标区域中像素点 x_i^* 在特征空间量化的对应值 $b(x_i^*)$ 是否为 u，若是则为 1，否则为 0；C 为标准化常量系数，使得 $\sum_{u=1}^{n} \hat{q}_u = 1$，因此

$$C = \frac{1}{\sum_{i=1}^{n} k(\|x_i^*\|^2)} \tag{4-19}$$

候选目标区域中观测值用 $\{x_i\}$，$i=1,\cdots,n_h$ 表示，则特征值 $u=1,\cdots,m$ 在候选目标模型中出现的概率可以表示为

$$\hat{p}_u(\gamma)=C_h\sum_{i=1}^{n_h}k\left(\left\|\frac{\gamma-x_i}{h}\right\|^2\right)\delta(b(x_i^*)-u) \tag{4-20}$$

其中，C_h 为归一化因子，使得 $\sum_{u=1}^{n}\hat{q}_u=1$。则

$$C=\frac{1}{\sum_{i=1}^{n_h}k\left(\left\|\dfrac{\gamma-x_i}{h}\right\|^2\right)} \tag{4-21}$$

于是，可以得到一些常用的多变量核函数如下：

Gauss 核函数：

$$K(x)=(2\pi)^{-\frac{d}{2}}\exp\left\{-\frac{\|x\|^2}{2}\right\} \tag{4-22}$$

Epanikov 核函数：

$$K(x)=\begin{cases}\dfrac{1}{2}c_d^{-1}(d+2)(1-\|x\|^2), & \|x\|<1\\[2mm]0, & \|x\|\geqslant1\end{cases} \tag{4-23}$$

Uniform 核函数：

$$K(x)=\begin{cases}c_d^{-1}, & \|x\|<1\\[2mm]0, & \|x\|\geqslant1\end{cases} \tag{4-24}$$

物体跟踪可以简化为寻找最优的 γ，使得 $\hat{p}_u(\gamma)$ 与 $\hat{q}_u$ 最相似。$\hat{p}_u(\gamma)$ 与 $\hat{q}_u$ 的相似性用 Bhattacharrya 系数 $\hat{\rho}(\gamma)$ 来度量分布，即

$$\hat{\rho}(\gamma)\equiv\rho(\hat{p}_u(\gamma),\hat{q})=\sum_{u=1}^{n}\sqrt{\hat{p}_u(\gamma)\hat{q}_u} \tag{4-25}$$

式（4-25）在 $\hat{p}_u(\gamma_0)$ 点泰勒展开，并把式（4-22）代入，整理可得

$$\rho(\hat{p}_u(\gamma),\hat{q})\approx\frac{1}{2}\sum_{u=1}^{n}\sqrt{\hat{p}_u(\gamma)\hat{q}_u}+\frac{C_h}{2}\omega_ik\left(\left\|\frac{\gamma-x_i}{h}\right\|^2\right) \tag{4-26}$$

其中，

$$\omega_i=\sum_{u=1}^{n}\delta(b(x_i)-u)\sqrt{\frac{\hat{q}_u}{\hat{p}_u(\hat{\gamma})}} \tag{4-27}$$

要使 $\hat{\rho}(\gamma)$ 最大化，即要使式（4-27）右边的第二项最大化。而该项表示当前帧中 γ 位置处使用 $k(x)$ 计算的密度估计，只不过数据多加了加权值 ω_i。这样就可以使用均值漂移过程寻找领域内该密度估计的极大值。在这个过程中，核从当前位置 $\hat{\gamma}_0$ 移向新位置 $\hat{\gamma}_1$。

$$\hat{\gamma}_1=\frac{\sum_{i=1}^{n_h}x_i\omega_ig\left(\left\|\dfrac{\hat{\gamma}_0-x_i}{h}\right\|^2\right)}{\sum_{i=1}^{n_h}\omega_ig\left(\left\|\dfrac{\hat{\gamma}_0-x_i}{h}\right\|^2\right)} \tag{4-28}$$

式中，$g(x)=-k(x)$。均值漂移跟踪算法以 γ_0 为起点，向两个模型相比颜色变化最大的方向移动，因此优于一般的全局搜索算法。

只要核函数满足一定条件，均值漂移算法就总是收敛的。它可以从任意一点出发，沿着核密度的梯度上升方向，以自适应的步长进行搜索，最终收敛于核密度估计函数的局部极大值处。

2. 基于概率分布图的均值漂移目标跟踪算法

基于概率分布图的均值漂移算法，其核心思想是对视频图像中的每一帧对应的概率分布图作均值漂移迭代运算，并将前一帧的结果（搜索窗口的中心和大小）作为下一帧均值漂移算法搜索窗口的初始值，重复这个过程，就可以实现对目标的跟踪。

1）概率分布图

概率分布图（Probability Distribution Map，PDM）是利用直方图反向投影（Histogram Back Project）获取的。所谓直方图反向投影，是指将原始视频图像通过目标直方图转换到概率分布图的过程。直方图反向投影产生的概率分布图，即为直方图的反向投影图，该概率分布图中的每个像素值表示输入图像中对应像素属于目标直方图的概率。概率分布图生成的具体过程如下：

（1）首先计算目标图像的直方图：假定目标区域由 n 个像素点 $\{x_i^*\}_{i=1,\cdots,n}$ 组成，将该区域灰度分布离散成 m 级，$b: R^2 \rightarrow \{1, \cdots, m\}$ 表示像素点 x_i^* 的直方图索引为 $b(x_i^*)$，则目标区域的直方图 $q = \{\hat{q}_u\}_{u=1,\cdots,m}$ 为

$$\hat{q}_u = C \sum_{i=1}^{n} \delta(b(x_i^*) - u), \qquad u = 1, \cdots, m \qquad (4-29)$$

其中，C 为归一化常数，使得 $\sum_{u=1}^{m} \hat{q}_u = 1$。

（2）给定一幅新的待处理图像 f，$\{x_i\}_{i=1,\cdots,s}$ 表示图中的 s 个像素点，则 f 基于分布 q 的概率分布图 I 可以表示为

$$I(x_i) = \sum_{u=1}^{m} \hat{q}_u \delta(b(x_i) - u) \qquad (4-30)$$

概率分布图 I 实际反映了图像 f 中各种颜色成分的分布信息：I 上某一点的值大，说明 f 上对应点的颜色在目标图像上的分布多，反之，I 上某一点值小，说明 f 上对应点的颜色值在目标图像上的分布少。因此，图像 f 颜色的信息在这个投影图 I 上得到了充分的描述。

2）算法描述

建立被跟踪目标的直方图模型后，可将输入视频图像转化为概率分布图。通过在第一帧图像初始化一个矩形搜索窗，对以后的每一帧图像，基于概率分布图的均值漂移算法能够自动调节搜索窗的大小和位置，定位被跟踪目标的中心和大小，并且用当前帧定位的结果来预测下一帧图像中目标的中心和大小。算法的具体流程如下：

（1）初始化计算目标模型的直方图，同时将第一帧中目标区域作为初始化的搜索窗，设搜索窗的尺寸为 s_0，中心位置为 P_0；

（2）利用目标模型的直方图，反向投影到当前帧图像，得到当前帧的概率分布图 I；

（3）均值漂移迭代过程：在概率分布图上，根据搜索窗的大小 s_0 和 P_0 中心位置，计算搜索窗的质心位置，具体步骤为：

① 计算零阶矩：

$$M_{00} = \sum_x \sum_y I(x, y) \tag{4-31}$$

② 分别计算 x 和 y 的一阶矩：

$$M_{10} = \sum_x \sum_y x I(x, y) \tag{4-32}$$

$$M_{01} = \sum_x \sum_y y I(x, y) \tag{4-33}$$

其中，$I(x, y)$ 表示概率分布图 I 上点 (x, y) 处的像素值，x 和 y 的变化范围为搜索窗的范围。

③ 计算搜索窗的质心位置：

$$x_c = \frac{M_{10}}{M_{00}}, \qquad y_c = \frac{M_{01}}{M_{00}} \tag{4-34}$$

④ 重新设置搜索窗的参数：

$$P = (x_c, y_c), \qquad s = 2\sqrt{M_{00}} \tag{4-35}$$

⑤ 重复①，②，③，④直到收敛（质心变化小于给定的阈值）或迭代次数小于某一阈值；

（4）此时的中心位置和区域大小就是感兴趣区域在当前帧中的位置和大小，返回（2），重新获取新一帧图像，并利用当前所得的中心位置和区域大小在新的图像中进行搜索。

实际采用该算法对目标进行跟踪时，不必计算每帧图像所有像素点的概率分布，只需计算比当前搜索窗大一些的区域内的像素点的概率分布，这样可大大减少计算量。图 4-5 给出了基于概率分布图的均值漂移目标跟踪算法的流程图，其中，灰色方框内为迭代过程。

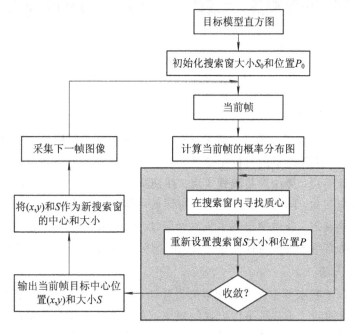

图 4-5　基于概率分布图的均值漂移目标跟踪算法的流程图

3）跟踪效果

均值漂移在物体具有一定色彩和外形特征时跟踪效果非常好，图 4-6 是对该算法的效果进行测试。此例视频图像分辨率为 320×240，帧率为 25 帧/秒。

(a) 192帧 (b) 223帧

(c) 256帧 (d) 287帧

图 4-6　基于彩色直方图的均值漂移跟踪结果

4.2.2　粒子滤波跟踪

粒子滤波又称蒙特卡罗滤波，它是通过非参数化的蒙特卡罗模拟方法来实现递推贝叶斯滤波，一般用于复杂环境下的目标跟踪等。粒子滤波算法非常适用于非线性、非高斯动态系统的状态估计问题，算法容易编程实现。在视觉跟踪中，目标运动过程中往往会出现速度和方向的剧烈变化，同时，目标场景中的背景可能会发生频繁的变化，或者是目标运动过程中被障碍物遮挡，场景中出现多个目标等情形。在粒子滤波算法框架中，通过设计合理的分布，选择适当的目标特征信息，以上问题对跟踪的影响可以得到有效地解决。

1. 蒙特卡罗方法

粒子滤波是以蒙特卡罗方法来实现递推贝叶斯滤波的，蒙特卡罗方法的基本原理及思路是：当所要求解的问题是某种事件出现的概率，或者是某个随机变量的期望值时，可以通过某种"试验"的方法，得到这种事件出现的概率，或者这个随机变量的平均值，并用它们作为问题的解。蒙特卡罗方法是以一个概率模型为基础，主要是正确描述和模拟这个概率过程，由于各种概率模型都可以看做是由各种各样的概率分布构成的，因此产生已知概率分布的随机变量（随机向量），就成为实现蒙特卡罗方法模拟实验的基本手段，这也是蒙特卡罗方法被称为随机抽样的原因。按照这个模型所描绘的过程，通过模拟实验的结果，作为问题的近似解，这就是蒙特卡罗方法的基本思想。

蒙特卡罗模拟的基本思想是用随机样本近似积分。假设从后验概率密度 $p(x_{0:k} \mid z_{1:k})$ 采样得到 N 个样本（粒子），则后验密度可以通过正式近似表达：

$$p(x_{0:k} \mid z_{1:k}) \approx \frac{1}{n} \sum_{i=1}^{n} \delta(x_{0:k} - x_{0:k}^i) \tag{4-36}$$

其中，$x_{0:k}^i$ 表示从后验分布采样得到的粒子；δ 表示 Dirac Delta 函数，基于这种近似表达，函数 $g(x_{0:k})$ 的条件期望

$$E[g(x_{0:k})] \approx \int g(x_{0:k}) p(x_{0:k} \mid z_{1:k}) dx_{0:k} \tag{4-37}$$

可近似为

$$\hat{E}[g(x_{0:k})] \approx \frac{1}{n} \sum_{i=1}^{n} \int g(x_{0:k}) \delta(x_{0:k} - x_{0:k}^i) dx_{0:k} \approx \frac{1}{n} \sum_{i=1}^{n} \int g(x_{0:k}^i) \tag{4-38}$$

根据大树定律，当粒子数 N 趋于无穷时，近似期望收敛于真实期望，即

$$\lim_{n \to \infty} \hat{E}[g(x_{0:k})] = E[g(x_{0:k})] \tag{4-39}$$

2. 粒子滤波算法

粒子滤波算法的基本思想是蒙特卡罗模拟，其中系统状态的后验分布由一组带有权值的离散采样粒子来表达。在目标跟踪过程中，对于序列图像中的每一帧，粒子滤波主要通过粒子采样、对粒子分配权重、输出及对粒子进行重采样以获得均匀权重分布等步骤。

基于粒子滤波跟踪的基本原理描述如下，考虑一个运动目标的状态序列记为 $\{x_k, k \in N\}$，该状态序列的变化情况可用动态时变系统表示如下

$$x_k = f_k(x_{k-1}, v_{k-1}), \quad z_k = h_k(x_k, n_k) \tag{4-40}$$

其中，f_k 表示状态 x_{k-1} 下的非线性函数。状态预测方程可以表示为

$$p(x_k \mid z_{1:k-1}) = \int p(x_k \mid x_{k-1}) p(x_{k-1} \mid z_{1:k-1}) dx_{k-1} \tag{4-41}$$

其中，设状态初始概率密度为

$$p(x_0 \mid z_0) = \int p(x_0), \quad z_{1:k} = \{z_i, i = 1, \cdots, k\} \tag{4-42}$$

状态更新方程表示为

$$p(x_k \mid z_{1:k}) = \frac{p(z_k \mid x_k) p(x_k \mid z_{1:k-1})}{p(z_k \mid z_{1:k-1})} \tag{4-43}$$

其中，正则化常数表示为

$$p(z_k \mid z_{1:k-1}) = \int p(z_k \mid x_{k-1}) p(x_k \mid z_{1:k-1}) dx_k \tag{4-44}$$

根据序列重采样原理，后验概率密度分布可以由一组加权的粒子来表示，

$$p(x_k \mid z_{1:k}) \approx \sum_{i=1}^{N} w_k^i \delta(x_k - x_k^i) \tag{4-45}$$

其中，N 为粒子数目，w_k^i 为归一化后的粒子权重，

$$w_k^i = w_{k-1}^i \frac{p(z_k \mid x_k^i) p(x_k^i \mid x_{k-1}^i)}{p(x_k^i \mid x_{k-1}^i, z_k)} \tag{4-46}$$

3. 基于彩色直方图的粒子滤波

彩色直方图特征在粒子滤波算法中的应用原理描述如下：

设目标的颜色直方图为 h_0，表示如下：

$$h_0(u) = k \sum_{i=1}^{N} \delta[f(x_i) - u] \tag{4-47}$$

其中，k 为归一化常数；N 为目标区域像素总个数；u 为直方图段数索引值；$f(x_i)$ 是像素点 x_i 所在的直方图段数的指示函数，为 Kronecker Delta 函数。

采用 Bhattacharyya 系数来度量其与粒子区域直方图 h_p 的相似程度，则有

$$\rho(h_0, h_p) = \sum_{u=1}^{M} \sqrt{h_0(u) h_p(u)} \tag{4-48}$$

在目标附近区域随机选取一定数目的粒子，分别计算各个粒子所代表候选区域的直方图，并分别计算各个粒子与目标的 Bhattacharyya 系数，从而可以获得各个粒子的权重。

基于彩色直方图的粒子滤波跟踪步骤如下（流程图如图 4-7 所示）：

(1) 初始化预测粒子；

(2) 获取粒子采样灰度直方图并进行规范化处理；

(3) 计算权重并进行归一化；

(4) 输出阶段，计算后验密度；

(5) 进行权重随机采样；

(6) 计算目标位置。

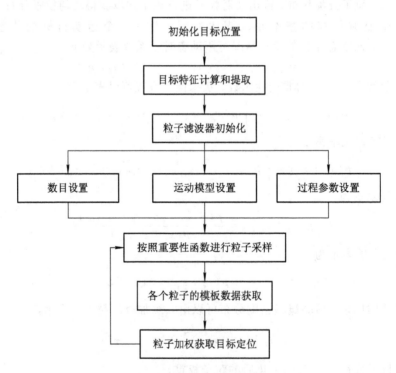

图 4-7　粒子滤波器目标跟踪流程图

图 4-8 是基于彩色直方图的粒子滤波算法目标跟踪结果,同时用深色矩形框标记出目标位置、大小与序号。图 4-8(a)、(b)和(c)分别是 300、350 和 380 帧目标 1 进入场景后的运动状态。图 4-8 (c)同时标记出了运动目标 1 从开始进入场景到 380 帧之间的所有运动轨迹。图 4-8(d)标记出运动目标 1 在 380 帧时,所有粒子在当前图像内的分布情况。该结果验证了粒子滤波目标跟踪算法形成的运动轨迹与真实目标符合,可以准确跟踪视频目标,自适应更新目标大小与状态。

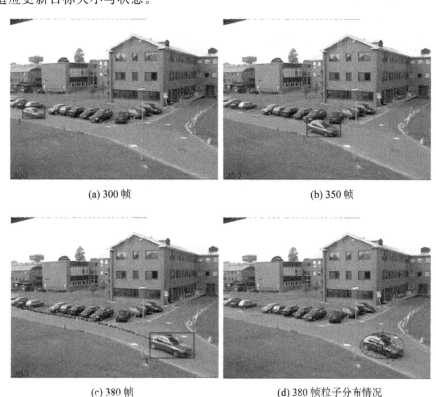

(a) 300 帧　　　　　　　　　　　　　(b) 350 帧

(c) 380 帧　　　　　　　　　　(d) 380 帧粒子分布情况

图 4-8　粒子滤波实验结果

4.3　本　章　小　结

视频图像处理中运动目标检测的目的是为了找到运动的区域(人、车等),检测出来的运动区域成为后续跟踪和行为分析等视频图像处理模块感兴趣的区域(Region of Interesting,ROI)。

在运动目标检测之后,视频中的运动目标会被一帧一帧的跟踪。在处理过程中,运动跟踪算法与运动检测算法会进行大量的信息交互。跟踪通常是利用点、线或区域等特征在后续帧中进行运动目标的匹配。

从科学研究的角度讲,学者们研究出了许多运动目标检测和跟踪的方法,他们灵活运用各种数学工具在不同的应用领域取得了较好的结果。大部分运动目标检测和跟踪的方法能在较好的环境下对运动目标进行检测定位以及跟踪,但现实世界的情况是复杂多变的,理想的条件和环境只能在实验室等特殊场合得到。

❖ 思考练习题 ❖

1. 运动目标检测的常用方法有哪些，主要原理是什么？
2. 运动目标跟踪的常用方法有哪些，主要原理是什么？
3. 光流法的优缺点是什么？
4. 简述高斯混合背景模型在检测运动目标时的主要步骤。
5. 简述均值滤波的主要原理。
6. 简述粒子滤波的主要原理。

第 5 章 视频编码方法

视频编码是数字视频处理的重要应用。视频编码的目的是要减少视频序列的码率，以便能够在给定的通信信道上实时传输视频。信道带宽因应用和传输媒体的不同而异。对于使用常规电话线路的可视电话应用系统，可采用 20 kb/s 的码率进行视频编码。对于标准清晰度卫星广播电视信号，可采用 6 Mb/s 的码率。除了通信应用系统外，存储和检索也需要视频编码，不同存储介质有不同的容量和存取速率的要求，因此需要不同的压缩量。针对不同的应用需求，已经开发了不同类型的算法。第一类算法允许对任意视频信号进行有效编码而不需要分析视频内容，第二类算法识别视频序列中的区域和物体并对它们进行编码。我们称前者为基于波形的视频编码器，后者为基于内容的视频编码器。

5.1 视频编码基础

5.1.1 编码概述

1. 编码系统

视频编码算法的组成在很大程度上是由视频序列建模所采用的信源模型确定的。视频编码器寻求用它的信源模型描述视频序列的内容。信源模型可做出图像序列的像素之间在时间和空间上相关性的假设，也可考虑物体的形状和运动或照度的影响。图 5-1 中，给出了一个视频编码系统的基本组成。

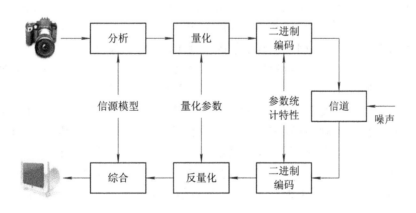

图 5-1 视频编码系统的基本组成

在视频编码器中，首先用信源模型的参数描述数字化的视频序列。如果使用像素统计独立的信源模型，那么这种信源模型的参数就是每个像素的亮度和色度的幅度。另一方面，如果使用把一个场景描述成几个物体的模型，那么参数就是各个物体的形状、纹理和运动等。然后，信源模型参数被量化成有限的符号集。量化参数取决于比特率与失真之间所期望的折中。最后，用无损编码技术把量化参数映射成二进制码字，这种技术进一步利用了量化参数的统计特性。解码器反向进行编码器的二进制编码和量化过程，重新得到信源模型的量化参数，然后，解码器的图像合成算法用信源模型的量化参数计算解码的视频帧。

2. 视频编码方案分类

按照是否需要对视频图像的内容进行分析，可将视频编码技术分为基于波形的视频编码和基于内容的视频编码，前者允许对任意视频信号进行有效编码而不需要分析视频内容，后者需要识别视频序列中的区域和物体并对它们进行编码。

1）基于波形的编码

该技术试图尽可能准确地表示各个像素的颜色值，而不考虑一组像素可以表示一个物理物体这一事实。该技术建立的信源模型、编码参数以及使用的编码技术如表5-1所示。

表 5 - 1　信源模型、编码参数与编码技术

信源模型	编码参数	编码技术
统计独立的像素	每个像素的颜色	PCM
统计相关的像素	每个块的颜色	变换编码、预测编码和矢量量化编码
平移运动的块	每个块的颜色和运动矢量	基于块的混合编码
运动的未知物体	每个物体的形状、运动和颜色	分析与合成编码
运动的已知物体	每个物体的形状、运动和颜色	基于知识的编码
已知行为的运动的已知物体	每个物体的形状、颜色和行为	语义编码

把像素假设为统计上独立的，这样得到的模型是最简单的信源模型（如表5-1所示）。相关的编码技术就称为脉冲编码调制（Pulse Coded Modulation，PCM）。图像信号的PCM表示通常不用于视频编码，因为与其他信源模型相比，它的效率较低。

在大多数图像中，邻近像素的颜色相关性很高。为了减少比特率，可以通过变换来利用这种性质，如 Karhunen - Loveve 变换（KL）、离散余弦变换（DCT）或小波变换。变换旨在去除原样点值间的相关性，并把原始信号的能量集中到几个系数上。利用相邻样点间相关性的另一种方法是预测编码，这种方法是先由前面编码的采样点预测要编码的样点值，然后对预测误差进行量化和编码，预测误差与原始信号相比具有较小的相关性和较低的能量。变换编码和预测编码都可看作是矢量量化的一种特殊情况，矢量量化一次量化一个采样点块（一个矢量）。从本质上说，它寻找出现在信号中的典型块模式，并用典型模式之一来近似任何一个块。

如今的视频编码标准 H.261、H.263、H.264、MPEG-1、MPEG-2 和 MPEG-4 都采用基于块的混合编码方法，综合了预测编码和变换编码。这种编码技术把每幅图像分成固定大小的块。第 k 帧的每个块用前面第 k-1 帧的一个已知位移位置处的相同尺寸的块合成得到，这样产生的图像称为预测图像。编码器把所有块的二维运动矢量传送到解码器，以便解码器能够计算同样的预测图像。编码器从原始图像中减去这幅预测图像，得到的就是预测误差图像。如果用预测图像合成的一个块不够准确——也就是说，如果块的预测误差超出某个阈值，那么编码器就用变换编码把这个块的预测误差传送到解码器。解码器把预测误差与预测图像相加，从而合成解码图像。因此，基于块的混合编码是基于平衡的运动块信源模型的。除了颜色信息编码为预测误差的变换系数外，还必须传输运动矢量。值得注意的是，这种编码可切换到较简单的像素统计相关的信源模型。每当编码不涉及前面一帧就能更有效地完成块的编码时就进行这种切换。

2）基于内容的编码

基于块的混合编码技术实际上是用固定大小的方块来近似场景中物体的形状。因此在目标边界上的块中会产生高预测误差。这些边界块包含具有不同运动的两种物体，因此用一个运动矢量不能说明两个不同的运动。基于内容的编码器认识到这样的问题，它把视频帧分成对应于不同物体的区域，并分别编码。对于每个物体，除了运动和纹理信息外，还必须传输形状信息。

在基于物体的分析与合成编码中，通过物体模型描述视频场景的每个运动物体。为了描述物体的形状，分析与合成编码采用分割算法。此外，还估计每个物体的运动和纹理参数。在最简单情况下，用二维轮廓描述物体形状，运动矢量场描述它的运动，用颜色波形描述它的纹理，其他方法用三维线框描述物体。用第 k-1 帧中物体的形状、颜色以及形状和运动的更新参数来描述第 k 帧中的物体。解码器用当前运动和形状参数以及前一帧的颜色参数合成物体。只对那些图像合成失败的图像区域，才传输颜色信息。

在视频序列中的物体种类已知的情况下，可采用基于知识的编码，这种编码使用特别设计的模型来描述已识别出的物体类型。例如，目前已经提出了一些用预定义的模型来对人头编码的方法。使用预定义模型可增加编码效率，因为它自适应于物体的形状。有时，也把这种技术称为基于模型的编码。

当已知可能的物体类型和它们的行为时，可以用语义编码。例如，对于一个人脸，"行为"指的是与特殊面部表情相关的一系列面部特征点的时间轨迹。人脸的可能行为包括典型面部表情，诸如高兴、悲伤、生气等。在这种情况下，估计描述物体行为的参数并传输给解码器。这种编码方法可以达到非常高的编码效率，因为物体（如脸）可能的行为数目非常小，所以说明行为所需的比特数比用传统的运动和颜色参数描述实际动作所需的比特数少得多。

5.1.2　信源编码的评价指标

1. 图像熵（Entropy）

设数字图像像素灰度级集合为$(W_1, W_2, \cdots, W_k, \cdots, W_M)$，其对应的概率分别为$P_1$，$P_2, \cdots, P_k, \cdots, P_M$。按信息论中信源信息熵定义，数字图像的熵 H 为

$$H = -\sum_{k=1}^{M} P_k \operatorname{lb} P_k (\text{bit}) \tag{5-1}$$

由此可见，一幅图像的熵就是这幅图像的平均信息量，也是表示图像中各个灰度级比特数的统计平均值。式（5-1）所表示的熵值是在假定图像信源无记忆（即图像的各个灰度级不

相关)的前提下获得的，这样的熵值常称为无记忆信源熵值，记为 $H_0(\cdot)$。对于有记忆信源，假如某一像素灰度级与前一像素灰度级相关，那么公式(5-1)中的概率要换成条件概率 $P(W_i/W_{i-1})$ 和联合概率 $P(W_i, W_{i-1})$，则图像信息熵公式变为

$$H(W_i/W_{i-1}) = -\sum_{k=1}^{M}\sum_{k=1}^{M} P(W_i, W_{i-1}) \mathrm{lb} P(W_i/W_{i-1}) \tag{5-2}$$

式中，$P(W_i, W_{i-1}) = P(W_i)P(W_i/W_{i-1})$，则称 $H(W_i/W_{i-1})$ 为条件熵。因为只与前面一个符号相关，故称为一阶熵 $H_1(\cdot)$。如果与前面两个符号相关，求得的熵值就称为二阶熵 $H_2(\cdot)$。依此类推，可以得到三阶和四阶等高阶熵，并且可以证明

$$H_0(\cdot) > H_1(\cdot) > H_2(\cdot) > H_3(\cdot) > \cdots \tag{5-3}$$

香农信息论已证明：信源熵是进行无失真编码的理论极限。低于此极限的无失真编码方法是不存在的，这是熵编码的理论基础。而且可以证明，如果考虑像素间的相关性，使用高阶熵一定可以获得更高的压缩比。

2. 性能评价

评价一种数据压缩技术的性能优劣主要有三个关键的指标：压缩比、重现质量、压缩和解压缩的速度。除此之外，主要考虑压缩算法所需要的软件和硬件环境。

1) 压缩比

压缩性能常常用压缩比来定义，也就是压缩过程中输入数据量和输出数据量之比。压缩比越大，说明数据压缩的程度越高。在实际应用中，压缩比可以定义为比特流中每个样点所需要的比特数。对于图像信息，压缩比可使用公式(5-4)计算：

$$C = \frac{L_s}{L_C} \tag{5-4}$$

L_s 为原图像的平均码长，L_C 为压缩后图像的平均码长。

其中，平均码长 L 的计算公式为

$$L = \sum_{i=1}^{m} \beta_i P_i (\mathrm{bit}) \tag{5-5}$$

其中，β_i 为数字图像第 i 个码字的长度(二进制代数的位数)，其相应出现的概率为 P_i。

除压缩比之外，编码效率和冗余度也是衡量信源特性以及编解码设备性能的重要指标，定义如下：

编码效率：

$$\eta = \frac{H}{L} \tag{5-6}$$

其中，H 为信息熵，计算公式如(5-1)所示，L 为平均码长。

冗余度：

$$\xi = 1 - \eta \tag{5-7}$$

由信源编码理论可知，当 $L \geqslant H$ 时，可以设计出某种无失真编码方法。如果所设计出编码的 L 远大于 H，则表示这种编码方法所占用的比特数太多，编码效率很低。例如，在图像信号数字化过程中，采用 PCM 对每个样本进行的编码，其平均码长 L 就远大于图像的熵 H。因此，编码后的平均码长 L 等于或很接近 H 的编码方法就是最佳编码方案。此时并未造成信息的丢失，而且所占的比特数最少，例如熵编码。

当 $L<H$ 时，必然会造成一定信息的丢失，从而引起图像失真，这就是限失真条件下的编码方案。

2）重现质量

重现质量是指比较重现时的图像信号与原始图像之间有多少失真，这与压缩的类型有关。压缩方法可以分为无损压缩和有损压缩。无损压缩是指压缩和解压缩过程中没有损失原始图像的信息，所以对无损系统不必担心重现质量。有损压缩虽然可获得较大的压缩比，但压缩比过高，还原后的图像质量就可能降低。图像质量的评价常采用客观评价和主观评价两种方法。

图像的主观评价采用 5 分制，其分值在 1～5 分情况下的主观评价如表 5-2 所示。

表 5-2　图像主观评价性能表

主观评价分	质量尺度	妨碍观看尺度
5	非常好	丝毫看不出图像质量变坏
4	好	能看出图像质量变化，但不妨碍观看
3	一般	清楚地看出图像质量变坏，对观看稍有妨碍
2	差	对观看有妨碍
1	非常差	非常严重地妨碍观看

而客观评价通常有以下几种：

（1）均方误差：

$$E_n = \frac{1}{n} \sum_i (x(i) - \hat{x}(i))^2 \tag{5-8}$$

（2）信噪比：

$$SNR(\text{dB}) = 10 \lg \frac{\sigma_x^2}{\sigma_r^2} \tag{5-9}$$

（3）峰值信噪比：

$$PSNR(\text{dB}) = 10 \lg \frac{x_{\max}^2}{\sigma_r^2} \tag{5-10}$$

其中，$x(n)$ 为原始图像信号，$\hat{x}(n)$ 为重建图像信号，$x_{\max}$ 为 $x(n)$ 的峰值，$\sigma_x^2 = E[x^2(n)]$，$\sigma_r^2 = E\{[\hat{x}(n) - x(n)]^2\}$。

3）压缩和解压缩的速度

压缩与解压缩的速度是两项单独的性能度量。在有些应用中，压缩与解压缩都需要实时进行，这称为对称压缩，如电视会议的图像传输；在有些应用中，压缩可以用非实时压缩，而只要解压缩是实时的，这种压缩称为非对称压缩，如多媒体 CD-ROM 的节目制作。从目前开发的压缩技术看，一般压缩的计算量要比解压缩要大。在静止图像中，压缩速度没有解压缩速度要求严格。但对于动态视频的压缩与解压缩，速度问题是至关重要的。动态视频为保证帧间变化的连贯要求，必须有较高的帧速。对于大多数情况来说，动态视频至少为 15 帧/s，而全动态视频则要求有 25 帧/s 或 30 帧/s。因此，压缩和解压缩速度的快慢直接影响实时图像通信的完成。

此外，还要考虑软件和硬件的开销。有些数据的压缩和解压缩可以在标准的 PC 硬件上用软件实现，有些则因为算法太复杂或者质量要求太高而必须采用专门的硬件。这就需要在占用 PC 上的计算资源或者另外使用专门硬件的问题上做出选择。

5.1.3 二进制编码

二进制编码是用二进制比特序列(称为码字)表示有限字母表信源中每个可能符号的过程。所有可能符号的码字形成码书。一个符号可以对应一个或几个原始的或量化后的像素值或模型参数。因为从符号到码字的映射是一一对应的，因此这个过程也称为无损编码。

对于一个有用的码，它应该满足以下属性：(1) 它应该可惟一解码，这就意味着在码字和符号之间有一对一映射的关系；(2) 码应该是即时可解码的，这意味着如果一组比特与码字相匹配，那么可立即解码这组比特，而不需检查编码序列中的后继比特。这第二个属性要求任何码字的前缀都不是另一个有效的码字，这种码称为前缀码。尽管即时可解码性是比唯一性更强的要求，而且允许快速解码，但它不限制编码效率。可以证明，对于同一信源，在所有唯一可解码的码中前缀编码可产生最小比特率。所有实际编码方法都产生前缀码。

很明显，最简单的二进制码是所有可能符号的固定长度的二进制表示。如果符号数是 L，那么比特率就是 $\lceil \mathrm{lb}L \rceil$ 比特/符号。由上一节知道，任何码书的最低可能比特率是信源的熵率。除非信源是均匀分布的，否则固定长度编码方案效率将是很低的，因为比特率比熵率高得多。为了降低比特率，需要可变长编码(VLC)，它分配一个较短的码字给一个较高概率的符号，所以平均比特率低。因为适当设计的可变长编码器的比特率可接近信源的熵，所以可变长编码也称为熵编码。

有三种流行的可变长编码方法。哈夫曼(Huffman)编码把固定数目的符号转成可变长的码字；LZW 方法把可变数目的符号转成固定长度的码字；而算术编码把可变数目的符号转成可变长度的码字。哈夫曼和算术编码是基于概率模型的，且都可逐渐地达到熵界限。算术编码方法更容易达到渐进性能，且容易适应信号统计特性的变化，但它比哈夫曼编码更复杂。LZW 方法不要求了解信号的统计特性，因此是普遍适用的，但它比其他两种方法的效率低。哈夫曼和算术编码已经用于各种视频编码标准中。以下将重点介绍这两种编码方法。

1. 哈夫曼编码

哈夫曼编码是由哈夫曼(D. S. Huffman)于 1952 年提出的一种不等长编码方法，这种编码的码字长度的排列与符号的概率大小的排列是严格逆序的，理论上已经证明其平均码长最短，因此被称为最佳码。

1) 编码步骤

(1) 将信源符号的概率由大到小排列；

(2) 将两个最小的概率组合相加，得到新概率；

(3) 对未相加的概率及新概率重复(2)，直到概率达到 1.0；

(4) 对每对组合概率小的指定为 1，概率大的指定为 0(或相反)；

(5) 记下由概率 1.0 处到每个信源符号的路径，对每个信源符号都写出 1、0 序列，得到非等长的 Huffman 码。

下面以一个具体的例子来说明其编码方法，如图 5-2 所示。

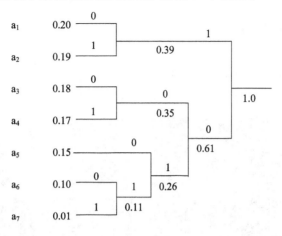

图 5-2 哈夫曼(Huffman)编码的示例

表 5-3 列出了各个信源符号的概率、哈夫曼编码及码长。

表 5-3 信源符号的概率、哈夫曼编码及码长

输入灰度级	出现概率	哈夫曼编码	码长
a_1	0.20	10	2
a_2	0.19	11	2
a_3	0.18	000	3
a_4	0.17	001	3
a_5	0.15	010	3
a_6	0.10	0110	4
a_7	0.01	0111	4

2）前例哈夫曼编码的编码效率计算

根据式(5-1)求出前例信息熵为

$$H = -\sum_{k=1}^{7} P_i \mathrm{lb} P_i$$

$$= -(0.2\mathrm{lb}0.2 + 0.19\mathrm{lb}0.19 + 0.18\mathrm{lb}0.18 + 0.17\mathrm{lb}0.17$$

$$+ 0.15\mathrm{lb}0.15 + 0.10\mathrm{lb}0.10 + 0.01\mathrm{lb}0.01)$$

$$= 2.61$$

根据式(5-5)求出平均码字长度为

$$L = \sum_{k=1}^{7} \beta_i P_i$$

$$= 2 \times 0.2 + 0.19 \times 2 + 0.18 \times 3 + 0.17 \times 3 + 0.15 \times 3 + 0.10 \times 4 + 0.01 \times 4$$

$$= 2.72$$

根据式(5-6)求出编码效率为

$$\eta = \frac{H}{L} = \frac{2.61}{2.72} = 95.9\%$$

可见,哈夫曼编码效率很高。

3) 哈夫曼编码实例

使用哈夫曼编码算法对实际图像进行编码,使用的图像为 Couple 和 lena,这两幅图像均为 256 级灰度图像,大小为 256×256 像素,图像如图 5-3 所示。

(a) Couple   (b) lena

图 5-3   图像 Couple 和 lena

编码结果如表 5-4 所示,限于篇幅,给出了部分结果。

表 5-4   Couple 和 lena 哈夫曼编码结果(部分)

文件	Couple. bmp			lena. bmp	
灰度值	概率值	哈夫曼编码		概率值	哈夫曼编码
0	0.000015	00100101000000101		0.000000	
1	0.057877	0111		0.000000	
2	0.023636	11100		0.000000	
3	0.036606	01001		0.000015	0101100110001111
4	0.042953	00010		0.000061	01011001100010
5	0.020279	001011		0.000244	100010101000
6	0.016998	010101		0.000305	001011111010
7	0.012070	110101		0.000626	00001111001
8	0.011642	111100		0.000610	00101111100
9	0.011780	111010		0.000900	1000101011
10	0.009842	0011001		0.001526	110111001
11	0.009811	0011010		0.001663	110001010
12	0.011017	0000110		0.002289	001011110
...	...	...		...	...

从表中可以看出，Couple 图像的色调比较暗，因此低灰度值像素较多，低灰度值像素点概率比 Lena 图像相同灰度值像素的大，因此，哈夫曼编码也相对短一些。而整个哈夫曼编码的长度严格地和概率成反比。

表 5-5 给出了对 Couple 和 lena 两幅图像哈夫曼编码后的性能指标计算。

表 5-5　图像哈夫曼编码后的性能指标

文　　件	Couple. bmp	lena. bmp
信息熵	6.22	7.55
原平均码字长度	8	8
压缩后平均码长	6.26	7.58
压缩比	1.28	1.06
原文件大小	65.0 KB	65.0 KB
压缩后文件大小	50.78 KB	61.32 KB
编码效率	99.41%	99.63%

从表中可以看出，哈夫曼的编码效率还是很高的，但由于哈夫曼编码是无损的编码方法，所以压缩比不高。从表中还发现 Couple 图像的压缩比较大，但是编码效率却较小，这主要是由于该幅图像的信息熵较小，其冗余度较高造成的。

4）哈夫曼编码的特点

（1）编码不唯一，但其编码效率是唯一的。由于在编码过程中，分配码字时对 0、1 的分配的原则可不同，而且当出现相同概率时，排序不固定，因此哈夫曼编码不唯一。但对于同一信源而言，其平均码长不会因为上述原因改变，因此编码效率是唯一的。

（2）编码效率高，但是硬件实现复杂，抗误码力较差。哈夫曼编码是一种变长码，因此硬件实现复杂，并且在存储、传输过程中，一旦出现误码，易引起误码的连续传播。

（3）编码效率与信源符号概率分布相关。由于编码效率与信源符号概率分布相关，编码前必须有信源的先验知识，这往往限制了哈夫曼编码的应用。当信源各符号出现的概率相等时，此时信源具有最大熵 $H_{max} = \mathrm{lb}n$，编码为定长码，其编码效率最低。当信源各符号出现的概率为 2^{-n}（n 为正整数）时，哈夫曼编码效率最高，可达 100%。由此可知，只有当信源各符号出现的概率很不均匀时，哈夫曼编码的编码效果才显著。

（4）只能用近似的整数位来表示单个符号。哈夫曼编码只能用近似的整数位来表示单个符号而不是理想的小数，因此无法达到最理想的压缩效果。

2. 算术编码

在信源概率分布比较均匀的情况下，哈夫曼编码的效率较低，而此时算术编码的编码效率要高于哈夫曼编码，同时又无需像变换编码那样，要求对数据进行分块，因此在 JPEG 扩展系统中以算术编码代替哈夫曼编码。

算术编码也是一种熵编码。当信源为二元平稳马尔可夫源时，可以将被编码的信息表示成实数轴 0~1 之间的一个间隔，这样，如果一个信息的符号越长，编码表示它的间隔就越小，同时表示这一间隔所需的二进制位数也就越多。下面对此作具体分析。

1）码区间的分割

设在传输任何信息之前信息的完整范围是$[0,1]$，算术编码在初始化阶段预置一个大概率 p 和一个小概率 q，$p+q=1$。如果信源所发出的连续符号组成序列为 Sn，那么其中每个 Sn 对应一个信源状态，对于二进制数据序列 Sn，可以用 $C(S)$ 来表示其算术编码，可以认为它是一个二进制小数。随着符号串中"0"、"1"的出现，所对应的码区间也发生相应的变化。

如果信源发出的符号序列的概率模型为 m 阶马尔可夫链，那么表明某个符号的出现只与前 m 个符号有关，因此其所对应的区间为$[C(S)，C(S)+L(S)]$，其中 $L(S)$ 代表子区间的宽度，$C(S)$ 是该半开子区间中的最小数，而算术编码的过程实际上就是根据符号出现的概率进行区间分割的过程，如图 5-4 所示的码区间的分割。

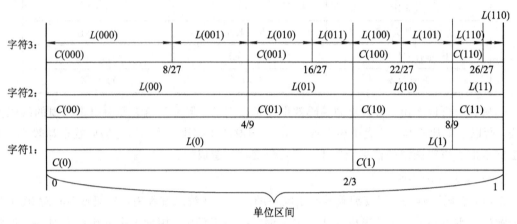

图 5-4　码区间的分割

图中假设"0"码出现的概率为 $\frac{2}{3}$，"1"码出现的概率为 $\frac{1}{3}$，因而 $L(0)=\frac{2}{3}$，$L(1)=\frac{1}{3}$。如果在"0"码后面出现的仍然是"0"码，这样，"00"出现的概率 $=\frac{2}{3}\times\frac{2}{3}=\frac{4}{9}$，即 $L(00)=\frac{4}{9}$，并位于图 5-4 中所示的区域。同理，如果第三位码仍然为"0"码，"000"出现的概率 $=\frac{2}{3}\times\frac{2}{3}\times\frac{2}{3}=\frac{8}{27}$，该区间的范围为 $\left[0,\frac{8}{27}\right)$。

2）算术编码规则

在进行编码的过程中，随着信息的不断出现，子区间按下列规律减小：

· 新子区间的左端＝前子区间的左端＋当前子区间的左端×前子区间长度

· 新子区间长度＝前子区间长度×当前子区间长度

下面以一个具体的例子来说明算术编码的编码过程。

例： 已知信源分布 $\begin{bmatrix} 0 & 1 \\ \frac{1}{4} & \frac{3}{4} \end{bmatrix}$，如果要传输的数据序列为 1011，写出算术编码过程。

解　（1）已知小概率事件 $q=\frac{1}{4}$，大概率事件为

$$p = 1 - q = \frac{3}{4}$$

（2）设 C 为子区间左端起点，L 为子区间的长度。

根据题意，符号"0"的子区间为 $\left[0, \frac{1}{4}\right)$，因此 $C = 0$，$L = \frac{1}{4}$；符号"1"的子区间为 $\left[\frac{1}{4}, 1\right)$，因此 $C = \frac{1}{4}$，$L = \frac{3}{4}$。

3）编码计算过程

步骤	符号	C	L
①	1	$\frac{1}{4}$	$\frac{3}{4}$
②	0	$\frac{1}{4} + 0 \times \frac{3}{4} = \frac{1}{4}$	$\frac{3}{4} \times \frac{1}{4} = \frac{3}{16}$
③	1	$\frac{1}{4} + \frac{1}{4} \times \frac{3}{16} = \frac{19}{64}$	$\frac{3}{16} \times \frac{3}{4} = \frac{9}{64}$
④	1	$\frac{19}{64} + \frac{1}{4} \times \frac{9}{64} = \frac{85}{256}$	$\frac{9}{64} \times \frac{3}{4} = \frac{27}{256}$

子区间左端起点为

$$C = \left(\frac{85}{256}\right)_d = (0.01010101)_b$$

子区间长度为

$$L = \left(\frac{27}{256}\right)_d = (0.00011011)_b$$

子区间右端为

$$M = \left(\frac{85}{256} + \frac{27}{256}\right)_d = \left(\frac{7}{16}\right)_d = (0.0111)_b$$

了区间：$[0.01010101, 0.0111]$。

编码的结果为位于区间的头尾之间的取值 0.011。

算术编码　　　　011　　　　占三位

原码　　　　　　1011　　　　占四位

4）算术编码效率

（1）算术编码的模式选择直接影响编码效率。算术编码的模式有固定模式和自适应模式两种。固定模式是基于概率分布模型的，而在自适应模式中，其各符号的初始概率都相同，但随着符号顺序的出现而改变，在无法进行信源概率模型统计的条件下，非常适于使用自适应模式的算术编码。

（2）在信道符号概率分布比较均匀的情况下，算术编码的编码效率高于哈夫曼编码。随着信息码长度的增加，间隔越小，而且每个小区间的长度等于序列中各符号的概率 $p(S)$。算术编码是用小区间内的任意点来代表这些序列，设取 L 位，则

$$L = \left\lceil \mathrm{lb} \frac{1}{p(S)} \right\rceil \tag{5-11}$$

其中，$[\boldsymbol{X}]$ 代表取小于或等于 $\boldsymbol{X}$ 的最大整数。例如，在上例中，

$$L = \left\lceil \operatorname{lb} \frac{1}{\left(\frac{3}{4}\right)^3 \left(\frac{1}{4}\right)} \right\rceil = [3.25] = 3$$

由上面的分析可见,对于长序列,$p(S)$ 必然很小,因此概率倒数的对数与 L 值几乎相等,即取整数后所造成的差别很小,平均码长接近序列的熵值,因此可以认为概率达到匹配,其编码效率很高。

(3)硬件实现时的复杂程度高。算术编码的实际编码过程也与上述计算过程有关,需设置两个存储器,起始时一个为"0",另一个为"1",分别代表空集和整个样本空间的积累概率。随后每输入一个信源符号,更新一次,同时获得相应的码区间,按前述的方法求出最后的码区间,并在此码区间上选定 L 值,解码过程也是逐位进行的,可见计算过程要比哈夫曼编码的计算过程复杂,因而硬件实现电路也要复杂。

5.2 基于块的变换编码

如果对图像数据进行某种形式的正交变换,并对变换后的数据进行编码,从而达到数据压缩的目的,这就是变换编码。无论是灰度图像还是彩色图像,静止图像还是运动图像都可以用变换编码进行处理。变换编码是一种被实践证明的有效的图像压缩方法,它是所有有损压缩国际标准的基础。

变换编码不直接对原图像信号进行压缩编码,而首先将图像信号映射到另一个域中,产生一组变换系数,然后对这些系数进行量化、编码、传输。在空间上具有强相关性的信号,反映在频域上是能量常常被集中在某些特定的区域内,或是变换系数的分布具有规律性。利用这些规律,在不同的频率区域上分配不同的量化比特数,可以达到压缩数据的目的。

图像变换编码一般采用统计编码和视觉心理编码。前者是把统计上彼此密切相关的像素矩阵,通过正交变换变成彼此相互独立、甚至完全独立的变换系数所构成的矩阵。为了保证平稳性和相关性,同时也为了减少运算量,在变换编码中,一般在发送端先将原始图像分成若干个子块,然后对每个子块进行正交变换。后者即对每一个变换系数或主要的变换系数进行量化和编码。量化特性和变换比特数由人的视觉特性确定。前后两种处理相结合,可以获得较高的压缩率。在接收端经解码、反量化后得到带有一定量化失真的变换系数,再经反变换就可恢复图像信号。显然,恢复图像具有一定的失真,但只要系数选择器和量化编码器设计得好,这种失真可限制在允许的范围内。因此,变换编码是一种限失真编码。

1)把变换看做到所选择的基函数上的投影

可以把变换过程认为是把一个图像块表示为一组基本图形(称为变换基函数)的线性组合。每个基本图形的贡献是对应于那个变换基函数的变换系数。对于一个给定的图像块,导出变换系数的过程是正变换,而用变换系数重建图像块的过程是逆变换。

2)变换设计准则

显然,变换编码器的性能取决于所用的基函数。一个好的变换应该:(1)对欲量化的信号去相关,以便可以对各个值有效地使用标量量化而不会损失太多的编码效率。(2)把原始像素块的能量尽量压缩到少数的几个系数。后一个特性允许用几个具有大幅度的系数表示原始块。在这些准则下，最好的变换是卡胡南-洛耶夫变换(KLT)。但是，因为 KLT 取决于信号的二阶统计特性且难以计算，所以实际中用固定的变换来近似 KLT。对于一般的图像信号，最近似 KLT 的变换是离散余弦变换(DCT)，因此在几乎所有的基于变换的图像编码器中都用 DCT。

3) 变换编码和矢量量化

通常图像中的相邻像素之间是相关的，因此单独表示每个像素值效率是不高的。利用相邻像素之间的相关性的一种方法是用矢量量化把像素块一起量化，它用最接近原始块的一个典型的块图形来代替每个图像块。块越大，就越能充分利用像素之间的相关性，可以达到的压缩增益就越高。遗憾的是，搜索最佳匹配模式的复杂度也随块的大小而指数增长。变换编码是无需穷尽搜索而实现条件矢量量化器的一种途径。

5.2.1　最佳变换设计和 KLT

正如上一小节提到的，一个好的变换使用最佳标量量化和最佳比特分配，会产生比较低的失真，那么自然会问到是否存在失真最小的最佳变换。如果信源是高斯分布，且信源的方差是固定的，回答是肯定的，这样的变换就是 KLT。

KLT 是基于原始信号的协方差矩阵设计的，KLT 产生的变换系数方差的几何平均最小。因此，如果信源是高斯分布，则它使变换编码增益最大。从而可以认为 KLT 是最佳变换。

KLT 的另一个性质是它在所有变换中用较少的系数得到最小的近似误差，也就是说，KLT 在所有变换中具有最高的能量紧缩能力。这是因为近似误差与系数方差的几何平均有直接联系。几何平均越低，这些方差的分布就越不均匀，因此，能够紧缩到固定数目系数上的能量就越多。

尽管 KLT 在能量紧缩方面和信号去相关方面的能力是最佳的，但它仅对已知协方差矩阵的平稳信源才是可以计算的。实际上，信源可以在时间或空间上变化，所以必须不断更新基于前面信号采样点的协方差矩阵并重新计算特征矢量，故计算上的需求量很大。而且，不存在从任意协方差矩阵中导出 KLT 的快速算法。而对于实际应用系统，希望采用独立于信号的变换。因此，一般只将 KLT 作为理论上的比较标准，作为一种参照物，用来对一些新方法、新结果进行分析比较，其理论价值高于实际价值。

5.2.2　离散余弦变换(DCT)

目前已经证明，对于通常图像信号的协方差矩阵，DCT 非常接近 KLT，因此 DCT 已在图像编码中广泛应用。

设 $f(x, y)$ 是 $M \times N$ 子图像的空域表示，则二维离散余弦变换(DCT)定义为

$$F(u, v) = \frac{2}{\sqrt{MN}} c(u) c(v) \sum_{x=0}^{M-1} \sum_{y=0}^{N-1} f(x, y) \cos \frac{(2x+1)u\pi}{2M} \cos \frac{(2y+1)v\pi}{2N}$$

$$u = 0, 1, \cdots, M-1; v = 0, 1, \cdots, N-1 \qquad (5-12)$$

反余弦变换(IDCT)的公式为

$$f(x, y) = \frac{2}{\sqrt{MN}} \sum_{u=0}^{M-1} \sum_{v=0}^{N-1} c(u)c(v)F(u, v)\cos\frac{(2x+1)u\pi}{2M}\cos\frac{(2y+1)v\pi}{2N}$$

$$x = 0, 1, \cdots, M-1; \ y = 0, 1, \cdots, N-1 \qquad (5-13)$$

以上两式中，$c(u)$ 和 $c(v)$ 的定义为

$$\begin{cases} c(u) = \begin{cases} \dfrac{1}{\sqrt{2}} & u = 0 \\ 1 & u = 1, 2, \cdots, M-1 \end{cases} \\ c(v) = \begin{cases} \dfrac{1}{\sqrt{2}} & v = 0 \\ 1 & v = 1, 2, \cdots, N-1 \end{cases} \end{cases} \qquad (5-14)$$

二维 $M \times N$ 点的 DCT 是由一维 M 点 DCT 和 N 点 DCT 构成的，可以先对图像块的每行运用对应的一维 DCT，然后再对进行变换的块的每列应用一维 DCT。

典型的 DCT 编码器有四步：图像分块、DCT、量化和编码。一个图像被分解为非重叠的块，每个块变换成一组系数。这些系数用标量化器分别量化。然后用可变长编码把量化的系数转换成二进制比特。在解码器中，通过逆变换由量化系数恢复图像块。图 5-5 给出了一个典型 DCT 编码器编码及解码的工作过程。

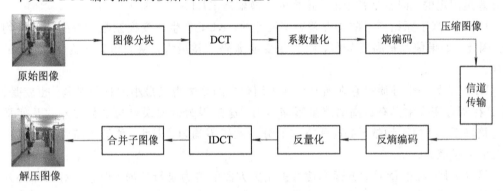

图 5-5 DCT 编码器编码及解码的工作过程

DCT 能够很好地适用于图像编码，其原因是图像块经常可以用几个低频 DCT 系数表示，这是因为图像中的灰度值通常是平滑变化的，高频部分只在边缘附近存在。空域图像 $f(x, y)$ 经过式(5-12)正向离散余弦变换后得到的是一幅频域图像。当 $f(x, y)$ 是一幅 $M = N = 8$ 的子图像时，其 $F(u, v)$ 可表示为

$$F(u, v) = \begin{bmatrix} F_{00} & F_{01} & \cdots & F_{07} \\ F_{10} & F_{11} & \cdots & F_{17} \\ \vdots & \vdots & \ddots & \vdots \\ F_{70} & F_{71} & \cdots & F_{77} \end{bmatrix} \qquad (5-15)$$

其中，64 个矩阵元素称为 $f(x, y)$ 的 64 个 DCT 系数。正向 DCT 变换可以看成是一个谐波分析器，它把 $f(x, y)$ 分解成为 64 个正交的基信号，分别代表着 64 种不同频率成分。第一个元素 F_{00} 是直流系数（DC），其他 63 个都是交流系数（AC）。矩阵元素的两个下标之和小者（即矩阵左上角部分）代表低频成分，大者（即矩阵右下角部分）代表高频成分。由于大部分图像区域中相邻像素的变化很小，所以大部分图像信号的能量都集中在低频成分，

高频成分中可能有不少数值为 0 或接近 0 值。图 5-6 给出了 DCT 变换示例图。

　　图 5-6(a)为原图，将原图分为 8×8 的块进行 DCT 变换，图 5-6(b)为原图 DCT 变换后的频域图，图 5-6(c)、(e)、(g)分别为舍弃少部分高频分量、舍弃大部分高频分量和舍弃低频分量后的频域图，图 5-6(d)、(f)、(h)为对应频域图反变换后的图像。从这个示例可以看出，DCT 系数的低频分量集中了图像中的绝大部分能量，通过舍弃 DCT 系数的高频成分，可以达到压缩图像的目的，而且恢复出的图像质量是可以被接受的。

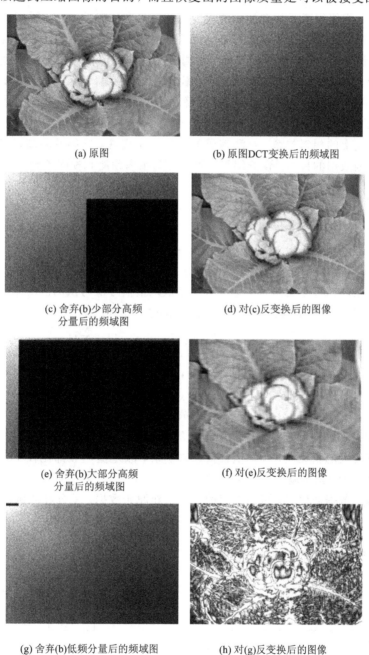

<table>
<tr><td>(a) 原图</td><td>(b) 原图DCT变换后的频域图</td></tr>
<tr><td>(c) 舍弃(b)少部分高频
分量后的频域图</td><td>(d) 对(c)反变换后的图像</td></tr>
<tr><td>(e) 舍弃(b)大部分高频
分量后的频域图</td><td>(f) 对(e)反变换后的图像</td></tr>
<tr><td>(g) 舍弃(b)低频分量后的频域图</td><td>(h) 对(g)反变换后的图像</td></tr>
</table>

图 5-6　DCT 变换示例图

5.3 预 测 编 码

除了变换编码以外,预测编码是另外一种重要的图像和视频编码方法。事实上,采用运动补偿预测的时间预测编码是现代视频编码标准成功的关键。

预测编码不是对一个像素直接编码,而是由同一帧或前一帧中的相邻像素值来预测它的值,这是受了相邻像素通常有类似的亮度值这一事实的启发,因此脱离过去而独立地确定当前值是比特的浪费。其基本思想是分析信号的相关性,利用已处理的信号预测待处理的信号,得到预测值;然后仅对真实值与预测值之间的差值信号进行编码处理和传输,达到压缩的目的,并能够正确恢复。如在视频编码中,预测编码可以去掉相邻像素之间的冗余度,只对不能预测的信息进行编码。相邻像素指在同一帧图像内上、下、左、右的像素之间的空间上的相邻关系,也可以指该像素与相邻的前帧、后帧图像中对应于同一位置上的像素之间的时间上的相邻关系。预测编码的方法易于实现,编码效率高,应用广泛,可以达到大比例压缩数据的目的。预测编码又可细分为帧内预测和帧间预测。

5.3.1 帧内预测

帧内预测编码是针对一幅图像以减少其空间上的相关性来实现数据压缩的。通常采用线性预测法,也采用差分脉冲编码调制(differential pulse code modulation,DPCM)来实现,这种方法简单且易于硬件实现,得到广泛应用。差分脉冲编码调制的中心思想是对信号的差值而不是对信号本身进行编码。这个差值是指信号值与预测值的差值。预测值可以由过去的采样值进行预测,其计算公式如下所示:

$$\hat{y}_N = a_1 y_1 + a_2 y_2 + \cdots + a_{N-1} y_{N-1} = \sum_{i=1}^{N-1} a_i y_i \qquad (5-16)$$

其中,$\hat{y}_N$ 为当前值 y_N 的预测值;y_1,y_2,$\cdots$,y_{N-1} 为当前值前面的 $N-1$ 个样值;a_1,a_2,$\cdots$,a_{N-1} 为预测系数。当前值 y_N 与预测值 $\hat{y}_N$ 的差值表示为

$$e_0 = y_N - \hat{y}_N \qquad (5-17)$$

差分脉冲编码调制就是将上述每个样点的差值量化编码,而后用于存储或传送。由于相邻采样点有较大的相关性,预测值常接近真实值,故差值一般都比较小,从而可以用较少的数据位来表示,这样就减少了数据量。

在接收端或数据回放时,可用类似的过程重建原始数据。差分脉冲调制系统方框图如图 5-7 所示。

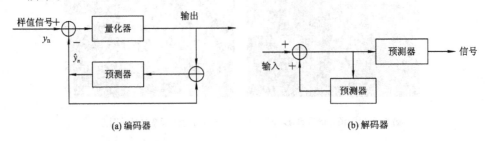

(a) 编码器 (b) 解码器

图 5-7 差分脉冲调制系统方框图

为了求出预测值 $\hat{y}_N$，要先知道先前的样值 y_1，y_2，$\cdots$，y_{N-1}，所以预测器端要有存储器，以存储所需的系列样值。只要求出预测值，用这种方法来实现编码就不难了。而要准确得到 $\hat{y}_N$，关键是确定预测系数 a_i。如何求 a_i 呢？定义 a_i 就是使估值的均方差最小的 a_i。估值的均方差可由下式决定：

$$E\{(y_N - \hat{y}_N)^2\} = E\{[y_N - (a_1 y_1 + a_2 y_2 + \cdots + a_{N-1} y_{N-1})]^2\} \qquad (5-18)$$

为了求得的均方差最小，就需对式 $(5-18)$ 中各个 a_i 求导数并使方程等于 0，最后解联立方程可以求出 a_i。

预测系数与输入信号特性有关，也就是说，采样点同其前面采样点的相关性有关。只要预测系数确定，问题便可迎刃而解。通常一阶预测系数 a_i 的取值范围为 $0.8 \sim 1$。

下面介绍一种简单的图像有损预测编码方法，德尔塔调制。

其预测器为 $\hat{f}_n = a f_{n-1}$，即采用一阶预测。

对预测误差的量化器为 $\dot{e}_n = \begin{cases} +\delta & \text{当 } e_n > 0 \\ -\delta & \text{其他} \end{cases}$，图 $5-8$ 给出了图像的原图、预测编码结果及解码结果。

(a) 原图　　　　　　　　(b) 德尔塔调制　　　　　　　　(c) 解码图像

图 $5-8$　德尔塔调制编解码示例

在图 $5-8$(b)所示的预测编码图中，误差大于 0 的用白色像素点表示，误差小于 0 的用黑色像素点表示，图 $5-8$(c)为解码结果，与图 $5-8$(a)所示的原图相比，由于预测算法简单，整个图像目标边缘模糊且产生纹状表面，有一定的失真。

DPCM 编码性能的优劣，很大程度上取决于预测器的设计，而预测器的设计主要是确定预测器的阶数 N，以及各个预测系数。阶数 N 即公式 $(5-16)$ 中的样值个数。对于一般图像，取 $N=4$ 就足够了。当 $N>5$ 时，预测效果的改善程度已不明显。由于在预测编码中，接收端是以所接收的前 N 个样本为基准来预测当前样本，因而在信号传输过程中一旦出现误码，就会影响后续像素的正确预测，从而出现误码扩散现象。可见，采用预测编码可以提高编码效率，但它是以降低系统性能为代价的。

5.3.2　帧间预测

对于视频图像，当图像内容变化或摄像机运动不剧烈时，前后帧图像基本保持不变，相邻帧图像具有很强的时间相关性。如果能够充分利用相邻帧图像像素进行预测，将会得到比帧内像素预测更高的预测精度，预测误差也更小，可以进一步提高编码效率。这种基于时间相关性的相邻帧预测方法就是帧间预测编码。在采用运动补偿技术后，帧间预测的准确度相当高。

1. 运动估计与补偿

在帧间预测编码中，为了达到较高的压缩比，最关键的就是要得到尽可能小的帧间误差。在普通的帧间预测中，实际上仅在背景区域进行预测时可以获得较小的帧间差。如果要对运动区域进行预测，首先要估计出运动物体的运动矢量 V，然后再根据运动矢量进行补偿，即找出物体在前一帧的区域位置，这样求出的预测误差才比较小。

这就是运动补偿帧间预测编码的基本机理。简而言之，通过运动补偿，减少帧间误差，提高压缩效率。理想的运动补偿预测编码应由以下四个步骤组成：

（1）图像划分。将图像划分为静止部分和运动部分。

（2）运动检测与估值。即检测运动的类型（平移、旋转或缩放等），并对每一个运动物体进行运动估计，找出运动矢量。

（3）运动补偿。利用运动矢量建立处于前后帧的同一物体的空间位置对应关系，即用运动矢量进行运动补偿预测。

（4）预测编码。对运动补偿后的预测误差、运动矢量等信息进行编码，作为传送给接收端的信息。

由于实际的序列图像内容千差万别，把运动物体以整体形式划分出来是极其困难的，因此有必要采用一些简化模型。例如，把图像划分为很多适当大小的小块，再设法区分是运动的小块还是静止的小块，并估计出小块的运动矢量，这种方法称为块匹配法。目前块匹配法已经得到广泛应用，在 H. 261、H. 263、H. 264、MPEG - 1 以及 MPEG - 4 等国际标准中都被采用，下面进行详细介绍。

2. 块匹配运动估计

运动估计从实现技术上可以分为像素递归法（Pixel Recursive Algorithm，PRA）和块匹配法（Block Matching Motion Estimation，BMME）。像素递归法的基本思想是对当前帧的某一像素在前一帧中找到灰度值相同的像素，然后通过该像素在两帧中的位置差求解出运动位移。块匹配法的思想是将图像划分为许多互不重叠的子图像块，并且认为子块内所有像素的位移幅度都相同，这意味着每个子块都被视为运动对象。对于第 k 帧图像中的子块，在第 k - 1 帧图像中寻找与其最相似的子块，这个过程称为寻找匹配块，并认为该匹配块在第 k - 1 帧中所处的位置就是 k 帧子块位移前的位置，这种位置的变化就可以用运动矢量来表示。

在一个典型的块匹配算法中，一帧图像被分割为 $M \times N$ 或者是更为常用的 $N \times N$ 像素大小的块。在 $(N+2w) \times (N+2w)$ 大小的匹配窗中，当前块与前一帧中对应的块相比较，基于匹配标准，找出最佳匹配，得到当前块的替代位置。常用的匹配标准有平均平方误差（Mean Square Error，MSE）和平均绝对误差（Mean Absolute Error，MAE），定义如下：

$$MSE(i, j) = \frac{1}{N^2} \sum_{m=1}^{N} \sum_{n=1}^{N} (f(m, n) - f(m+i, n+j))^2 \quad -w \leqslant i, j \leqslant w$$

$$(5 - 19)$$

$$MAE(i, j) = \frac{1}{N^2} \sum_{m=1}^{N} \sum_{n=1}^{N} |f(m, n) - f(m+i, n+j)| \quad -w \leqslant i, j \leqslant w$$

$$(5 - 20)$$

其中，$f(m, n)$ 表示当前块在位置 (m, n)，$f(m+i, n+j)$ 表示相应的块在前一帧中的位置为 $(m+i, n+j)$。

全搜索算法（Full Search Algorithm，FSA）在搜索窗 $(N+2W) \times (N+2W)$ 内计算所有的像素来寻找具有最小误差的最佳匹配块。对于当前帧中的一个待匹配块的运动向量的搜索要计算 $(2W+1) \times (2W+1)$ 次误差值，如图 5-9 所示。由于全搜索算法的计算复杂度过大，近年来，快速算法的研究得到了广泛的关注，研究人员提出了很多快速算法。

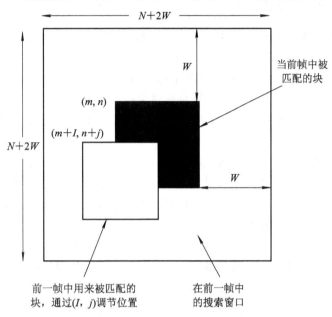

图 5-9　块匹配原理图

3. 帧间预测实例

图 5-10 给出了一个常用测试序列帧间预测的结果。图 5-10(a)、(b)分别是第一帧和第二帧原图，图 5-10(c)、(d)分别是未进行运动补偿和运动补偿后的帧间差分。

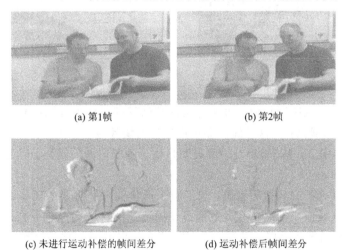

(a) 第1帧　　　　　　　　　　　　(b) 第2帧

(c) 未进行运动补偿的帧间差分　　　　(d) 运动补偿后帧间差分

图 5-10　常用测试序列的帧间预测的结果

从图中可以看出，对视频序列运动补偿后进行差分运算，能够得到较小的帧间差分值，有助于提高压缩效率。

5.4 基于内容的编码

5.4.1 基于区域的视频编码

大多数图像和视频编码器都为了编码效率而做了优化。图像和视频的质量是由峰值信噪比 PSNR 测量的。已经证明简单的 PSNR 测度不能很好地记录人类视觉系统（Human Vision System，HVS)的特性。在低比特率下这变得非常明显，此时块失真使图像变形，但并不能得到低的 PSNR。基于区域的图像和视频编码，也就是所谓的第二代图像和视频编码，试图给予 HVS 以特别关注，从 HVS 的性质出发提出以下的基本要求，这些要求为设计选择算法奠定了基础：

- 边缘和轮廓信息对于人类视觉系统是非常重要的，是人类的感觉所依赖的。
- 纹理信息具有相对的重要性，当与轮廓信息在一起时会影响人类的感觉。

在这些假设的基础上，基于区域的视频编码更注重编码轮廓而不是编码纹理。当确定重要的轮廓时，运动是不考虑的。

基于区域的视频编码器把每个图像分割为相似纹理的区域。由于轮廓被认为是非常重要的，所以编码器以高精度传送区域的轮廓。区域的纹理是用原始区域的纹理的平均值近似的。图 5 - 11 是一个被分割为区域的图像。

图 5 - 11　图像分割

不同的分割结果取决于相似性准则定义的精确程度和最小区域尺寸。与低码率下的基于 DCT 的图像编码器比较，这种编码器不产生任何块效应。然而，平坦的纹理表示可能会产生失真。在高码率下，基于 DCT 的编码明显优于基于区域的编码，因为基于区域的编码需要传输许多轮廓。

可以把这种概念扩展到视频编码。为了减少形状编码所需的码率，要从一幅图像到另一幅图像进行区域跟踪。把具有类似的或相同运动的区域聚合在一起，对于这个新的图像，编码器传送当前图像中区域的运动、形状的变化以及新出现的区域，也传送纹理值的变化。

5.4.2　基于物体的视频编码

基于物体的编码是由 Musmann 等提出的，其目标是以较低比特率传送可视电话图像序列。其基本思想是：把每一个图像分成若干个运动物体，对每一物体的基于不明显物体模型的运动 A_i、形状 M_i 和彩色纹理 S_i 等三组参数集进行编码和传输。其图像编码原理框图如图 5-12 所示。基于物体的编码需要一个存储器存储欲编码和传输的物体的参数。

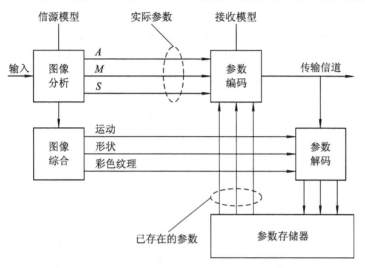

图 5-12　基于物体的图像编码原理框图

基于物体的编码的特点是把三维运动物体描述成模型坐标系中的模型物体，用模型物体在二维图像平面的投影（模型图像）来逼近真实图像。这里不要求物体模型与真实物体形状严格一致，只要最终模型图像与输入图像一致即可，这是它与基于语义的编码的根本区别。

经讨图像分析后，图像的内容被分为两类：模型一致物体（MC 物体）和模型失效物体（MF 物体）。MC 物体是被模型和运动参数正确描述的物体区域，可以通过只传送运动 A_i 和形状 M_i 的参数集以及利用存在存储器中的彩色纹理 S_i 的参数集重建该区域；MF 物体则是被模型描述失败的图像区域，它是用形状 M_i 和彩色纹理 S_i 的参数集进行编码和重建的。从目前研究比较多的头—肩图像的实验结果可以看到，通常 MC 物体所占图像区域的面积较大，约为图像总面积的 95％以上，而 A_i 和 M_i 参数可用很少的码字编码；另一方面，MF 通常都是很小的区域，约占图像总面积的 4％以下。

基于物体的编码中的最核心的部分是物体的假设模型及相应的图像分析。选择不同的源模型时，参数集的信息内容和编码器的输出速率都会改变。目前已出现的有二维刚体模型（2DR）、二维弹性物体模型（2DF）、三维刚体模型（3DR）和三维弹性物体模型（3DF）等。在这几种模型中，2DR 模型是最简单的一种，它只用 8 个映射参数来描述其模型物体的运动。但由于过于简单，最终图像编码效率不是很高。相比而言，2DF 是一种简单有效的模型，它采用位移矢量场，以二维平面的形状和平移来描述三维运动的效果，编码效率明显提高，与 3DR 相当。3DR 模型是二维模型直接发展的结果，物体以三维刚体模型描述，优点是以旋转和平移参数描述物体运动，物理意义明确。3DF 是在 3DR 的基础上加以改进的，它在 3DR 的图像分析后，加入形变运动的估计，使最终的 MF 区域大为减少，但把图像分析的复杂性和编码效率综合起来衡量，2DF 则显得较为优越。

5.4.3 基于语义的视频编码

基于语义的编码的特点是充分利用了图像的先验知识，编码图像的物体内容是确定的。图 5-13 所示为基于语义的编码原理框图。在编码器中，存有事先设计好的参数模型，这个模型基本上能表示待编码的物体。对输入的图像，图像分析与参数估计功能块利用计算机视觉的原理，分析估计出针对输入图像的模型参数。这些参数包括：形状参数、运动参数、颜色参数、表情参数等。由于模型参数的数据量远小于原图像，故用这些参数代替原图像编码可实现很高的压缩比。

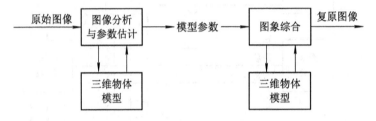

图 5-13　基于语义的编码原理框图

在解码器中，存有一个和编码器中完全相同的图像模型，解码器应用计算机图形学原理，用所接收到的模型参数修改原模型，并将结果投影到二维平面上，形成解码后的图像。

例如，在视频会议的基于语义的编码中，会议场景一般是固定不变的，运动变化的只是人的头部和肩部组成的头—肩像。根据先验知识，可以建立头—肩像模型，这时模型参数包括：头与肩的大小、形状、位置等全局形状参数，以及面部表情等局部形状参数，此外，还有运动参数、颜色参数等等。解码器存有一个与编码器中的模型完全一样的模型，收到模型参数后，解码器即可对模型作相应的变换，将修改后的模型投影到二维平面上，形成解码图像。

基于语义的编码能实现以数千比特每秒的速率编码活动图像，其高压缩比的特点使它成为最有发展前途的编码方法之一。然而基于语义的编码还很不成熟，有不少难点尚未解决，主要表现为模型的建立和图像分析与参数的提取。

首先，模型必须能描述待编码的对象。以对人脸建模表达为例，模型要能反映各种脸部表情：喜、怒、哀、乐等等，要能表现面部，例如口、眼的各种细小变化，显然，这有大量的工作要做，数据量很大，有一定的难度。同时，模型的精度也很难确定。只能根据对编码对象的了解程度和需要，建立具有不同精度的模型。先验知识越多模型越精细，模型就越能逼真地反映编码的对象，但模型的适应性就越差，所适用的对象就越少。反之，先验知识越少，越无法建立细致的模型，模型与对象的逼近程度就越低，但适应性反而会强一些。

其次，建立了适当的模型后，参数估计也是一个不可低估的难点，根本原因在于计算机视觉理论本身尚有很多基本问题没有圆满解决，如图像分割问题与图像匹配问题等。而要估计模型的参数，如头部的尺寸，就需在图像上把头部分割出来，并与模型中的头部相匹配；要估计脸部的表情参数，需把与表情密切相关的器官如口、眼等分割出来，并与模型中的口、眼相匹配。

相比之下,图像综合部分难度低一些,由于计算机图形学等已经相当成熟,而用常规算法计算模型表面的灰度,难以达到逼真的效果,图像有不自然的感觉。现在采用的方法是,利用计算机图形学方法,实现编码对象的尺度变换和运动变换,而用"蒙皮技术"恢复图像的灰度。"蒙皮技术"通过建立经过尺度和运动变换后的模型上的点与原图像上的点之间的对应关系,求解模型表面灰度。

基于语义的编码中的失真和普通编码中的量化噪声性质完全不同。例如,待编码的对象是头—肩像,则对头—肩像基于语义编码时,即使参数估计不准确,结果也是头—肩像,不会看出有什么不正确的地方。基于语义的编码带来的是几何失真,人眼对几何失真不敏感,而对方块效应和量化噪声最敏感,所以不能以均方误差作为失真的度量,而参数估计又必须有一个失真度量,以建立参数估计的目标函数,并通过对目标函数的优化来估计参数。找一个能反映基于语义的编码失真的准则,也是基于语义编码的难点之一。

5.5　可分级视频编码

在前面两章中介绍的编码方法包括基于波形和基于内容的方法,目的是对于固定的比特率使编码效率最优化。当许多用户试图通过不同的通信链路接入相同的视频时,会出现困难。例如,可以在通过高速链路(例如 ADSL 调制解调器)连接到服务器的终端上实时下载以 1.5 Mb/s 编码的 MPEG-1 视频并重放。但仅有 56 Kb/s 调制解调器连接的用户将不能实时接收足够的比特进行重放。可分级性是指通过仅解码一部分压缩的比特流物理的恢复有意义的图像或视频信息的能力。如果视频流是可分级的,那么具有高带宽连接的用户可以下载整个比特流以观看全质量的视频,而具有 56 Kb/s 连接的用户将只下载流的一个子集,观看一个低质量的演播。

可分级性编码主要有三个特性:带宽可分级性、对变化的信道误差特征的适应性、对接收终端计算能力的适应性。对于无线通信,可分级性编码允许调整信源码率,并可以使用非平衡误码保护以适应信道误码条件。对于互联网传输,可分级性编码可以传输可变比特率业务,有选择地丢弃比特,以及针对不同的调制解调器速率、变化的信道带宽和不同的设备能力调整信源码率。当用户处于无线、因特网和多媒体的汇合处时,可分级性对于从任何地方、由任何人、在任何时间、用任何设备和以任何形式进行丰富的多媒体访问就变得愈发重要了。

可分级编码器可有粗间隔度(在两层或三层内——这些也称为分层编码器)或细间隔度。在细间隔度的极端情况下,比特流可以在任何点被截断。保留的比特越多,重建图像的质量就越好。我们称这样的比特流为嵌入式的。嵌入式编码器能进行精确的比特率控制,这在许多应用系统中都是所希望的特性。例如,网络滤波器可以从嵌入式比特流中选择传输的比特数以匹配可用带宽。

可分级编码一般是通过提供一个视频的多种版本实现的,这些版本是就幅度分辨率(称为质量可分级性或 SNR 可分级性)、空间分辨率(空间可分级性)、时间分辨率(时间可分级性)、频率分辨率(频率可分级性,经常称为数据分割)或这些选项的组合而言的。

可分级内容可以在帧级或物体级进行访问。后者是指基于物体的可分级性,如在

MPEG-4 标准中所定义的。在本节中，首先介绍实现可分级性的 4 个基本方案，包括质量、空间、时间和频率可分级性。然后描述如何在物体级实现可分级性。尽管类似的概念可以应用于不同类型的编码器，但我们将把讨论集中于修正的基于块的混合编码器，以实现各种可分级性模式。最后，讲述基于小波的编码方法，由小波变换的性质，它自然导致细间隔度的可分级性。

注意，应付变化的信道环境和接收机能力的另一种方法是通过同时联播，它简单地把同一视频编码几次，每次具有不同的质量或分辨率设置。这种方法尽管简单，但效率很低，因为一个较高质量或分辨率的比特流实际上重复了已经包含在较低质量或分辨率比特流中的信息，以及一些附加信息。另一方面，为了提供可分级功能，与目前的不可分级编码器相比较，编码器必须牺牲一定的编码效率。可分级编码的设计目标是在实现可分级性要求的同时使编码效率的降低达到最小。

5.5.1　可分级的基本模式

1. 质量可分级性

质量可分级性定义为具有可变的彩色模式精度的视频序列的表示。这一般是通过以越来越精细的量化步长量化彩色值(在原始或变换域中)实现的。因为不同的量化精度导致原始的视频与量化的视频之间不同的 PSNR，所以这类可分级性通常称为 SNR 可分级性。

图 5-14 给出了一个具有 N 层质量可分级性的比特流。解码第一层(也称为基本层)提供一个低质量的重建图像版本。进一步解码其余的层(也称为增强层)导致重建图像的质量提高，直到最高质量。第一层是通过对原始图像或在变换域(例如 DCT)中应用一个粗糙的量化器得到的。第二层包含原始图像与由第一层重建的图像之间的量化差值，使用的量化器比用于产生第一层的量化器更精细。类似地，后面的每一层包含原始图像与由前面一层重建的图像之间的量化差值，量化中使用愈加精细的量化器。

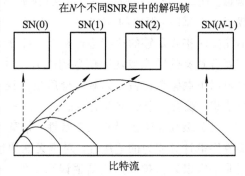

图 5-14　具有 N 层质量可分级性的比特流

图 5-15(a)画出了一个具有两级质量可分级性的编码器。对于基本级，编码器以与典型的基于块的混合编码器一样的方式工作。对于增强级，按如下方式工作：

(1) 在基本级对原视频帧(或运动补偿误差帧)进行 DCT 变换并量化；

(2) 用反量化重建基本级 DCT 系数；

(3) 从原 DCT 系数中减去基本级的 DCT 系数；

(4) 用小于基本级的量化参数量化该残差；

(5) 用 VLC 编码量化比特。

由于增强级使用了较小的量化参数，它能够达到比基本级更好的质量。

图 5-15(b)画出了解码器的工作过程。对于基本级，解码器与不可分级视频解码器的工作完全一样。对于增强级，必须接收到两级，用可变长解码(VLD)进行解码，并进行反量化。然后把基本级的 DCT 系数值加到增强级的精细的 DCT 系数上。这一步之后，对求

和后的 DCT 系数进行 DCT 逆变换，产生增强级的解码视频。

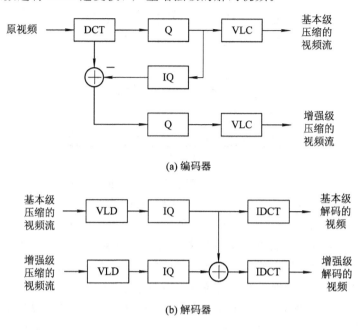

(a) 编码器

(b) 解码器

图 5－15　一个两级的质量可分级编/解码器

2. 空间可分级性

空间可分级性定义为同一个视频在不同空间分辨率或尺寸下的表示(如图 5－16 的(a)和(b)所示)。图 5－17 说明了一个具有 M 层空间可分级性的比特流。通过解码第一层，用户可以显示一个低分辨率解码图像的预览版本。解码第二层产生一个较大的重建图像。进一步地，通过逐级解码其余的层，观看者可以增加图像的空间分辨率，直到原始图像的全分辨率。

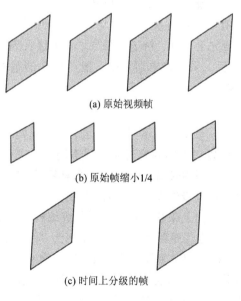

(a) 原始视频帧

(b) 原始帧缩小1/4

(c) 时间上分级的帧

图 5－16　视频流的空间和时间分级

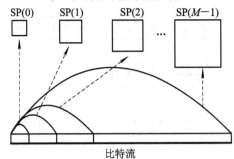

图 5-17　具有 M 层空间可分级性的比特流

为了产生这样一个分层比特流，首先要获得原始图像的多分辨率分解。直接编码最低分辨率的图像以产生第一层（即基本层）。为了产生第二层，先把由第一层解码的图像内插到第二个最低的分辨率，并且在这个分辨率下对原始图像与内插图像之间的差进行编码。以相同方式产生每一个后续分辨率的比特流：首先在该分辨率下基于前面的层形成一个估计图像，然后在该分辨率下编码估计图像与原始图像之间的差。

图 5-18(a)给出了两层的空间可分级编码器的方框图。对于基本层，原视频首先进行空间下采样，然后进行 DCT 变换、量化和 VLC 编码。对于增强层，进行以下的工作：

(1) 在基本层，对原视频进行空间下采样、DCT 变换和量化；

(2) 通过反量化和逆 DCT 重建基本层图像；

(3) 对基本层图像进行空间上采样；

(4) 从原始图像中减去上采样的基本层图像；

(5) 对残差进行 DCT 变换，并用小于基本层的量化参数进行量化；

(6) 用 VLC 编码量化的比特。

由于增强层使用了较小的量化参数，它可以达到比基本层更高的质量。

图 5-18(b)画出了具有两层可分级性的空间可分级解码器。对于基本层，解码器的工作与不可分级的视频解码器完全一样。对于增强层，必须接收到两层，用 VLD 解码，进行反量化和逆 DCT 变换。然后上采样基本层图像。把上采样的基本层图像与增强层的细节相结合形成增强层解码视频。

3. 时间可分级性

时间可分级性定义为同一个视频在不同的时间分辨率或帧率下的表示（见图 5-16 的(a)和(c)）。时间可分级性可以对不同内容的层使用不同的帧率。一般，以这种方法对时间可分级视频进行有效地编码：利用较低层的时间上采样图像作为较高层的预测。时间可分级编解码器的方框图与空间可分级编解码器的相同（见图 5-18）。惟一的差别是空间可分级编解码器用空间下采样和空间上采样，而时间可分级编解码器用时间下采样和时间上采样。进行时间下采样的最简单方法是跳帧。例如，比率为 2：1 的时间下采样可通过每两帧丢弃一帧来实现。时间上采样可用帧复制的方法来实现。例如，比率为 1：2 的时间上采样可通过每帧复制一个副本并在下一步传输这两帧来实现。在这种情况下，基本层包括所有的偶数帧而增强层包括所有的奇数帧。对于运动补偿，基本层的帧将仅由前面的基本层的帧来预测，而增强层的帧由基本层的帧和增强层的帧都可以预测。

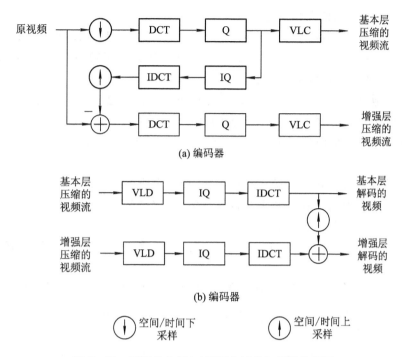

图 5-18　两层的空间/时间可分级编解码器的框图

4. 频率可分级性

用多个层表示视频帧的另一种方法是通过在每一层包含不同的频率分量,基本层包含低频分量而其他层包含逐渐增加的较高频率分量。在这种方法中,基本层将提供一个模糊的图像,加上各增强层将产生逐渐清晰的图像。可通过整帧变换(例如子带分解或小波变换)或通过基于块的变换(例如块 DCT)来实现这种分解。在基于块的混合编码器中实现这个思想的一种方法是:在基本层中包括模式信息、运动信息和每个宏块的前几个 DCT 系数,而在增强层中包括其余的 DCT 系数。在 MPEC-2 标准中,这称为数据分割。我们将在下一节中讨论基于小波的可分级编码器。

5.5.2　基于小波变换的编码

1. 小波变换

近年来,小波变换作为一种数学工具广泛应用于图像纹理分析、图像编码、计算机视觉、模式识别、语音处理、地震信号处理、量子物理以及众多非线性科学领域,被认为是近年来分析工具及方法上的重大突破。原则上讲,凡是使用傅立叶分析的地方,都可以用小波分析取代。小波分析优于傅立叶分析的地方是它在时域和频域同时具有良好的局部化性质,而且由于对高频成分采用逐渐精细的时域或空域(对图像信号处理)取样步长,从而可以聚焦到分析对象的任意细节,小波分析的这一特性被誉为"数学显微镜"。不仅如此,小波变换还有许多优异的性能,总结如下:

- 小波变换是一个满足能量守恒方程的线性变换,能够将一个信号分解成其对空间和时间的独立贡献,同时又不丢失原始信号所包含的信息。
- 小波变换相当于一个具有放大、缩小和平移等功能的数学显微镜,通过检查不同放大倍数下信号的变化来研究其动态特性。

· 小波函数簇（即通过基本小波函数在不同尺度下的平移和伸缩而构成的一簇函数，用以表示或逼近一个信号或一个函数）的时间和频率窗的面积较小，且在时间轴和频率轴上都很集中，即小波变换后系数的能量较为集中。

· 小波变换的时间、频率分辨率分布的非均匀性较好地解决了时间和频率分辨率的矛盾，即在低频段用高的频率分辨率和低的时间分辨率（宽的分析窗口），而在高频段则用低的频率分辨率和高的时间分辨率（窄的分析窗口），这种变焦特性与时变信号的特性一致。

· 小波变换可以找到正交基，从而可以方便地实现无冗余的信号分解。

· 小波变换具有基于卷积和正交镜像滤波器组（QWF）的塔形快速算法，易于实现。该算法在小波变换中的地位相当于 FFT 在傅立叶变换中的地位。

小波变换也可以分为连续小波变换（有的文献中也称为积分小波变换）和离散小波变换两类。

假设一个函数 $\Psi(x)$ 为基本小波或母小波，$\hat{\Psi}(\omega)$ 为 $\Psi(x)$ 的傅立叶变换，如果满足条件 $C_\Psi = \int_{-\infty}^{\infty} \frac{|\hat{\Psi}(\omega)|^2}{|\omega|} \mathrm{d}\omega < \infty$，则对函数 $f(x) \in L^2(R)$ 的连续小波变换的定义为

$$(W_\Psi f)(b, a) = \int_R f(x) \overline{\Psi}_{b,a} \mathrm{d}x = |a|^{-\frac{1}{2}} \int_R f(x) \overline{\Psi(\frac{x-b}{a})} \mathrm{d}x \qquad (5-21)$$

小波逆变换为

$$f(x) = \frac{1}{C_\Psi} \int_{-\infty}^{\infty} \int_{-\infty}^{\infty} (W_\Psi f)(b, a) \Psi_{b,a}(x) \frac{da}{a^2} db \qquad (5-22)$$

上面两式中：$a, b \in R$，$a \neq 0$，$\Psi_{b,a}(x)$ 是由基本小波通过伸缩和平移而形成的函数簇，$\Psi_{b,a} = |a|^{-\frac{1}{2}} \overline{\Psi(\frac{x-b}{a})}$，$\overline{\Psi}_{b,a}$ 为 $\Psi_{b,a}$ 的共轭复数。

常见的基本小波有：

(1) 高斯小波：$\Psi(x) = \mathrm{e}^{j\omega x} \mathrm{e}^{-\frac{x^2}{2}}$；

(2) Hnarr 小波：$\Psi(x) = \begin{cases} 1 & 0 \leqslant x < \frac{1}{2} \\ -1 & \frac{1}{2} < x \leqslant 1 \\ 0 & x \notin [0, \frac{1}{2}) \cup (\frac{1}{2}, 1] \end{cases}$；

(3) 墨西哥帽状小波：$\Psi(x) = \frac{1}{\sqrt{2\pi}} \mathrm{e}^{-\frac{x^2}{2}}$。

如果 $f(x)$ 是离散的，记为 $f(k)$，则离散小波变换为

$$DW_{m,n} = \sum_k f(k) \overline{\Psi}_{m,n}(k) \qquad (5-23)$$

相应地，小波逆变换的离散形式为

$$f(k) = \sum_{m,n} DW_{m,n} \Psi_{m,n} \qquad (5-24)$$

式(5-23)和式(5-24)中，$\Psi_{m,n}(k)$ 是 $\Psi_{a,b}(x)$ 对 a 和 b 按 $a = a_0^m$，$b = nb_0 a_0^m$ 取样得到的。

$$\Psi_{m,n}(x) = a_0^{-\frac{m}{2}}\Psi(a_0^{-m}x - nb_0)$$

其中，$a_0 > 1$；$b_0 \in R$；$m, n \in Z$。

2. 小波变换图像编码

小波变换图像编码的主要工作是选取一个固定的小波基，对图像作小波分解，在小波域内研究合理的量化方案、扫描方式和熵编码方式。关键的问题是怎样结合小波变换域的特性，提出有效的处理方案。一般而言，小波变换的编/解码具有如图 5-19 所示的统一框架结构。

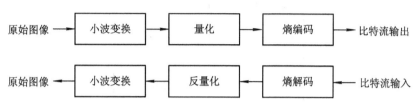

图 5-19　小波编/解码框架结构

与基于 DCT 的方法一样，基于小波变换的图像编码包括三个步骤：(1) 小波变换；(2) 量化；(3) 熵编码。小波变换把图像信号转换成一系列系数，这些系数对应于多分辨率和频率段上的分级空间表示。一般把小波系数组织为分层的数据结构，以便可以更有效地进行比特分配和数据压缩。量化允许以一定的失真为代价来降低码率。最后，熵编码把量化后的系数编码成一组压缩的二进制比特流。基于小波变换的编码有许多变种。小波变换一般是整体进行的，但也已经开发了块状的小波变换以提高实施效率。量化是小波编码的核心，其目的是为了更好地进行小波图像系数的组织，量化可以有好几种类型：标量、矢量或格形编码。熵编码可以是游程编码、哈夫曼或算术编码，使用固定的或者自适应的码，根据比特平面或整个样点实现。当把小波应用于视频编码时，需要减少时间冗余的机制。已经提出了在空间和小波域中的运动补偿、三维小波变换和运动补偿的三维小波视频编码算法。

小波变换采用二维小波变换快速算法，就是以原始图像为初始值，不断将上一级图像分解为四个子带的过程。每次分解得到的四个子带图像，分别代表频率平面上不同的区域，它们分别含有上一级图像中的低频信息和垂直、水平及对角线方向的边缘信息。从多分辨率分析出发，一般每次只对上一级的低频子图像进行再分解。图 5-20 中给出了对实际图像进行小波分解的实例。

图 5-20　对实际图像进行小波分解的实例

采用可分离滤波器的形式很容易将一维小波推广到二维,以用于图像的分解和重建。二维小波变换用于图像编码,实质上相当于分别对图像数据的行和列进行一维小波变换。图 5-21 给出了四级小波分解示意图。图中 HH_j 相当于图像分解后的 $D_{2^{3-j}}f$ 分量,LH_j 相当于 $D_{2^{2-j}}f$,HL_j 相当于 $D_{2^{1-j}}f$。这里 H 表示高通滤波器,L 表示低通滤波器。

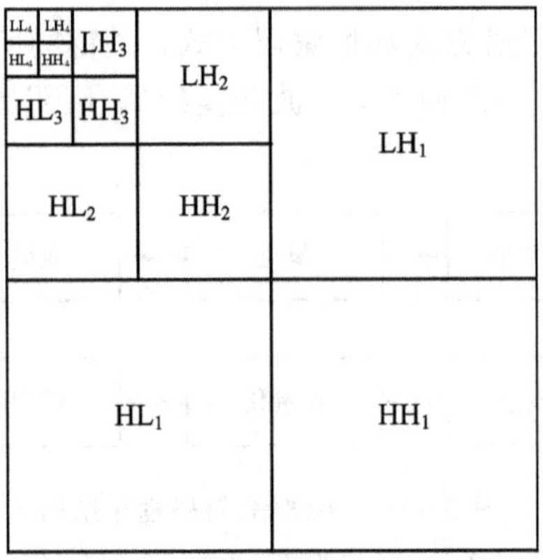

图 5-21　四级小波分解示意图

以四级小波分解为例,小波变换将图像信号分割成三个高频带系列 HH_j、LH_j、HL_j 和一个低频带 LL_4。图像的每一级小波分解总是将上级低频数据划分为更精细的频带。其中 HL_j 是通过先将上级低频图像数据在水平方向(行方向)低通滤波后,再经垂直方向(列方向)高通滤波而得到的,因此,HL_j 频带中包括了更多垂直方向的高频信息。相应地,在 LH_j 频带中则主要是原图像水平方向的高频成分,而 HH_j 频带是图像中对角方向高频信息的体现,尤其以 45°或 135°的高频信息为主。对一幅图像来说,其高频信息主要集中在边缘、轮廓和某些纹理的法线方向上,代表了图像的细节变化。在这种意义上,可以认为小波图像的各个高频带是图像中边缘、轮廓和纹理等细节信息的体现,并且各个频带所表示的边缘、轮廓等信息的方向是不同的,其中 HL_j 表示了水平方向的边缘、轮廓和纹理,LH_j 表示了垂直方向的边缘、轮廓和纹理,而对角方向的边缘、轮廓等信息则集中体现在 HH_j 频带中。小波变换应用于图像的这一特点表明小波变换具有良好的空间方向选择性,与 HVS(人眼的视觉特性)十分吻合,可以根据不同方向的信息对人眼作用的不同来分别设计量化器,从而得到很好的效果,小波变换的这种方向选择性是 DCT 变换所没有的。

经小波变换后的图像的各个频带分别对应了原图像在不同尺度、最小分辨率下的细节以及一个由小波变换分解级数决定的最小尺度和最小分辨率下对原始图像的最佳逼近。以四级分解为例,最终的低频带 LL_4 是图像在尺度为 1/16、分辨率为 1/16 时的一个逼近,图像的主要内容都体现在这个频带的数据中;HH_j、LH_j、HL_j 则分别是图像在尺度为 $1/2^j$、分辨率为 $1/2^j(j=1,2,3,4)$ 下的细节信息,而且分辨率越低,其中有用信息的比例也越高。从多分辨率分析的角度考虑小波图像的各个频带时,这些频带之间并不是纯粹无关的。特别是对于各个高频带,由于它们是图像同一个边缘、轮廓和纹理信息在不同方向、不同尺度和不同分辨率下由细到粗的描述,因此它们之间必然存在着一定的关系,其中很显然的是这些频带中对应边缘、轮廓的相对位置都应是相同的。此外,低频小波子带的边缘与同尺度下高频子带中所包含的边缘之间也有对应关系。小波变换应用于图像的这种对边缘、轮廓信息的多分辨率描述给我们较好的编码这类信息提供了基础。由于图像的边缘、轮廓类信息对人眼观测图像时的主观质量影响很大，因此这种机制无疑会使编码图像在主观质量上得到改善。

从以上分析可以看出，小波变换的本质是采用多分辨率或多尺度的方式分析信号，非常适合视觉系统对频率感知的对数特性。因此，从本质上说小波变换非常适合于图像信号的处理。利用小波变换对图像进行压缩的原理与子带编码方法是十分相似的，是将原图像信号分解成不同的频率区域（在对原图像进行多次分解时，总的数据量与原数据量一样，不增不减），然后根据 HVS（人眼的视觉特性）及原图像的统计特性，对不同的频率区域采取不同的压缩编码手段，从而使图像数据量减少，在保证一定的图像质量的前提下，提高压缩比。由于小波变换是一种全局变换，因此可免除 DCT 之类正交变换中产生的"方块效应"，其主观质量较好。鉴于此，小波图像编码在较高压缩比的图像编码领域很受重视，MPEG－4 和 JPEG2000 等国际图像编码标准均采用了小波编码方法。

5.6　本 章 小 结

在本章中，首先讲述了各种基于波形和基于内容的视频编码，然后介绍了基于波形的视频编码技术，包括基于块的变换编码技术、采用空间和时间预测的编码技术及联合了变换和预测编码的编码方案。为了能有效地传输任意形状的视频目标，必须编码目标的形状及纹理。在基于内容的编码技术中，介绍了形状编码、纹理编码以及其结合算法。最后介绍了可分级视频编码的概念及质量、空间、时间和频率的四个基本方案以及基于小波变换的编码方法。

❖ 思 考 练 习 题 ❖

1. 信源编码的评价指标有哪些？

2. 设一幅图像有 6 个灰度级 $W = \{W_1, W_2, W_3, W_4, W_5, W_6\}$，对应各灰度级出现的概率 $P = \{0.3, 0.25, 0.2, 0.1, 0.1, 0.05\}$，试对此图像进行哈夫曼编码并计算其编码效率。

3. 基于波形的视频编码技术有哪些，它们的主要思想是什么？

4. 解释小波变换编码的基本思想。

5. 介绍运动补偿的概念，并说明在预测编码中使用此概念的原因。

6. 为什么要进行可分级编码，它的基本设计目标是什么？

7. 简述可分级编码的基本模式。

第 6 章 视频编码标准

近年来，国际标准化组织 ISO、国际电工委员会 IEC 和国际电信联盟 ITU - T 相继制定了一系列视频图像编码的国际标准，有力地促进了视频信息的广泛传播和相关产业的巨大发展。本章将对这些标准进行详细介绍。

6.1 视频图像编码标准概述

近年来，视频图像编码技术得到了迅速发展和广泛应用，并且日臻成熟。一些国际组织也相继制定了关于视频图像的编码标准。例如，ITU - T 制定的 H.26X 系列标准、ISO/IEC 制定的关于静态图像的编码标准 JPEG 和 JPEG2000 以及活动图像的编码标准 MPEG 系列等。这些标准图像的编码算法融合了各种性能优良的图像编码方法，代表了目前图像编码的发展水平。表 6 - 1 给出了视频图像编码的国际标准及其应用。

表 6 - 1 视频图像编码的国际标准及其应用

标准	标题	压缩比与比特率	时间	主要应用
JPEG	连续色调静止图像数字压缩编码	压缩比 2～30	1992	因特网 数字媒体 图像/视频编辑
JPEG 2000	下一代静止图像编码标准	压缩比 2～50	2000	因特网 移动通信 打印扫描 数字照相 遥感 传真 医学图像 数字图书馆 电子商务
H. 261	$p \times 64$ kb/s 音视频业务编解码	比特率 $p \times 64$ kb/s(p：1～30)	1990	视频会议
H. 263	低比特率通信视频编码	比特率 8 kb/s～1.5 Mb/s	1998	可视电话 视频会议 移动视频电话

续表

标准	标题	压缩比与比特率	时间	主要应用
H.264	先进视频编码	比特率 8 kb/s～100 Mb/s	2003	可视电话 视频会议 视频广播 因特网
MPEG-1	面向数字存储的运动图像及其伴音编码	比特率≤1.5 Mb/s	1992	光盘存储 视频娱乐 视频监控
MPEG-2	运动图像及其伴音信息的通用编码	比特率 1.5 Mb/s～100 Mb/s	1995	数字电视(DTV) 数字高清晰度电视(HDTV) 超高质量视频(SDTV) 卫星电视 有线电视 地面广播 视频编辑 视频存储
MPEG-4	音视频对象的通用编码	比特率 8 kb/s～35 Mb/s	1999	因特网 交互式视频 可视编辑 内容操作 消费视频 专业视频 2D/3D 计算机图形 移动视频通信

视频编码标准的发展分为三个阶段：竞争、集中和验证。在竞争阶段，定义标准的应用范围和需求。通常一旦定义了需求，标准化组织就发出一个征求建议通知，以便征求整个社会的进入，这个阶段的特点是独立地进行竞争性实验。集中阶段的目的是合作实验以便达成编码方法的一致。当对标准的一个公共框架达成一致时，考虑如编码效率、主观质量、实现复杂度及兼容性等问题，在不同的实验室实现这个框架，并且精炼其描述，直到不同的实现达到相同的效果。在验证阶段，检查是否有差错和歧义，确定出正确编码和解码的方法步骤。

6.2 图像编码标准

JPEG 是联合图像专家组(Joint Photographic Experts Group)的缩写，该专家组隶属于 ISO/IEC 的联合技术第 1 委员会第 29 研究委员会的第 1 工作组(ISO/IEC JTC1/SC29/WGl)，WGl 已经制定了几种图像压缩编码的国际标准，其中包括 JPEG 和 JPEG 2000。

6.2.1 JPEG

JPEG 标准于 1992 年正式通过，它的正式名称为信息技术连续色调静止图像的数字压缩编码。在 JPEG 算法中，共包含四种运行模式，其中一种是基于 DPCM(差分脉冲编码调制)的无损压缩算法，另外三种是基于 DCT(离散余弦变换)的有损压缩算法。其要点如下：

· 无损压缩编码模式。这种模式采用预测法和哈夫曼编码(或算术编码)以保证重建图像与原图像完全相同(设均方误差为零)，是无失真的。

· 基于 DCT 的顺序编码模式。这种模式根据 DCT 变换原理，从上到下、从左到右顺序地对图像数据进行压缩编码。当信息传送到接收端时，首先按照上述规律进行解码，从而还原图像。在此过程中存在信息丢失，因此这是一种有损图像压缩编码。

· 基于 DCT 的累进编码模式。这种模式也是以 DCT 变换为基础的，但是其扫描过程不同。它通过多次扫描的方法来对一幅图像进行数据压缩。其描述过程采取由粗到细逐步累加的方式进行。图像还原时，在屏幕上首先看到的是图像的大致情况，而后逐步地细化，直到全部还原出来为止。

· 基于 DCT 的分层编码模式。这种模式是以图像分辨率为基准进行图像编码的。它首先是从低分辩率开始，逐步提高分辨率，直至与原图像的分辨率相同为止。图像重建时也是如此。可见其效果与基于 DCT 累进编码模式相似，但其处理起来更复杂，所获得的压缩比也更高一些。

1. 无损压缩编码模式

在传真机、静止画面的电话电视会议应用中，根据其特点，JPEG 采用 DPCM 无损压缩编码方案，其编码过程如图 6-1 所示。

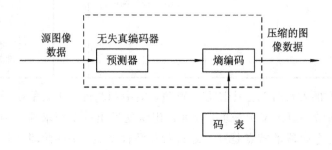

图 6-1 JPEG 无损压缩编码过程

图 6-2 给出了 DPCM 邻域预测模型，其中，A、B、C 分别表示与当前取样点 X 相邻的三个相邻点的取样值，其预测规律如式(6-1)所示。

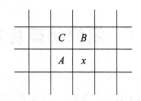

图 6-2 DPCM 邻域预测模型

$$
\text{预测值} = \begin{cases}
\text{原图像素值（表示无需预测）} & \text{预测方式} = 0 \\
A & 1 \\
B & 2 \\
C & 3 \\
A + B - C & 4 \\
A + (B - C)/2 & 5 \\
B + (A - C)/2 & 6 \\
(A + B)/2 & 7
\end{cases} \tag{6-1}
$$

在实际应用中，可根据图像的统计规律，选择适当的测试方式。

按上述预测模型求出预测误差，然后对其进行无失真熵编码，编码方法可以采用哈夫曼编码，也可以采用算术编码。

2. 基于 DCT 的顺序编码模式

图 6 - 3 表示了一种基于 DCT 的顺序编码与解码过程的系统框图。

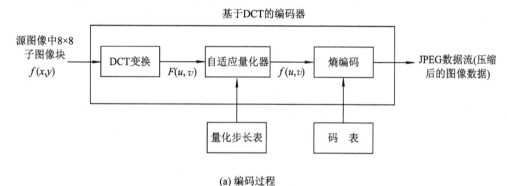

(a) 编码过程

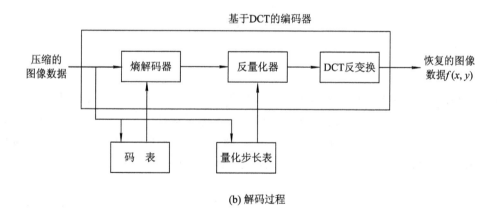

(b) 解码过程

图 6 - 3　基于 DCT 的顺序编/解码过程的系统框图

图中源图像采用 8×8 子块 DCT 变换算法，从而获得 $F(u, v)$ 变换系数矩阵，这样便实现了空间域到频率域的变换，然后经过根据视觉特性而设计的自适应量化器，对 DCT 系数矩阵进行量化，并进行差分编码和游程长度编码，最后再进行熵编码。解码过程是编码的逆过程。这里需要说明的是，图 6 - 3 表示的是单一分量的压缩编码与解码的过程。对于彩色图像系统而言，所传输的是 Y、U、V 三个分量，因此是一个多分量系统。它们的压缩与解压缩原理相同。

整个压缩编码的处理过程大体分成以下几个步骤：

1) DCT 变换

JPEG 将源图像的每个 8×8 子块进行 DCT 变换，以消除图像块各像素在空间域的相关性。在变换之前，除了要对原始图像进行分割（一般是从上到下、从左到右）之外，还要将数字图像采样数据从无符号整数转换到带正负号的整数，即把范围为 $[0, 2^{8-1}]$ 的整数映射为 $[-2^{8-1}, 2^{8-1}-1]$ 范围内的整数，目的是为了降低 DCT 运算时的内部精度要求。二维 8×8 子块的 DCT /IDCT 分别定义为

$$F(u, v) = \frac{1}{4} C(u)C(v) \sum_{m=0}^{7} \sum_{n=0}^{7} \left(f(m, n) \cos\frac{(2m+1)\pi u}{16} \cos\frac{(2n+1)\pi v}{16} \right) \quad (6-2)$$

$$f(m, n) = \frac{1}{4} \sum_{u=0}^{7} \sum_{v=0}^{7} C(u)C(v) F(u, v) \cos\frac{(2m+1)\pi u}{16} \cos\frac{(2n+1)\pi v}{16} \quad (6-3)$$

其中，m, n, u, $v = 0, 1, \cdots 7$；$f(m, n)$ 为源图像的像素值；$F(u, v)$ 为相应 DCT 系数，而 $C(s)$ 则定义为

$$C(s) = \begin{cases} 1/\sqrt{2} & s = 0 \\ 1 & 其它 \end{cases} \quad (6-4)$$

DCT 变换可以看作是把 8×8 的子图像块分解为 64 个正交的基信号，变换后输出的 64 个系数就是这 64 个基信号的幅值，其中第 1 个 $F(0, 0)$ 是直流系数，其他 63 个都是交流系数。图 6-4 表示了 8×8 大小的子图像 DCT 变换时空域像素和频域变换系数的对应关系。

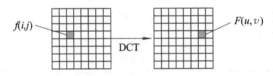

图 6-4 8×8 大小的子图像 DCT 变换时空域像素和频域变换系数的对应关系

2) 量化

DCT 变换输出的数据 $F(u, v)$ 还必须进行量化处理。这里所说的量化是指从一个数值到另一个数值范围的映射，其目的是为了减少 DCT 系数的幅值，增加零值，以达到压缩数据的目的。JPEG 采用线性均匀量化器，将 64 个 DCT 系数分别除以它们各自相应的量化步长（量化步长范围是 1～255），四舍五入取整数。64 个量化步长构成一张量化步长表，供用户选用。

量化的作用是在图像质量达到一定保真度的前提下，忽略一些次要信息。由于不同频率的基信号（余弦函数）对人眼视觉的作用不同，因此可以根据不同频率的视觉范围值来选择不同的量化步长。通常人眼总是对低频成分比较敏感，所以量化步长较小；对高频成分人眼不太敏感，所以量化步长较大。量化处理的结果一般都是低频成分的系数比较大，高频成分的系数比较小，甚至大多数是 0。图 6-5 给出了 JPEG 推荐的亮度和色度量化步长表。量化处理是压缩编码过程中图像信息产生失真的主要原因。

亮度分量									色度分量							
16	11	10	16	24	40	51	61		17	18	24	47	99	99	99	99
12	12	14	19	26	58	60	55		18	21	26	99	99	99	99	99
14	13	16	24	40	57	69	56		24	26	56	99	99	99	99	99
14	17	22	29	51	87	80	62		47	66	99	99	99	99	99	99
18	22	37	56	68	109	103	77		99	99	99	99	99	99	99	99
24	35	55	64	81	104	113	92		99	99	99	99	99	99	99	99
49	64	78	87	103	121	120	101		99	99	99	99	99	99	99	99
72	92	95	98	112	100	103	99		99	99	99	99	99	99	99	99

图 6-5 JPEG 推荐的亮度和色度量化步长表

3）编码

JPEG 压缩算法的最后部分是对量化后的图像进行编码。这一部分由三步组成。

（1）直流系数（DC）编码：经过 DCT 变换后，低频分量集中在左上角，其中 $F(0,0)$（即第一行第一列元素）代表了直流（DC）系数，即 8×8 子块的平均值。由于直流（DC）系数的数值比较大，两个相邻的 8×8 子块的 DC 系数相差很小，所以 JPEG 算法使用差分脉冲调制编码（DPCM）技术，对相邻图像块之间量化 DC 系数的差值进行编码。

（2）交流系数（AC）编码：DCT 变换矩阵中有 63 个元素是交流（AC）系数，它们包含有许多"0"系数，并且许多"0"是连续的，可采用行程编码进行压缩。这 63 个元素采用了"之"字形（Zig-Zag）的排列方法，称为 Z 形扫描。

Z 形扫描算法能够实现高效压缩的原因之一是：经过量化后，大量的 DCT 矩阵元素被截成 0，且零值通常是从左上角开始沿对角线方向分布的，采用行程编码算法（RLE）沿 Z 形路径可有效地累积图像中的 0 的个数，所以这种编码的压缩效率非常高。8×8 子块的 DC 值及 Z 形扫描的过程如图 6-6 所示。

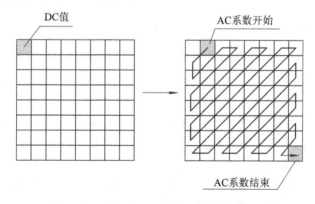

图 6-6 8×8 子块的 DC 值及 Z 形扫描的过程

（3）熵编码：为了进一步达到压缩数据的目的，需要对 DPCM 编码后的直流系数（DC）和行程编码后的交流系数（AC）再做基于统计特性的熵编码（Entropy Coding）。这当中使用了哈夫曼(Huffman)编码。哈夫曼编码可以使用很简单的查表(Lookup Table)方法进行编码。在压缩数据符号时,哈夫曼编码对出现频度比较高的符号分配比较短的代码,而对出现频度较低的符号分配比较长的代码。最后,JPEG 将各种标记代码和编码后的图像数据按帧组成数据流,用于保存、传输和应用。

3. 基于 DCT 的累进编码模式

前面已经介绍了按顺序扫描方式来完成编码,这样从左到右、从上到下的扫描便能一次完成整幅图像的编码。而累进编码模式与顺序编码模式不同,它是经过多次扫描才能完成每个图像分量的编码,每次扫描其仅传输其中部分 DCT 系数。这样,第一次扫描后,所编码传输的图像只是一个粗糙的图像,接收端据此所重建的图像质量很低,但尚可识别;而在第二次的扫描中,则对图像的一些进一步细节信息进行压缩编码传输,这时接收端将根据所接收的信息,在首次重建图像的基础上添加所接收的细节信息,此时重建图像的质量得到提高。这样逐步累进,重建的图像质量也随之逐步提高,直至完整地接收一幅图像(若忽略量化的影响,则接收图像质量与发送的原图像质量相同)。

根据上述分析,采用累进编码模式的系统结构与图 6-3 基本相同,只是在量化器与熵编码之间应增加一个缓冲存储器,以供存放一幅图像数字化后的全部 DCT 系数。这样,系统便可以多次对缓冲器中存储的 DCT 系数进行扫描,并分批进行熵编码。

4. 基于 DCT 的分层编码模式

在分层编码模式中,一幅原始图像被分成多个低分辨率的图像,然后分别针对每个低分辨率的图像进行编码,具体过程如下:首先把一幅图像分成若干低分辨率的图像,然后对单独的一个低分辨率的图像进行压缩编码,其编码方法可以选用无失真编码,也可以采用基于 DCT 的顺序编码,或基于 DCT 的累进编码。根据不同的用户要求,采用不同的编码方法。当接收端接收上述发送信息后,进行解码,进而重建图像,然后将恢复的下一层低分辨率的图像插入已重建图像之中,以此来提高图像的分辨率,直至图像分辨率达到原图像的质量水平。必须说明的是,基于 DCT 的 JPEG 压缩算法,其压缩效果与图像的内容有关,一般高频分量少的图像可以获得较高的压缩比。

6.2.2 JPEG 2000

JPEG 标准以其优良的品质,使得它在短短的几年内就获得极大的成功。然而,随着多媒体应用领域的不断扩展,传统 JPEG 压缩技术已无法满足人们对多媒体影像资料的要求。JPEG 中采用的 DCT 将图像压缩为 8×8 的小块,然后依次放入文件中,这种算法靠丢弃频率信息实现压缩,因而图像的压缩率越高,频率信息被丢弃的越多。在极端情况下,JFEG 图像只保留了反映图像的基本信息,精细的图像细节都损失了。为此,JPEG 制定了新一代静止图像压缩标准 JPEG 2000。

JPEG 2000 与传统 JPEG 最大的不同在于它放弃了 JPEG 所采用的以离散余弦变换(DCT)为主的区块编码方式,而采用以小波变换为主的多解析编码方式,其主要目的是要将影像的频率成分抽取出来。小波变换将一幅图像作为一个整行变换和编码,很好地保存了图像信息中的相关性,达到了更好的压缩编码效果。JPEG2000 编解码系统的编码器和解码器的框图如图 6-7 所示。

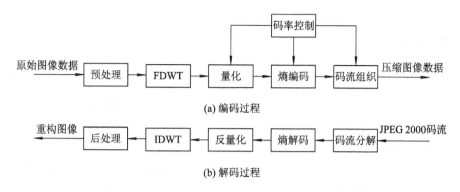

(a) 编码过程

(b) 解码过程

图 6-7　JPEG2000 编解码系统的编码器和解码器的框图

编码过程主要分为以下几个过程：预处理、核心处理和码流组织。预处理部分包括对图像分片、直流电平(DC)位移和分量变换。核心处理部分由离散小波变换、量化和熵编码组成。码流组织部分则包括区域划分、码块、层和包的组织。

下面说明 JPEG2000 的特点。

1. 高压缩率

由于在离散小波变换算法中，图像可以转换成一系列可更加有效存储像素模块的"小波"，因此，JPEG 2000 格式的图片压缩比可在现在的 JPEG 基础上再提高 10%～30%，而且压缩后的图像显得更加细腻平滑，这一特征在互联网和遥感等图像传输领域有着广泛的应用。图 6-8 所示就是 JPEG 和 JPEG 2000 分别采用同样压缩率(27：1)时的对比效果，可以很明显地看到，JPEG 压缩的图像存在方块效应，而 JPEG2000 压缩的图像则更加细腻平滑，两者差距是十分明显的，JPEG 2000 压缩的图像明显优于 JPEG。

图 6-8　JPEG 和 JPEG2000 分别采用同样压缩率(27：1)时的对比效果

2. 无损压缩和有损压缩

JPEG 2000 提供无损和有损两种压缩方式，无损压缩在许多领域是必须的，例如医学图像和档案图像等对图像质量要求比较高的情况。同时 JPEG 2000 提供的是嵌入式码流，允许从有损到无损的渐进解压。

3. 渐进传输

现在网络上的 JPEG 图像下载时是按"块"传输的，因此只能一行一行地显示，而采用 JPEG 2000 格式的图像支持渐进传输。所谓渐进传输，就是先传输图像的轮廓数据，然后再逐步传输其他数据来不断提高图像质量。互联网、打印机和图像文档是这一特性的主要应用场合。

4. 感兴趣区域压缩

使用 JEPG2000 可以指定图片上感兴趣区域，然后在压缩时对这些区域指定压缩质量，或在恢复时指定某些区域的解压缩要求。这是因为小波变换在空间和频率域上具有局域性，要完全恢复图像中的某个局部，并不需要所有编码都被精确保留，只要对应它的一部分编码没有误差就可以了。这样就可以很方便地突出重点。

5. 码流的随机访问和处理

使用 JEPG2000 允许用户在图像中随机地定义感兴趣区域，使得这一区域的图像质量高于其他图像区域。码流的随机处理允许用户进行旋转、移动、滤波和特征提取等操作。

6. 容错性

JPEG 2000 在码流中提供了容错措施，在无线等传输误码很高的通信信道中传输图像时，必须采取容错措施才能达到一定的重建图像质量。

7. 开放的框架结构

为了在不同的图像类型和应用领域优化编码系统，JPEG 2000 提供了一个开放的框架结构，在这种开放的结构中编码器只实现核心的工具算法和码流的解析，如果解码器需要，可以要求数据源发送未知的工具算法。

8. 基于内容的描述

图像文档、图像索引和搜索在图像处理中是一个重要的领域，MPEG - 7 就是支持用户对其感兴趣的各种"资料"进行快速、有效地检索的一个国际标准。基于内容的描述在 JPEG 2000 中是压缩系统的特性之一。

虽然 JPEG2000 在技术上有一定的优势，但到目前为止，实际应用系统和互联网上采用 JPEG2000 技术制作的图像文件数量仍然很少。但是，由于 JPEG2000 在无损压缩下仍然能有比较好的压缩率，JPEG2000 在图像品质要求比较高的医学图像的分析和处理中已经有了一定程度的应用。

6.3　H.26X 系列视频压缩编码标准

H.26X 是 ITU - T(国际电信联盟)及其前身 CCITT(国际电报电话咨询委员会)研究和制定的一系列视频编码的国际标准。其中，应用最为广泛的是 H.261、H.263 和 H.264。H.261 产生于 20 世纪 90 年代，可以说是视频编码的老前辈，如今已经逐渐退出历史舞台。H.263 是视频会议领域所采用的主流编码。H.264 是近几年出现的视频编码标准，属于 MPEG - 4 的第 10 部分。在相同的图像质量的情况下，H.264 有更高的压缩率，并逐渐得到应用。

6.3.1　H.261

1. 视频编码系统

H.261 是 ITU - T 制定的视频压缩编码标准，也是世界上第一个得到广泛承认、针对动态图像的视频压缩标准，而且其后出现的 MPEG 系列标准、H.262 以及 H.263 等数字视频压缩标准的核心都是 H.261。可见，在图像数据压缩方面该标准占据非常重要的地位，其系统结构如图 6-9 所示。

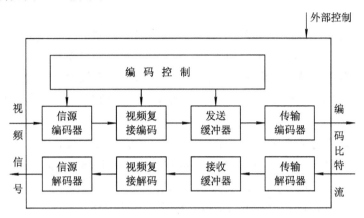

图 6-9　H.261 标准的视频编/解码系统结构

2. 视频编码器原理

1) 帧内编码

H.261 标准的视频信源编码器原理如图 6-10 所示，而解码器的工作原理与编码器中的本地解码电路完全相同，这里着重介绍视频编码器。

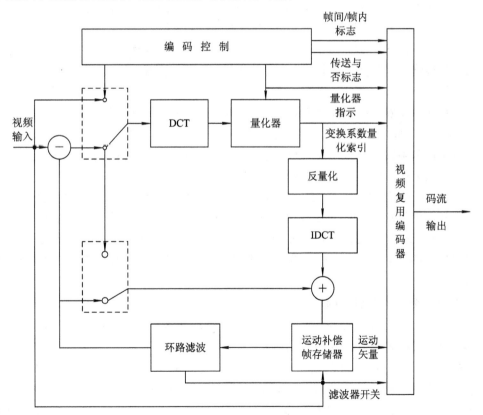

图 6-10　H.261 标准的视频信源编码器原理图

从图 6-10 中可以看出，视频编码器是由帧间预测、帧内预测、DCT 变换和量化等部件组成。其工作原理如下：对图像序列中的第一幅图像或景物变换后的第一幅图像，采用帧内变换编码。

图中的双向选择开关同时接上路，这样输入信号直接进行 DCT 变换，在该变换过程中采用了 8×8 子块来完成运算，然后各 DCT 系数经过 Z 形扫描展开成一维数据序列，再经游程编码后送至量化单元，系统中所采用的量化器工作于线性工作状态，其量化步长由编码控制。量化输出信号就是一幅图像的输出数据流，此时编码器处于帧内编码模式。

2）帧间预测编码

当双向选择开关同时接下路时，输入信号将与预测信号相减，从而获得预测误差，然后对预测误差进行 DCT 变换，再对 DCT 变换系数进行量化输出，此时编码器工作于帧间编码模式。其中的预测信号是经过如下路径所获得的：首先量化输出经反量化和反离散余弦变换（IDCT）后，直接送至带有运动估值和运动补偿的帧存储器中，其输出为运动补偿的预测值，该值经过环形滤波器，再与输入数据信号相减，由此得到预测误差。

应注意的是，滤波器开关在此起到滤除高频噪声的作用，以达到提高图像质量的目的。

3）工作状态的确定

在将量化器输出数据流传至对端之外，还要传送一些辅助信息，其中包括运动估值、帧内/帧间编码标志、量化器指示、传送与否的标志和滤波器开关指示等，这样可以清楚地说明编码器所处的工作状态，即是采用帧内编码还是采用帧间编码，是否需要传送运动矢量，是否要改变量化器的量化步长等。这里需要作如下说明：

（1）在编码过程中应尽可能多地消除时间上的冗余度，因而必须将最佳运动矢量与数据码流一起传输，这样接收端才能准确地根据此矢量重建图像。

（2）在 H.261 编码器中，并不是总对带运动补偿的帧间预测 DCT 进行编码，它是根据一定的判断标准来决定是否传送 DCT 8×8 像素块信息。例如当运动补偿的帧间误差很小时，使得 DCT 系数量化后全为零，这样可不传此信息。对于传送块而言，它又可分为帧间编码传送块和帧内编码传送块两种。为了减少误码扩散给系统带来的影响，最多只能连续进行 132 次帧间编码，其后必须进行一次帧内编码。

（3）由于在经过线性量化、变长编码后，数据将被存放在缓冲器中。通常是根据缓冲器的占空度来调节量化器的步长，以控制视频编码数据流，使其与信道速率相匹配。

H.261 标准采用的混合编码方法，同时利用图像在空间和时间上的冗余度进行压缩，可以获得较高的压缩率。这个视频编码方案对以后各种视频编码标准都产生了深远影响，其影响直至现在。

3. H.261 标准的数据结构

在 H.261 标准中采用层次化的数据结构，它包括图像层（P）、块组层（GOB）、宏块层（MB）和像素块（B）四层，如图 6-11 所示。

编码的最小单元为 8×8 的像素块；4 个亮度块和对应的两个色度块构成一个宏块；一定数量的宏块（33 块）构成一个块组；若干块组（对于 CIF 格式为 12 个块组）构成一帧图像。每一个层次都有说明该层次信息的头，编码后的数据和头信息逐层复用就构成了H.261 的码流。

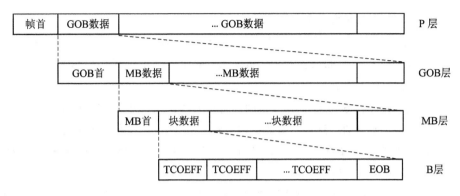

图 6-11　H.261 标准的数据结构

6.3.2　H.263

ITU-T 于 1995 年 8 月公布了低于 64 Kb/s 的窄带通信信道的视频编码标准,即 H.263,并于 1996 年获得正式通过。

1. H.263 与 H.261 的区别

H.263 以 H.261 为基础,其编码原理和数据结构都与 H.261 相似,但存在下列区别:

(1) H.263 能够支持更多图像格式。H.263 不仅可以支持 CIF 和 QCIF 标准数据格式,还可以支持更多原始图像数据格式,如 Sub-QCIF、4CIF 和 16CIF 等。

(2) H.263 建议两种运动估值。H.261 标准要求对 16×16 像素的宏块进行运动估值,而在 H.263 标准中,不仅可以 16×16 像素宏块为单位进行运动估值,同时还可以根据需要采用 8×8 像素子块进行运动估值。

(3) H.263 采用半精度像素的预测值和高效的编码。在 H.261 中,运动估值精度范围为(-16,15),而在 H.263 中运动估值精度范围为(-16.0,+15.5),可见采用了半像素精度。半精度像素预测采用双线性内插技术,所获得的结果如图 6-12 所示。

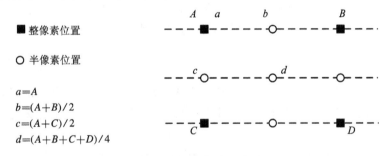

图 6-12　双线性内插预测半精度像素

在 H.261 中对运动矢量采用一维预测与 VLC 相结合的编码方式,而在 H.263 中则采用更复杂的二维预测与 VLC 相结合的编码方式。

(4) H.263 提高了数据压缩效率。H.263 标准中没有对每秒帧数进行限制,这样可以通过减小帧数来达到数据压缩的目的。另外,在 H.263 中取消了 H.261 中的环路滤波器,并且改进了运动估值的方法,从而提高了预测质量。同时还精减了部分附加信息以提高编码效率,采用哈夫曼编码、算术编码来进一步提高压缩比。

2. 四种有效的压缩编码方法

在编码方法上，H.263 标准提供了四种可选的编码模式，即无约束运动矢量算法、基于语法的算术编码、高级预测模式和 PB 帧模式，从而进一步提高了编码效率。

1）无约束运动矢量算法

通常运动矢量的范围被限制在参考帧内，而在无约束运动矢量算法中取消了这种限制，运动矢量可以指向图像之外。这样，当某运动矢量所指的参考像素位于图像之外时，可以用边缘图像值代替这个"不存在的像素"。这种方法能够帮助改善边缘有运动物体的图像质量。

2）基于语法的算术编码

在 H.261 中建议采用哈夫曼编码，但在 H.263 中所有的变长编/解码过程均采用算术编码，这样便克服了 H.261 中每一个符号必须用固定长度整比特数编码的缺点，编码效率得以进一步提高。

3）高级预测模式

通常运动估值是以 16×16 像素的宏块为基本单位进行的，而在 H.263 中的预测模式下，编码器既可以一个宏块使用一个运动矢量，也可以让宏块中的 4 个 8×8 子块各自使用一个运动矢量。尽管使用 4 个运动矢量需占用较多的比特数，但能够获得较好的预测精度，特别是在此模式下对 P 帧的亮度数据采用交叠块运动补偿(OBMC)方法，即某一个 8×8 子块的运动补偿不仅与本块的运动矢量有关，而且还与其周围的运动矢量有关。这就大大提高了重建图像的质量。

4）PB 帧模式

H.263 是 ITU - T 于 1995 年公布的低码率的视频编码建议。此建议也吸取了部分 MPEG(活动图像专家组)系列标准的优点，PB 帧的名称正是出自 MPEG 标准。在 H.263 中的一个 PB 帧单元包含了两帧。其中的 P 帧是经前一个 P 帧预测所得的，而 B 帧则是经前一个 P 帧和本 PB 帧单元中的 P 帧通过双向预测所得的结果。由此可见，P 帧的运动估值与一般的 P 帧的运动估值相同，但 B 帧则有所不同，它需要利用双向运动矢量来计算 B 帧的前后向预测值。通常是以它们的平均值作为该 B 帧的预测值。

6.3.3 H.264

ISO MPEG 和 ITU - T 的视频编码专家组 VCEG 于 2003 年联合制定了比 MPEG 和 H.263 性能更好的视频压缩编码标准，这个标准被称为 ITU - T H.264 建议或 MPEG - 4 的第 10 部分标准，简称 H.264/AVC(Advanced Video Coding)。H.264 不仅具有高压缩比，而且在恶劣的网络传输条件下，具有较高的抗误码性能。H.264 支持表 6 - 2 所示的三个范畴。

表 6 - 2 H.264 的几种应用

范畴	应 用
基本	视频会话，如可视电话、远程医疗、远程教育、会议电视等
扩展	网络的视频流，如视频点播、IPTV 等
主要	消费电子应用，如数字电视广播、数字电视存储等

和以前的编码标准相比，H.264/AVC 的编码效率有较大幅度的提高。在相同重建图

像质量下，H.264/AVC 比 MPEG2 编码效率高 2～3 倍，比 H.263 和 MPEG4 高 1.5～2 倍。H.264/AVC 的性能提升是以计算复杂度的增加为代价的，其编码的计算复杂度大约相当于 H.263 的 3 倍，解码复杂度大约相当于 H.263 的 2 倍。

为了更好地支持网络传输，H.264/AVC 引入了面向 IP 包的编码机制，将编码码流分成视频编码层（video coding layer，VCL）和网络提取层（network abstraction layer，NAL）两个层次。VCL 中保存视频压缩后的数据流，NAL 主要是为 VCL 提供一个与网络无关的统一接口，采用统一的数据格式对视频数据进行封装打包后使其在网络中传送。H.264 的编码结构框图如图 6-13 所示。VCL 和 NAL 之间定义了基于分组方式的接口，它们分别提供高效编码和良好的网络适应性。

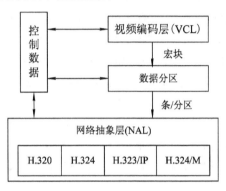

图 6-13　H.264 的编码结构框图

H.264/AVC 因其具有更高的压缩比、更好的 IP 和无线网络信道的适应性，在数字视频通信和存储领域得到越来越广泛的应用，如有线电视、卫星电视、视频会议和远程视频监控等。H.264/AVC 和以前的标准一样，也是采用差分预测/变换的编码框架，即混合编码结构，其编码原理如图 6-14 所示。

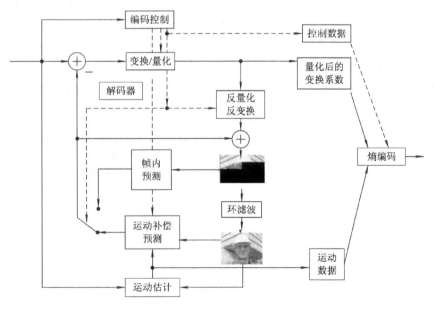

图 6-14　H.264 编码原理图

但 H.264/AVC 在混合编码的框架下引入了新的编码工具,提高了编码效率。新的编码工具主要包括:帧内空域预测、整数变换、多参考帧预测、可变块大小预测、$\frac{1}{4}$ 精度像素运动补偿、基于上下文的适应性熵编码和环路滤波等技术。与 H.263 和 MPEG-4 相比,H.264 主要做了如下改进。

1. 帧内空域预测

以前的编码标准,如 H.261、MPEG-1、MPEG-2 等,对帧内编码块直接进行变换,经过变换后,对 DC 系数进行差分预测编码。也就是说,对帧内编码块有一个频域内的 DC 预测编码过程。更进一步,以 MPEG-4(Version 1.0 和 2.0)、H.263、H.263+、H.263++ 为代表的编码标准在帧内预测方面都采用了频域内的 DC/AC 预测技术,即对变换后的 DC/AC 系数进行水平或垂直方向的预测,进一步提高了帧内编码块的编码效率。

H.264 采用帧内预测模式。帧内预测编码具有运算速度快、高压缩效率的优点。帧内预测编码就是用周围邻近的像素值来预测当前的像素值,然后对预测误差进行编码。对于亮度分量,帧内预测可以用于 4×4 子块和 16×16 宏块,4×4 子块的预测模式有 9 种(模式 0 到模式 8,其中模式 2 是 DC 预测),16×16 宏块的预测模式有 4 种(Vertical、Horizontal、DC 和 Plane);对于色度分量,预测是对整个 8×8 块进行的,有 4 种预测模式(Vertical、Horizontal、DC 和 Plane)。除了 DC 预测外,其他每种预测模式对应不同方向上的预测。

此外还有一种帧内编码模式,称为 I-PCM 编码模式。在该模式中,编码器直接传输图像的像素值,而不经过预测和变换。在一些特殊的情况下,特别是图像内容不规则或者量化参数非常低时,该模式的编码效率更高。

2. 帧间预测

H.264 采用 7 种树状宏块结构作为帧间预测的基本单元,每种结构模式下块的大小和形状都不相同,这样更有利于贴近实际,实现最佳的块匹配,提高运动补偿精度。

在 H.264 中,亮度分量的运动矢量使用 1/4 像素精度,色度分量的运动矢量使用 1/8 像素精度,并详细定义了相应更小分数像素的插值实现算法。因此,H.264 中帧间运动矢量估值精度的提高,使搜索到的最佳匹配点(块或宏块中心)尽可能接近原图,减小了运动估计的残差,提高了运动视频的时域压缩效率。

H.264 支持多参考帧预测,即通过在当前帧之前解码的多个参考帧中进行运动搜索,寻找出当前编码块或宏块的最佳匹配。在出现复杂形状和纹理的物体、快速变化的景物、物体互相遮挡或摄像机快速地场景切换等一些特定情况下,多参考帧的使用会体现更好的时域压缩效果。

3. SP/SI 帧技术

视频编码标准主要包括三种帧类型:I 帧、P 帧和 B 帧。H.264 为了顺应视频流的带宽自适应性和抗误码性能的需求,定义了两种新的帧类型:SP 帧和 SI 帧。

SP 帧编码的基本原理同 P 帧相似,仍是基于帧间预测的运动补偿预测编码,两者之间的区别在于 SP 帧能够参照不同参考帧重构出相同的图像帧。利用这一特性,SP 帧可取代 I 帧,广泛应用于流间切换、拼接、随机接入、快进、快退和错误恢复等中,同时大大降低了码率的开销。与 SP 帧相对应，SI 帧是基于帧内预测的编码技术，其重构图像的方法与 SP 帧完全相同。

SP 帧的编码效率略低于 P 帧，但远远高于 I 帧，使得 H.264 可支持灵活的流媒体应用，具有很强的抗误码能力，适用于在无线信道中通信。

SP 帧分为主 SP 帧(Primary SP-Frame)和辅 SP 帧(Secondary SP-Frame)。其中，前者的参考帧和当前帧属于同一个码流，而后者不属于同一个码流。主 SP 帧作为切换插入点，不切换时，码流进行正常的编码传输；切换时，辅 SP 帧取代主 SP 帧进行传输。

4. 整数变换与量化

H.264 对帧内或帧间预测的残差进行 DCT 变换编码。为了克服浮点运算带来的复杂的硬件设计，新标准对 DCT 定义作了修改，使用变换时仅使用整数加减法和移位操作即可实现。这样，在不考虑量化影响的情况下，解码端的输出可以准确地恢复编码端的输入。该变换是针对 4×4 块进行的，也有助于减少方块效应。

为了进一步利用图像的空间相关性，在对色度的预测残差和 16×16 帧内预测的预测残差进行整数 DCT 变换后，H.264 标准还将每个 4×4 变换系数块中的 DC 系数组成 2×2 或 4×4 大小的块，进一步做哈达码(Hadamard)变换。

与 H.263 中 8×8 的 DCT 相比，H.264 的整数 DCT 有以下几个优点：

- 减少了方块效应。
- 用整数运算实现变换和量化。整个过程使用了 16 比特的整数运算和移位运算，避免了复杂的浮点数运算和除法运算。
- 提高了压缩效率。H.264 中对色度信号的 DC 分量进行了 2×2 的哈达码变换，对 16×16 帧内编码宏块的 DC 分量采用 4×4 的哈达码变换，这样就进一步压缩了图像的冗余度。

5. 熵编码

H.264 标准采用两种高性能的熵编码方式：基于上下文的自适应可变长编码(Context-based Adaptive Variable Length Coding，CAVLC)和基于上下文的自适应二进制算术编码(Context-based Adaptive Binary Arithmetic Coding，CABAC)。

CAVLC 用于亮度和色度残差数据的编码。经过变换量化后的残差数据有如下特性：4×4 块数据经过预测、变换和量化后，非零系数主要集中在低频部分，而高频系数大部分是零；量化后的数据经过 Zig-Zag 扫描后，DC 系数附近的非零系数值较大，而高频位置的非零系数值大部分是 1 或 -1，且相邻的 4×4 块的非零系数之间是相关的。CAVLC 采用了若干码表，不同的码表对应不同的概率模型。编码器能够根据上下文，如周围块的非零系数或系数的绝对值大小，在这些码表中自动地选择，尽可能地与当前数据的概率模型匹配，从而实现上下文自适应的功能。

CABAC 根据过去的观测内容，选择适当的上下文模型，提供数据符号的条件概率的估计，并根据编码时数据符号的比特数出现的频率动态地修改概率模型。数据符号可以近似熵率进行编码，以提高编码效率。CABAC 主要是通过三个方面来实现的，即上下文建模、自适应概率估计和二进制算术编码。

6. 对传输错误的鲁棒性和对不同网络的适应性

H.264 在视频编码和网络传输层之间定义了一个网络抽象层（Network Abstract Layer，NAL），将视频码流封装进 NAL 单元，可以灵活地与不同的网络相适配。同时，H.264 支持灵活宏块排序（Flexible Macroblock Ordering，FMO）、任意条带排序和数据分割等方式，增强了码流抵抗误码和丢包的鲁棒性。

近两年，H.264 在技术实现方面有着突飞猛进的进步，其优越的编码压缩效率正在逐步表现出来。在 2006 年初，采用 H.264 编码的 HDTV 信号的码率在 10 Mbps，而仅在一年之后，传输一路 HDTV 信号的码率只需要 6 Mbps，H.264 编码技术真正进入了大规模商业应用阶段。

目前，H.264 的优越编码效率使其在许多环境中得到应用。其中，由于电信线路的带宽的限制，在开展 IPTV 和手机电视时，无法采用 MPEG-2/H.263 编码标准，需要 H.264 这样的更高效的编码技术。世界各国计划在 2010 年到 2015 年之间停止模拟电视广播，全部采用数字电视广播，到时 HDTV 必然会获得迅猛发展，必须要降低成本，而采用 H.264 可使传输费用降低为原来的 1/4，所以这是个十分诱人的前景。我们相信随着 H.264 编码效率的进一步提高，相关解码产品的成本进一步降低，在今后视频编码的各个应用领域，H.264 必将成为视频的主流编码标准。

H.264 标准的推出，是视频编码标准的一次重要进步，它与先前的标准相比具有明显的优越性，特别是在编码效率上的提高，使之能用于许多新的领域。尽管 H.264 的算法复杂度是编码压缩标准的四倍以上，但随着半导体技术的发展，芯片的处理能力和存储器的容量都将会有很大的提高，所以今后 H.264 必然焕发出蓬勃的生命力，逐渐成为市场的主角。

6.4　MPEG-X 系列视频编码标准

MPEG 是活动图像专家组（Moving Picture Experts Group）的缩写，成立于 1988 年。与 H.26X 系列标准单纯对视频进行压缩编码不同，MPEG-X 是一组由 IEC 和 ISO 制定发布的视频、音频、数据的压缩标准。MPEG 系列标准已成为国际上影响最大的多媒体技术标准，对数字电视、视听消费电子、多媒体通信等信息产业的发展产生了巨大而深远的影响。它具有三方面优势：首先，作为国际标准，具有很好的兼容性；其次，能够比其他压缩编码算法提供更高的压缩比；最后，能够保证在提供高压缩比的同时，使数据损失很小。

MPE-X 系列中现在常用的版本是：MPEG-1、MPEG-2、MPEG-4、MPEG-7、MPEG-21、它们能够适用于不同信道带宽和数字影像质量的要求。

6.4.1　MPEG-1

MPEG-1 于 1992 年 11 月成为国际标准，其任务是在一种可接受的质量下，把视频信号和伴音信号压缩到速率大约为 1.5 Mb/s 的单一 MPEG 数据流。MPEG-1 标准由三部分构成，第一部分是系统部分，主要描述了几种伴音和图像压缩数据的复用以及加入同步信号后的整个系统，编号为 11172-1。第二部分为视频部分，主要规定了图像压缩编码方法，编号为 11172 - 2。第三部分为音频部分，主要规定了数字伴音压缩编码，编号为 11172 - 3。MPEG - 1 标准的基本任务就是将视频与其伴音统一起来进行数据压缩，使其码率可以压缩到 1.5 Mb/s 左右，同时具有可接收的视频效果和保持视音频的同步关系。在此主要对系统部分和视频部分进行介绍。

1. 系统部分

MPEG - 1 标准的系统部分主要按定时信息的指示，将视频和音频数据流同步复合成一个完整的 MPEG - 1 比特流，从而便于信息的存储与传输。在此过程将向数据流中加入相关的识别与同步信息，这样，在接收端可以根据这些信息从接收数据流中分离出视频与音频数据流，并分别送往各自的视频、音频解码器进行同步解码和播放。

2. 视频部分

与 H.261 标准相似，MPEG - 1 标准也采用带运动补偿的帧间预测 DCT 变换和 VLC 技术相结合的混合编码方式。但 MPEG - 1 在 H.261 的基础上进行了重大的改进，具体如下：

1）输入视频格式

MPEG - 1 视频编码器要求其输入视频信号应为逐行扫描的 SIF 格式，如果输入视频信号采用其他格式，如 ITU - R BT601，则必须转换成 SIF 格式才能作为 MPEG - 1 的输入。

2）预测与运动补偿

与 H.261 标准相同，MPEG - 1 也采用帧间预测和帧内预测相结合的压缩编码方案，以此来满足高压缩比和随机存取的要求。为此在 MPEG - 1 标准中定义了三种类型的帧，分别是 I 图像帧、P 图像帧和 B 图像帧。

· I 图像帧是一种帧内编码图像帧。它是利用一帧图像中的像素信息，通过去除其空间冗余度而达到数据压缩的目的。

· P 图像帧是一种预测编码图像帧。它是利用前一个 I 图像帧或 P 图像帧，采用带运动补偿的帧间预测的方法进行编码。该图像帧可以为后续的 P 帧或 B 帧进行图像编码提供参考。

· B 图像帧是一种双向预测编码图像帧。它是利用其前后的图像帧(I 帧或 P 帧)进行带运动补偿的双向预测编码而得到的，如图 6 - 15 所示，它本身不作为参考使用，所以不需要进行传送，但需传送运动补偿信息。

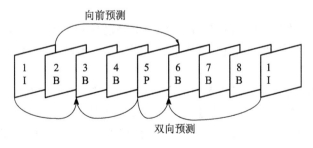

图 6 - 15　MPEG - 1 图象组及其帧间编码方式

在 MPEG-1 中是以宏块 16×16 像素为单位进行双向估值。假设一个活动图像中有三个彼此相邻的宏块 I_0、I_1 和 I_2，如果已知宏块 I_1 相对于宏块 I_0 的运动矢量为 mv_{01}，则前向预测 $I'_1(x) = I_0(x + mv_{01})$，其中，$x$ 代表像素坐标；同理，若已知宏块 I_1 相对于宏块 I_2 的运动矢量为 mv_{21}，那么后向预测 $I''_1(x) = I_2(x + mv_{21})$，这样便可获得双向预测公式：

$$I_1(x) = \frac{1}{2}[I_0(x + mv_{01}) + I_2(x + mv_{21})] \qquad (6-5)$$

这里需要说明的是，在 MPEG 中，对于 P 帧和 B 帧的使用并未加以任何的限制。一个典型的实验序列的结果表明：对 SIF 分辨率，在采用 IPBBPBBPBBPBBPBBP 结构的、速率为 1.15 Mb/s 的 MPEG-1 视频序列中，其 I 帧、P 帧和 B 帧的平均码率大小分别为 156 kb/s、62 kb/s 和 15 kb/s。可见 B 帧的速率要远小于 I 帧和 P 帧的速率。然而仅通过增加 I 帧和 P 帧之间的 B 帧数量无法获得更好的压缩比。这是因为尽管增加了 B 帧的数量，但致使 B 帧与相应的 I 帧和 P 帧的时间距离增加，从而导致它们之间的时间相关性下降，也就使运动补偿预测能力下降。

3）视频码流的分层结构

MPEG-1 数据码流也同样采用层次结构，其结构如图 6-16 所示。可见其最基本单元是块，下面分别进行介绍。

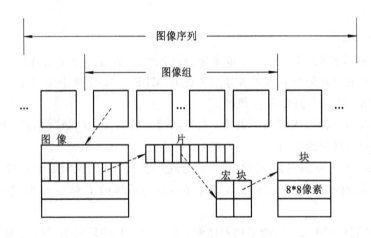

图 6-16　MPEG-1 视频码流的分层结构

· 块：一个块是由 8×8 像素构成的。亮度信号、色差信号都采用这种结构。它是 DCT 变换的最基本单元。

· 宏块：一个宏块是由附加数据与 4 个 8×8 亮度块和 2 个 8×8 色差块组成的。其中附加数据包含宏块的编码类型、量化参数、运动矢量等。宏块是进行运动补偿运算的基本单元。

· 片：一个片是由附加数据与若干个宏块组成的。附加数据包括该片在整个图像中的位置、默认的全局量化参数等。片是进行图像同步的基本单元。应该说明的是，在一帧图像中，片越多，其编码效率越低，但处理误码的操作更容易，只需跳过出现误码的片即可。

· 图像：一幅图像是由数据头和若干片构成的。其中数据头包含该图像的编码类型及码表选择信息等。它是最基本的显示单元，通常被称为帧。

• 图像组：一个图像组是由数据头和若干图像构成的。数据头中包含时间代码等信息。图像组中每一幅图像既可以是 I 帧，也可以是 P 帧或 B 帧。但需说明的是，GOP 中第一幅图像必须是 I 帧，这样便于提供图像接入点。

• 图像序列：一串图像序列是由数据头和若干图像组构成的。数据头中包含图像的大小、量化矩阵等信息。

4）MPEG-1 视频编/解码原理

MPEG-1 视频编/解码器的原理如图 6-17 所示。从图中可以看出，其功能包含帧内/帧间预测、量化和 VLC 编码等。

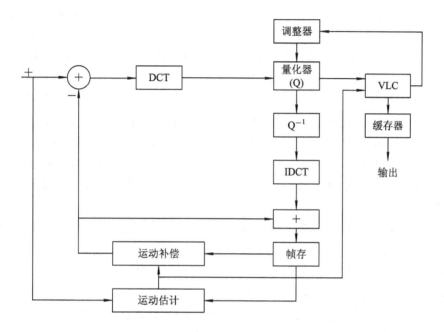

图 6-17　MPEG-1 视频编/解码器的原理图

（1）帧内编码：由于输入图像序列的第一帧一定是 I 帧，因而无需对其进行运动估值和补偿，只需要将输入图像块信号进行 8×8 变换，然后对 DCT 变换系数进行量化，再对量化系数进行 VLC 编码和多路复用，最后存放在帧缓冲器之中，其输出便形成编码比特流。解码过程是编码的逆过程。

（2）帧间编码：从输入图像序列的第二帧开始进行帧间预测编码，因而由量化器输出的数据序列一方面被送往 VLC 及多路复用器的同时，还被送往反量化器和 IDCT 变换（DCT 反变换），从而获得重建图像，以此作为预测器的参考帧。该过程与接收端的解码过程相同。

此时首先求出预测图像与输入图像之间的预测误差，当预测误差大于阈值时，则对预测误差进行量化和 VLC 编码，否则不传该块信息，但需将前向和后向运动矢量信息传输到接收端。在实际的信道中传输的只有两种帧，即 I 帧和 P 帧，这样，在接收端便可以重建 I 帧和 P 帧，同时根据所接收的运动矢量采用双向预测的方式恢复 B 帧。

值得注意的是，对于 B 帧的运动估值过程要进行两次，一次用过去帧来进行预测，另一次则要用将来帧进行预测,因此可求得两个运动矢量。同时,在编码器中可以利用这两个宏块(过去帧和将来帧)中的任何一个或两者的平均值和当前输入图像的宏块相减,从而得到预测差。这种编码方式就是前面介绍的帧间内插编码。

6.4.2 MPEG-2

1995 年出台的 MPEG-2(ISO/IEC 13818)标准正式名称为"通用的活动图像及其伴音编码"。MPEG-2 是一个通用多媒体编码标准,具有更广阔的应用范围和更高的编码质量,其码率范围为 1.5～100 Mb/s。MPEG-2 在 NTSC 制式下的分辨率可达 720×486,MPEG-2 还可提供广播级的视频和 CD 级的音质。MPEG-2 的音频编码可提供左、右、中声道及两个环绕声道,以及一个重低音声道和多达 7 个伴音声道(DVD 可有 8 种语言配音的原因)。同时,由于 MPEG-2 性能的出色表现,已能适用于 HDTV,使得原打算为 HDTV 设计的 MPEG-3,还没出世就被抛弃了。

MPEG-2 的另一特点是,可提供一个范围较广的可变压缩比,以适应不同的画面质量、存储容量以及带宽的要求。其应用范围除了作为 DVD 的指定标准外,还可用于为广播、有线电视网、电缆网络以及卫星直播提供广播级的数字视频。目前,欧、美、日等国家在视频方面采用 MPEG-2 标准,而在音频方面则采用 AC-3 标准,数字视频广播(Digital Video Broadcasting, DVB)标准中的视频压缩标准也确定采用 MPEC-2,音频压缩标准采用 MPEG 音频。

MPEG-2 标准分为九个部分。第一部分为 MPEG-2 系统,描述多个视频流和音频流合成节目流或传输流的方法。第二部分是 MPEG-2 视频,描述视频编码方法。第三部分为 MPEG-2 音频,描述音频编码方法。第四部分是一致性,描述测试一个编码码流是否符合 MPEG-2 码流的方法。第五部分为参考软件,描述第一、二和三部分的软件实现方法。第六部分是数字存储媒体的命令和控制 DSM-CC,描述交互式多媒体网络中服务器和用户之间的会话信令集。第七部分是高级音频编码 AAC,规定了不兼容 MPEG-1 音频的多通道音频编码。第八部分是一致性 DSM-CC。第九部分为实时接口,描述传送码流的实时接口规范。

与 MPEG-1 相比,MPEG-2 增加了许多新的特征,主要体现在以下五个方面:

1. MPEG-2 标准的图像规范

MPEG-2 要求具有向下兼容性(和 MPEG-1 兼容)和处理各种视频信号的能力。为了达到这个目的,在 MPEG-2 中,视频图像编码是既分"档次"又分"等级"的。按照编码技术的难易程度,将各类应用分为不同"档次",包括简单档次(SP)、主要档次(MP)、信噪比可分档次(SNP)、空间域可分档次(SSP)、高档次(HP)5 个档次。其中每个档次都是 MPEG-2 语法的一个子集。按照图像格式的难易程度,每个档次又划分为不同"等级",每种等级都对有关参数规定约束条件。MPEG-2 定义了低级别(LL)、主要级别(ML)、高 1440 级别(H1440)和高级别(HL)4 个不同级别。其中主要档次/主要等级(MP@ML)涉及的正是数字常规电视,使用价值最大。具体的分档、分级见表 6-3,表中给出的速率值仅是上限值。大体上说,低等级相当于 ITU-T 的 H.261 的 CIF 或 MPEG-1 的 SIF;主要等级与常规电视对应;高 1440 等级粗略地与每扫描行 1440 样点的 HDTV 对应;高等级大体上与每扫描行 1920 样点的 HDTV 对应。从表中也可以看出 MPEG - 2 视频编码覆盖范围之广。

表 6 - 3　MPEG - 2 标准的图像规范

等级 ＼ 档次	简单型	主要型	信噪比可分级型	空间域可分级型	增强型
高级【1920×1080×30】或【1920×1152×25】	（未用）	MP@HL 80 Mb/s	（未用）	（未用）	HP@HL 100 Mb/s
高 1440 级【1440×1080×30】或【1440×1152×25】	（未用）	MP@H1440 60 Mb/s	（未用）	SSP@H1440 60 Mb/s	HP@H1440 80 Mb/s
主要级【720×480×29.97】或【720×576×25】	SP@ML 15 Mb/s	MP@ML 15 Mb/s	SNP@MP 15 Mb/s	（未用）	HP@ML 20 Mb/s
低级【352×288×29.97】	（未用）	MP@LL 4 Mb/s	SNP@LL 4 Mb/s	（未用）	（未用）

2. 场和帧的区分

在 MPEG - 2 编码中为了更好地处理隔行扫描的电视信号,分别设置了按帧编码和按场编码两种模式,并相应地对运动补偿作了扩展。这样,常规隔行扫描电视图像的压缩编码与单纯的按帧编码相比,其效率显著提高。例如,在某些场合中,场间运动补偿可能比帧间运动补偿好,而在另外一些场合则相反。类似地,在某些情况下,用于场数据的 DCT 的质量比用于帧数据的 DCT 的质量可能有所改进。由此可见,在 MPEG - 2 中,对于场/帧运动补偿和场/帧 DCT 进行选择(自适应或非自适应)就成为改进图像质量的一个关键措施。

3. MPEG - 2 的分级编码

在表 6 - 3 中,同一档次不同级别间的图像分辨率和视频码率相差很大,例如主要型这一档次,它包含的四个等级对应的速率分别为:80 Mb/s、60 Mb/s、15 Mb/s 和 4 Mb/s。为了保持解码器的向上兼容性,MPEG - 2 采用了分级编码。表 6 - 3 中的两种可分级类型即为两类不同的分级编码方法。

(1)信噪比可分级:可以分级改变 DCT 系数的量化阶距,它指的是对 DCT 系数使用不同的量化阶距后的可解码能力。对 DCT 系数进行粗量化后可获得粗糙的视频图像,它和输入的视频图像在同一时空分辨率下。增强层简单地说是指粗糙视频图像和初始的输入视频图像间的差值。

(2)空间域可分级:利用对像素的抽取和内插来实现不同级别的转换。它是指在没有先对整帧图像解码和抽取的情况下,以不同的空间分辨率解码视频图像的能力。例如从送给 SSP@ H1440 解码的 60 Mb/s 码流中分出 MP@ML 解码器所需的 15 Mb/s 的数据,使其能解码出符合现行常规电视质量要求的图像序列。

4. 扩展系统层语法

MPEG - 2 中有两类数据码流:传送数据流和节目数据流。两者都是由压缩后的视频数据或音频数据(还有辅助数据)组成的分组化单元数据流所构成的。基本流将在同步情况下进行解码,其长度是可变的,一般相对传送流而言,长度较长,可应用于无误码的场合。传送流长度是固定的,共有 188 字节,可应用于有误码的场合。而节目数据流的运行环境则极少出现差错。

由于在字头上作了很多详细规定,使用起来较为方便和灵活,因此可对每个分组设置优先级、加密/解密或加扰、插入多语种解说声音和字幕等。

5. 其他特点

(1) 交替扫描:MPEG-2 标准除了对 DCT 系数采用"Z"字形扫描外,还采用了交替扫描方案,如图 6-18 所示。交替扫描更适合隔行扫描的视频图像。

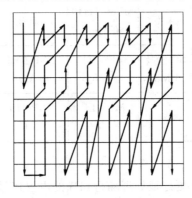

图 6-18 交替扫描示意图

(2) DCT 系数更细量化:在 MPEG-2 视频的帧内宏块中,直流系数的量化加权可以是 8、4、2 或 1。也就是说,直流系数允许有 11 位(即全部)的分辨率,交流系数的量化范围为 $[-2048,2047]$,非帧内宏块中所有系数量化都在 $[-2048,2047]$;而对于 MPEG-1 标准,直流系数的量化加权固定为 8,交流系数的量化范围为 $[-256,255]$,非帧内宏块所有系数量化在 $[-256,255]$。

(3) 量化器量化因子调整更细:量化因子的值除了是 1~31 之间的整数外,还提供了一组(31 个)可选值,范围是 0.5~56.0 之间的实数。

6.4.4 MPEG-4

MPEG-4 于 1999 年 2 月公布,正式命名为"信息技术:音视频对象通用编码算法(ISO/IEC 14496)",它针对的是一定比特率下的视频、音频编码,更加注重多媒体系统的交互性和灵活性。这个标准主要应用于可视电话、可视电子邮件等,对传输速率要求较低,在 4.8~64 kb/s 之间,分辨率为 176×144。MPEG-4 利用很窄的带宽,通过帧重建技术以及数据压缩技术,以求用最少的数据获得最佳的图像质量。

MPEG-4 比 MPEG-2 的应用更广泛,最终希望建立一种能被多媒体传输、多媒体存储、多媒体检索等应用领域普遍采纳的统一的多媒体数据格式。由于所要覆盖的应用范围广阔,同时应用本身的要求又各不相同,因此,MPEG-4 不同于过去的 MPEG-2 或 H.26X系列标准,其压缩方法不再是限定的某种算法,而是可以根据不同的应用,进行系统裁剪,选取不同的算法。例如对 Intra 帧的压缩就提供了 DCT 和小波两种变换。MPEG-4 比起 MPEG-2 及 H.26X 系列,新变化中最重要的三个技术特征是:基于内容的压缩、更高的压缩比和时空可伸缩性。

1. MPEG-4 标准的构成

MPEG-4 标准由七个部分构成。第一部分是系统，MPEG-4 系统把音/视频对象及其组合复用成一个场景，提供与场景互相作用的工具，使用户具有交互能力。第二部分是视频，描述基于对象的视频编码方法，支持对自然和合成视频对象的编码。第三部分是音频，描述对自然声音和合成声音的编码。第四部分为一致性测试标准。第五部分是参考软件。第六部分是多媒体传送整体框架(Delivery Multimedia Integration Framework，DMIF)，主要解决交互网络中、广播环境下以及磁盘应用中多媒体应用的操作问题，通过DMIF，MPEG-4 可以建立具有特殊服务质量的信道，并面向每个基本流分配带宽。第七部分是 MPEG-4 工具优化软件，提供一系列工具描述组成场景的一组对象，这些场景描述可以以二进制表示，与音/视频对象一起编码和传输。

2. MPEG-4 编码特性

MPEG-4 采用了对象的概念。不同的数据源被视作不同的对象，而数据的接收者不再是被动的，他可以对不同的对象进行删除、添加、移动等操作。这种基于对象的操作方法是 MPEG-4 与 MPEG-1、MPEG-2 的不同之处。语音、图像、视频等可以作为单独存在的对象，也可以集合成一个更高层的对象，称之为场景。MPEG-4 用来描述其场景的语言叫 Binary Format for Scenes(BIFS)。BIFS 语言不仅允许场景中对象的删除和添加，而且可以对对象进行属性改变，可以控制对象的行为——即可以进行交互式应用。

整个 MPEG-4 就是围绕如何高效编码 AV(音视频)对象，如何有效组织、传输 AV 对象而编制的。因此，AV 对象的编码是 MPEG-4 的核心编码技术。AV 对象的提出，使多媒体通信具有高度的交互能力和很高的编码效率。MPEG-4 用运动补偿消除时域冗余，用DCT 消除空域冗余。与以往视频编码标准相同，为支持基于对象的编码，MPEG-4 还采用形状编码和与之相关的形状自适应 DCT(SA-DCT)技术来支持任意形状视频对象的编码。

与 H.263 相比，MPEG-4 的视频编码标准要复杂的多，支持的应用要广泛的多。MPEG-4 视频标准的目标是在多媒体环境中允许视频数据的有效存取、传输和操作。为达到这一广泛应用目标，MPEG-4 提供了一组工具与算法，通过这些工具与算法，从而支持诸如高效压缩、视频对象伸缩性、空域和时域伸缩性、对误码的恢复能力等功能。因此，MPEG-4 视频标准就是提供上述功能的一个标准化"工具箱"。

MPEG-4 提供技术规范满足多媒体终端用户和多媒体服务提供者的需要。对于技术人员，MPEG-4 提供关于数字电视、图像动画、Web 页面相应的技术支持；对于网络服务提供者，MPEG-4 提供的信息，能被翻译成各种网络所用的信令消息；对于终端用户，MPEG-4 提供较高的交互访问能力。具体标准概括如下：

- 提供音频、视频或者音视频内容单元的表述形式，这种形式即 AVO 对象(AVO：音视频对象)，这些 AVO 可以是自然内容和合成内容，这些内容可以用相机或麦克风记录，也可用计算机生成。
- 将基本 AVO 对象合成为音视频对象，形成音视场景。
- 将与 AVO 相连的数据复合、同步。
- 使用户端和所产生的音视场景交互。

MPEG-4提供一个组成的场景的标准方式，允许：

· 将 AVO 放在给定坐标系中的任意位置。

· 将 AVO 重新组合成合成 AVO(Compound AVO)

· 为了修改 AVO 属性(例如，移动一个对象的纹理，通过发送一个动画参数模拟一个运动的头部)，应将流式数据应用于 AVO。

· 交互式的改变用户在场景中的视点和听点。

3. MPEG-4 标准的视频编码

1) 基于视频对象面的编码

在视频低码率压缩方面，MPEG-4引入了视频对象面(Video Object Plane，VOP)的概念，其在无线视频传输系统中达到10 kb/s 的低速率。为此它使用了多种技术来克服不可修复的错误来保证解码器的正常工作，比如再同步标记和可逆可变长度编码技术。同时编码端提供了多层次质量的编码以适应解码端在比特率方面的限制。当场景含有不同的对象时，允许传送最重要的对象或对不同的对象实施不同的传输质量保证。MEPG-4在传送不变的背景时所采用的技术可以使其在接收端改变视角时背景只传送一次，从而节省比特率。另外，MPEG-4针对视频对象还采用了计算机建模技术，通过此技术可以使用对象的参数化操作来代替物体的具体运动，而且，其计算由本地端完成。例如事先定好的人脸模型可以通过少数的表情状态和独立的模型运动来模仿人脸的具体动作。在预期的MPEG-4语音合成界面中，人脸模型和人脸中唇、眼等特征模型有其特定的操作命令，使之与语音同步。图6-19所示为 MPEG-4 标准基于 VOP 的视频编解码框图。

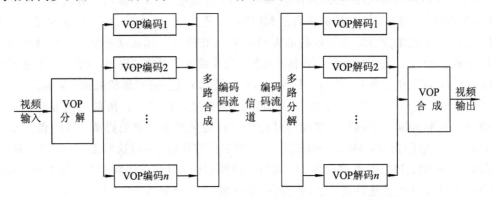

图 6-19 MPEG-4 标准基于 VOP 的视频编解码框图

MPEG-4针对自然对象和合成对象的纹理特性提供了不同的解决方案。

2) 自然对象的纹理与视频

MPEG-4用视频对象(Video Object，VO)来表述视频内容的基本单元，如一个站立的人(脱离背景)就是一个 VO，VO 与其他的 AVO(音视频对象)组合成一个特定的场景，传统的矩形图像只能被认为是将整个图像作为一个对象，是这种视频对象的一种特例。

MPEG-4标准的可视信息部分提供一个包含各种工具与算法的工具箱(为了更广泛的适用性)，对于下列各项要求提供解决方案：

· 各种图片与视频的高效压缩；

· 在 2D 和 3D 网格上进行纹理映射的各种纹理的高效压缩；

- 各种动画网格的时变几何数据流的有效压缩；
- 对各种视频对象的有效随机访问；
- 对各种视频与图像序列的扩展操作；
- 基于内容的图像和视频信息编码；
- 基于内容的纹理、图像都可以升级（可升级性）；
- 时间、空间、质量的可扩展性；
- 在易于产生误码的环境下，对误码的指示和恢复能力。

3）合成对象的纹理与图像

合成对象是计算机图形学的一个子集，MPEG - 4 标准的合成对象主要有：

- 参数化描述人体的合成及相应的动画数据流；
- 对纹理映射的静态和动态网格编码；
- 依赖于视点的纹理编码。

4. MPEG - 4 音频编码

MPEG - 4 音频对象可以分为两类：自然音频对象和合成音频对象。MPEG - 4 自然音频对象包括了从 2 kb/s 到 64 kb/s 的各种传输质量的编码。MPEG - 4 定义了三种编码器（参数编码、CELP 编码和时频编码）来协调工作，以在整个码率范围内都得到高质量的音频。自然音频对象的编码支持各种分级编码功能和错误恢复功能。合成音频对象包括结构音频（Structured Audio，SA）和文语转换（Text To Speech，TTS）。结构音频类似 MIDI 语言，它采用描述语音的方法来代替压缩语音。TTS 接受文本输入并输出相应的合成语音，在应用时通常与脸部动画、唇语合成等技术结合起来使用。此外，音频对象还含有对象的空间化特征，不同的空间定位决定了音源的空间位置，这样可以使用人工或自然音源来营造人工声音环境。

5. 其他有关内容

1）关于对象的分割

MPEG - 4 中不对如何从活动视频中分割 VO 做具体定义，应用中可根据实际情况处理，例如，对典型的可视电话图像有可能实现全自动的算法，其他还可能采用"Color Keying"和人机交互等方式。

视频对象分割算法研究是一个非常吸引人的课题，因为它还能对三维图像编码起关键性作用。现在的视频对象分割算法可分为基于空间分割、基于时间分割以及时空联合分割三种主要方法，其中时空联合分割算法应用最为广泛，在 MPEG - 4 的核心试验中获得较好的结果。

2）关于码率控制

码率控制在标准中依旧是开放的，它是提高编码效率的一个重要环节，包括对不同 VO 分配不同的数码率，对同一 VO 进行内容更新的优化控制，以及对全局数码率的控制等。

总之，从编码方案上说，MPEG - 4 仍是以子块为基础的混合编码，这与其初衷及大多数人的预计相差很大，但对画面的描述引入了 VO 的观念，是以内容为基础的描述方法，在进行画面组合、操作上更符合人的心理特点，提供了现有的以像素为基础的标准不能提供的功能，这是它的重要标志。

6.5 视频编码的国家标准(AVS)

AVS(Audio Video coding Standard)是我国具有自主知识产权的音视频编码国家标准，其适用面十分广阔。AVS工作组成立于2002年，其目的是建立中国独立知识产权的音视频国家标准，包括压缩、解压、在数字音视频系统或设备下的操作与显示等。AVS视频编码标准于2006年被采纳为国家标准，它的推出是全球音视频技术以及产业发展到一定程度的必然结果。

6.5.1 AVS的技术特点

AVS较为合理地解决了知识产权保护与市场推广的问题，AVS视频部分相关申请和授权专利共有60余项，其中估计有50项作为必要专利进入AVS专利池，在这50项专利中，约90%为国内单位所有，其他是遵守AVS知识产权政策的来自其他国家的AVS工作组会员拥有。AVS专利池涵盖了实施AVS标准需要的所有必要专利，用户支付单个解码设备1元人民币的专利使用费，便可以获得其中全部专利的使用权。随着国家对自主知识产权扶持力度的加大和数字电视产业的加速，以AVS为核心的数字视频产业链技术→专利→标准→芯片与软件→整机与系统制造→数字媒体运营与文化产业正在形成，为国内数字电视芯片、整机厂商和国外厂商站在同一起跑线上同台竞争创造了良好的条件。

在技术指标方面衡量一套音视频编码标准的优劣主要包括标准的开放性、编码效率与算法复杂度、兼容性等。AVS在标准的制定过程中采取了兼容并包的策略，AVS工作组包含了很多国内外知名的企业和科研机构，并且一直有新的会员不断加入，AVS工作组设置了需求与测试组、系统组、视频组、音频组、数字媒体版权管理与保护组、实现组、知识产权组，标准的应用范围包括数字电视激光视盘、网络流媒体、无线流媒体、数字音频广播、视频监控等领域。

AVS的编码效率比MPEG-2提高一倍以上，原来传送一套MPEG-2节目的带宽可以用来传送两到三套AVS高清节目，虽然MPEG-4/H.264也可以达到类似的效果，但是如前文所述，AVS在专利费用方面优势明显，AVS的算法复杂度明显低于MPEG-4/H.264，软硬件实现成本都低于MPEG-4/H.264。

6.5.2 AVS视频编解码框架

与MPEG/H 26X系列视频编码标准类似，AVS视频采用了经典的基于块的帧间预测混合编码技术，图6-20为AVS视频编码器框架，主要单元包括帧内预测、帧间预测、变换、量化、熵编码和环路滤波等。帧内预测使用空间预测模式来减少图像内的冗余，帧间预测使用基于块的运动估计来减少图像间的冗余；再通过对预测残差进行变换和量化消除图像内的视觉冗余，最后对运动矢量、预测模式、量化参数和量化系数进行熵编码。

AVS视频编码的核心技术包括8×8整数变换、量化、帧内预测、$\frac{1}{4}$精度像素插值、特殊的帧间预测运动补偿、二维熵编码(量化系数K阶指数哥伦布码)、去块效应环路滤波等。

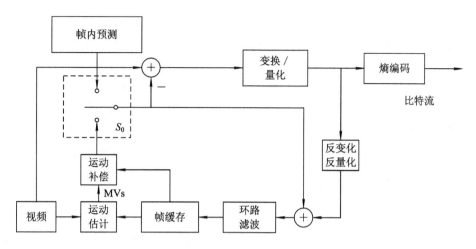

图 6-20 AVS视频编码器框架

1. 整数变换与量化

AVC /H. 264采用基于4×4的DCT变换，AVS采用8×8的整数变换，对高分辨率视频图像的去相关性要比4×4变换更为有效。AVS整数变换可以在16位处理器上无失配地实现，变换算法可以通过移位与加法操作实现，与H. 264相比大大降低了算法的复杂度。AVS采用64级量化，量化参数为$0 \sim 63$，对变换系数进行标量量化。

2. 帧内预测

AVC /H. 264采用两种预测块，大小为4×4和16×16，其中，4×4帧内预测时有9种模式，16×16帧内预测时有4种模式。AVS视频标准的帧内预测基于8×8块大小，亮度分量只有5种预测模式，在编码性能相近的前提下，实现复杂度大为降低。

3. 1 /4 精度像素插值

H. 264采用$\frac{1}{4}$像素精度运动估计，运动矢量的精度得到很大提高。H. 264采用6抽头滤波器进行半像素插值，采用双线性滤波器进行1/4像素插值，而AVS采用不同的4抽头滤波器进行半像素插值和1/4像素插值，其效果与AVS采用不同的4抽头滤波器进行半像素插值和1/4像素插值，其效果与H. 264相近，但降低了编码器硬件实现的复杂度。

4. 多模式帧间预测

AVS标准采用16×16、16×8、8×16和8×8的块进行运动补偿，H. 264除了上述4种块模式之外还采用了8×4、4×8、4×4的块模式。对于高分辨率视频，AVS选用的块模式能够精细地表达物体的运动，而较少的块模式能降低运动矢量和块模式传输的开销，从而提高压缩效率，降低编解码实现的复杂度。

5. 参考帧

H. 264的 P 帧和 B 帧预测编码最多可以有31个参考帧。多帧参考技术可以提高压缩效率，但同时也极大地增加了存储空间与数据运算的开销。AVS中 P 帧编码可以使用2个前向参考帧，B 帧编码可以采用前后各1个参考帧，在编码效率与系统开销之间取得较好的平衡。

6. 二维熵编码

AVS 所有的语法元素和残差数据都是以指数哥伦布码进行码字转换。实现指数哥伦布码的复杂度比较低，可以根据公式解析码字，无需查表；对量化系数值数组（Level 数组）、量化系数游程数组（Run 数组）采用二维联合编码，并根据当前 Level、Run 的不同概率分布趋势，自适应改变指数哥伦布码的阶数，编码效率可以逼近信息熵。

7. 去块效应环路滤波

AVS 视频编码的最小预测块和变换都是基于 8×8 的，环路滤波在 8×8 块边缘进行，H.264 则是对 4×4 块进行滤波。AVS 环路滤波点数滤波强度分类数都比 H.264 中的少，极大地减少计算复杂度。

AVS 是中国音视频标准工作组指定的国家标准，与最新的国际标准 H.264/AVC 相比，它针对特定应用，在编码性能和运算复杂度上进行了更好的平衡，帧内预测、变块尺寸的运动补偿、插值滤波器和熵编码等 AVS 编码工具综合考虑了运算复杂度和编码性能。国家广电相关部门对 AVS 视频编码系统进行了图像质量主客观评价测试，测试序列采用国际标准测试序列，测试数据证明 AVS 码率为现行 MPEG-2 标准的一半时，无论是标准清晰度还是高清晰度，编码质量都达到优秀。码率不到其 1/3 时，也达到良好到优秀。对比 MPEG 标准组织对 MPEG-4 以及 AVC/H.264 的测试报告，AVS 在编码效率上与其处于同等技术水平。AVS 为中国日渐强大的音/视频产业提供了完整的信源编码技术方案，且正在通过国际标准化组织合作，进入国际市场。

6.6　本 章 小 结

本章对数字视频处理涉及的主要编码标准进行了详细介绍，首先介绍了图像编码标准 JPEG 和 JPEG2000，然后详细讲述了 H.26X 以及 MPEG-X 系列的视频编码标准，最后介绍了我国制定的 AVS 视频压缩编码标准。这些标准对数字电视、多媒体通信等信息产业的发展产生了巨大而深远的影响。

❖ 思考练习题 ❖

1. 简述 JPEG 和 JPEG2000 的主要差别。

2. 视频压缩标准为什么分为不同的档次和等级，以 MPEG-2 为例，阐述其主要档次和应用领域。

3. 阐述 I 帧、P 帧的编码模式，并说明 P、B 帧的采用能提高编码效率的原因。

4. 简述 H.263 与 H.261 的区别。

5. H.263 采用了哪几项可选模式，其作用是什么？

6. 与 H.263 相比，H.264 采用了哪些提高编码效率的技术？

7. 简述 AVS 的视频编解码框架。

8. 阐述本章介绍的各种视频编码标准的应用领域。

第 7 章　视 频 传 输

对于高效的视频通信来说,降低原始视频码率只是必要的步骤之一,另一个同等重要的任务是视频的传输。本章首先探讨了视频通信对传输网络的要求,在此基础上介绍了视频传输的服务质量、现有网络对视频通信的支持,然后简要的介绍了视频通信用户接入技术及传输协议,最后介绍了视频传输中的差错控制技术。

7.1　视频传输的服务质量

服务质量(Quality of Service,QoS)是一种抽象概念,用于说明网络服务的"好坏"程度。由于不同的应用对网络性能的要求不同,对网络所提供的服务质量期望值也不同。这种期望值可以用一种统一的 QoS 概念来描述。

从支持 QoS 的角度,视频通信系统必须提供 QoS 参数定义和相应的管理机制。用户能够根据应用需要使用 QoS 参数定义其 QoS 需求,网络系统要根据系统可用资源(如 CPU、缓冲区、I/O 带宽以及网络带宽等)容量来确定是否能够满足应用的 QoS 需求。经过双方协商最终达成一致的 QoS 参数值应该在数据传输过程中得到基本保证,或者在不能履行所承诺的 QoS 需求时应能提供必要的指示信息。

7.1.1　QoS 参数体系结构

在一个分布式多媒体系统中,通常采用层次化的 QoS 参数体系结构来定义 QoS 参数,如图 7-1 所示。

图 7-1　QoS 参数体系结构

1. 应用层

QoS 参数是面向端用户的,应当采用直观、形象的表达方式来描述不同的 QoS,供端用户选择。例如,通过播放不同演示质量的音频或视频片断作为可选择的 QoS 参数,或者将音频或视频的传输速率分成若干等级,每个等级代表不同的 QoS 参数,并通过可视化方式提供给用户选择。表 7-1 中显示了一个视频分级的示例,给出一个应用层 QoS 分级的示例。

表 7 - 1　一个视频分级的示例

QoS 级	视频帧传输速率 （帧/秒）	分辨率/%	主观评价	损害程度
5	25～30	65～100	很好	细微
4	15～24	50～64	好	可察觉
3	6～14	35～49	一般	可忍受
2	3～5	20～34	较差	很难忍受
1	1～2	1～9	差	不可忍受

2. 传输层

传输层协议主要提供端到端的、面向连接的数据传输服务。通常，这种面向连接的服务能够保证数据传输的正确性和顺序性，但以较大的网络带宽和延迟开销为代价。传输层 QoS 必须由支持 QoS 的传输层协议提供可选择和定义的 QoS 参数。传输层 QoS 参数主要有吞吐量、端到端延迟、端到端延迟抖动、分组差错率和传输优先级等。

3. 网络层

网络层协议主要提供路由选择和数据报转发服务。通常，这种服务是无连接的，通过中间点（路由器）的"存储-转发"机制来实现。在数据报转发过程中，路由器将会产生延迟（如排队等待转发）、延迟抖动（选择不同的路由）、分组丢失及差错等。网络层 QoS 同样也要由支持 QoS 的网络层协议提供可选择和定义的 QoS 参数，如吞吐量、延迟、延迟抖动、分组丢失率和差错率等。

网络层协议主要是 IP 协议，其中 IPv6 可以通过报头中优先级和流标识字段支持QoS。一些连接型网络层协议，如 RSVP 和 ST II 等可以较好地支持 QoS，其 QoS 参数通过保证服务（GS）和被控负载服务（CLS）两个 QoS 类来定义。它们都要求路由器也必须具有相应的支持能力，为所承诺的 QoS 保留资源（如带宽、缓冲区等）。

4. 数据链路层

数据链路层协议主要实现对物理介质的访问控制功能，也就是解决如何利用介质传输数据问题，与网络类型密切相关，并不是所有网络都支持 QoS，即使支持 QoS 的网络其支持程度也不尽相同。各种以太网（Ethernet）都不支持 QoS。Token Ring、FDDI 和 100VG - AnyLAN 等是通过介质访问优先级定义 QoS 参数的。ATM 网络能够较充分地支持 QoS，它是一种面向连接的网络，在建立虚连接时可以使用一组 QoS 参数来定义 QoS。主要的QoS 参数有峰值信元速率、最小信元速率、信元丢失率、信元传输延时、信元延时变化范围等。

在 QoS 参数体系结构中，通信双方的对等层之间表现为一种对等协商关系，双方按所承诺的 QoS 参数提供相应的服务。同一端的不同层之间表现为一种映射关系，应用的 QoS需求自顶向下地映射到各层相对应的 QoS 参数集，各层协议按其 QoS 参数提供相对应的服务，共同完成对应用的 QoS 承诺。

7.1.2　QoS 的管理

在多媒体通信中，仅在建立连接时说明 QoS 参数值并且要求它们在整个连接生命期内保持不变是不够的，而且在实际应用中也不易实现。完整的 QoS 保障机制应包括 QoS 规范和 QoS 的管理两大部分。QoS 规范表明应用所需要的服务质量，而如何在运行过程中达到所要求的质量，则由 QoS 的管理机制来完成。

系统应提供一种较灵活的机制和界面，允许用户可根据实际情况在连接活跃的时候动态地变更连接的 QoS 参数值。为了支持 QoS 协商和动态控制能力，网络基本设施和传输协议内部必须提供必要的支持机制，以实现对链路级带宽的动态变更、对中间节点资源的控制和动态调整。网络对 QoS 的支持和保证实际上反映了网络中间节点（如路由器、交换机等）的资源分配策略。目前，主要采用为特定媒体流保留资源（如带宽、缓存及排队时间等）的资源分配策略来保证其 QoS。

QoS 的管理分为静态和动态两大类。静态资源管理负责处理流建立和端到端 QoS 再协商过程，即 QoS 提供机制。动态资源管理处理媒体传递过程，即 QoS 控制和管理机制。

1. QoS 提供机制

QoS 提供机制包括以下内容：

1）QoS 映射

QoS 映射完成不同级（如操作系统、传输层和网络）的 QoS 表示之间的自动转换，即通过映射，各层都将获得适合于本层使用的 QoS 参数，如将应用层的帧率映射成网络层的比特率等，供协商和再协商之用，以便各层次进行相应的配置和管理。

2）QoS 协商

用户在使用服务之前应该将其特定的 QoS 要求通知系统，进行必要的协商，以便就用户可接受、系统可支持的 QoS 参数值达成一致，使这些达成一致的 QoS 参数值成为用户和系统共同遵守的"合同"。

3）接纳控制

接纳控制首先判断能否获得所需的资源，这些资源主要包括端系统以及沿途各节点上的处理机时间、缓冲时间和链路的带宽等。若判断成功，则为用户请求预约所需的资源。如果系统不能按用户所申请的 QoS 接纳用户请求，那么用户可以选择再协商较低的 QoS。

4）资源预留与分配

按照用户 QoS 规范安排合适的端系统、预留和分配网络资源，然后根据 QoS 映射，在每一个经过的资源模块（例如存储器和交换机等）进行控制，分配端到端的资源。

2. QoS 控制机制

QoS 控制机制是指在业务流传送过程中的实时控制机制，主要包括以下内容：

1）流调度控制机

调度机制是向用户提供并维持所需 QoS 水平的一种基本手段，流调度是在终端以及网络节点上传送数据的策略。

2）流成型

流成型基于用户提供的流成型规范来调整流，可以给予确定的吞吐量或与吞吐量有关的统计数值。流成型的好处是允许 QoS 框架提交足够的端到端资源，并配置流安排以及网络管理业务。

3）流监管

流监管是指监视观察当前业务流状态是否满足提供者同意的 QoS，同时观察网络是否能保持用户同意的 QoS。

4）流控制

多媒体数据，特别是连续媒体数据的生成、传送与播放具有比较严格的连续性、实时性和等时性，因此信源应以目的地播放媒体量的速率发送。即使收发双方的速率不能完全吻合，也应该相差甚微。为了提供 QoS 保证，有效地克服抖动现象的发生，维持播放的连续性、实时性和等时性，通常采用流控制机制，这样做不仅可以建立连续媒体数据流与速率受控传送之间的自然对应关系，使发送方的通信量平稳地进入网络，以便与接收方的处理能力相匹配，而且可以将流控和差错控制机制解耦。

5）流同步

在多媒体数据传输过程中，QoS 控制机制需要保证媒体流之间、媒体流内部的同步。

3. QoS 管理机制

QoS 管理机制和 QoS 控制机制类似，不同之处在于，QoS 控制机制一般是实时的，而 QoS 管理机制是在一个较长的时间段内进行的。当用户和系统就 QoS 达成一致之后，用户就开始使用多媒体应用。然而在使用过程中，需要对 QoS 进行适当的监控和维护，以便确保用户维持 QoS 水平。QoS 维护可通过 QoS 适配和再协商机制实现，如由于网络负载增加等原因造成 QoS 恶化，则 QoS 管理机制可以通过适当地调整端系统和网络中间节点的 CPU 处理能力、网络带宽、缓冲区等资源的分配与调度算法进行细粒度调节，尽可能恢复 QoS，即 QoS 适配。如果通过 QoS 适配过程依然无法恢复 QoS，QoS 管理机制则把有关 QoS 降级的实际情况通知用户，用户可以重新与系统协商 QoS，根据当前实际情况就 QoS 达成新的共识，即 QoS 再协商。

另外，可以使用 QoS 过滤，降低 QoS 要求。过滤可以在收、发终端上进行，也可以在数据流通过时进行。在终端进行过滤的一个例子是，当源端接到 QoS 失败的指示后，通过丢帧过滤器丢掉 MPEG 码流中的 B 帧 $/P$ 帧，将输出数据流所需的带宽降低。值得指出的是，要在传送层实现 QoS 过滤，数据打包的方式必须能够反映出数据的特征。

7.2　现有网络对视频通信的支持

根据数据交换方式的不同，可以将现有的网络分成电路交换网络和分组交换网络。

电路交换网络是指网络中，当两个终端在相互通信之前，需要建立起一条实际的物理链路，在通信中自始至终使用该条链路进行数据信息的传输，并且不允许其他终端同时共享该链路，通信结束后再拆除这条物理链路。可见，电路交换网络属于预分配电路资源，即在一次接续中，电路资源就预先分配给一对用户固定使用，而且这两个用户终端之间是单独占据了一条物理信道。由于在电路交换网络中要求事先建立网络连接，然后才能进行数据信息的传输，所以电路交换网络是面向连接的网络。普通公用电话网络网(PSTN)、窄带综合业务网(N-ISDN)、数字数据网(DDN)等都属于电路交换网络。

分组交换也称为包交换。在分组交换网络中，信息不是以连续的比特流的方式来传输的，而是将数据流分割成小段，每一段数据加上头和尾，构成一个包，或称为分组(在有的网络中称为帧或信元)，一次传送一个包。如果网络中有节点交换的话，节点先将整个包存储下来，然后再转发到适当的路径上，直至到达信宿，这通常称为存储－转发机制。分组交换网络的一个重要特点是，多个信元可以将各自的数据包送进同一线路，当其中一个信源停止发送时，该线路的空闲资源(带宽)可以被其他信元所占用，这就提高了网络资源的使用效率。以太网、无线局域网、帧中继和 IP 网等都属于分组交换网络。

当通过现有通信网络传输多媒体信息时，电路交换网络和分组交换网络呈现出不同的优缺点。电路交换网络的优点是：在整个通信过程中，网络能够提供固定路由，保障固定的比特率，传输延时短，延时抖动只限于物理抖动。这些优点有利于多媒体的实时传输。其缺点是不支持多播，因为电路交换网络的设计思想是用于点到点通信的。当多媒体应用需要多播功能时，必须在网络中插入特定的设备，称为多点控制单元(Multi-point Control Unit，MCU)。分组交换网络的最大优点是复用的效率高，这对多媒体信息的传输很有利。但其不利之处是网络性能的不确定性，即不容易得到固定的比特率，传输延时受网络负荷的影响较大，因而延时抖动大。

下面分析现有通信网络对视频通信的支持情况。

7.2.1　电路交换网络

1. 公共电话交换网

公共电话交换网(Public Switched Telephone Network，PSTN)是普及率最高、覆盖范围最广的通信网。由于路由固定，延时较低，而且不存在延时抖动问题，因此对保证连续媒体的同步和实时传输是有利的。其主要缺点是信道带宽较窄，而且用户线是模拟的，多媒体信息需要通过调制/解调器(Modem)接入。Modem 的速率一般为 56 kb/s，可以支持低速率的多媒体业务，例如低质量的可视电话和多媒体会议等。近年来得到迅速发展的 xDSL 技术使用户可以通过普通电话线得到几百 kb/s 以上的传输速率，基本上可以支持多媒体通信的所有业务，但此时它是作为 IP 网的一种宽带接入方式，并不在电路交换的模式下工作。

2. 窄带综合业务数字网

窄带综合业务数字网(N-ISDN)是以电路交换为基础的网络，因此具有延时低且固定的特点。它的用户接入速率有两种：基本速率 144 kb/s(2B+D) 和基群速率 2.048 kb/s (30B+D)。由于 ISDN 实现了端到端的数字连接，从而可以支持包括话音、数据、图像等各种多媒体业务，能够满足不同用户的要求。通过多点控制单元建立多点连接，在 N-ISDN 上开放中等质量或较高质量的可视电话会议和电视会议已经是相当成熟的技术。

3. 数字数据网

数字数据网(DDN)利用电信数字网的数字通道传输,采用时分复用技术、电路交换的基本原理实现,提供永久或半永久连接的数字信道,传输速率为 $n \times 64$ kb/s$(n=1 \sim 32)$,其传输通道对用户数据完全透明。DDN 半永久性连接是指 DDN 提供的信道是非交换型的,用户可提出申请,在网络允许的情况下,由网络管理人员对用户提出的传输速率、传输数据的目的地和传输路由进行修改。DDN 的传输媒体有光缆、数据微波、卫星信道以及用户端可用的普通电缆和双绞线。

DDN 的延时较低而且固定(在 10 个节点转接条件下最大时延不超过 40 ms),带宽较宽,适于多媒体信息的实时传输。但是,无论开放点对点、还是点对多点的通信,都需要由网管中心来建立和释放连接,这就限制了它的服务对象必须是大型用户。会议室型的电视会议系统常常使用 DDN 信道。

DDN 由数字传输电路和相应的数字交叉连接复用设备组成(如图 7-2 所示)。数字传输电路主要以光缆传输为主,数据交叉连接复用设备对数字电路进行半固定交叉连接和子速率的复用。它主要由 DTE、DSU、NMC 几部分组成。

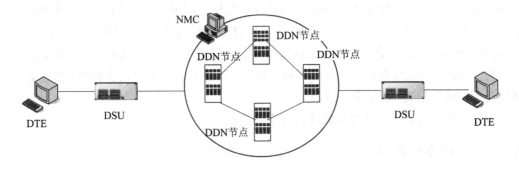

图 7-2　DDN 的结构

DTE:数据终端设备(用户端设备)。接入 DDN 的用户端设备可以是局域网(通过路由器连至对端),也可以是一般的异步终端或图像设备、传真机、电话机等。DTE 和 DTE 之间是全透明传输。

DSU:数据业务单元。一般可以是调制解调器或基带传输设备以及时分复用、语音/数据复用等设备。

NMC:网管中心。可以方便地进行网络结构和业务的配置,实时地监视网络运行情况,进行网络信息、网络节点告警、线路利用情况等收集统计报告。

1) DDN 的功能服务及适用范围

(1) 租用专线业务:

① 点对点业务:提供 2.4 kb/s、4.8 kb/s、9.6 kb/s、19.2 kb/s、$N \times 64$ kb/s$(N=1 \sim 31)$ 及 2 Mbps 的全透明传输通道,适用于信息量大、实时性强的数据通信,特别适合金融、保险领域客户的需要,如图 7-3 所示。

② 多点业务:多点业务又可分为如下三类,广播多点、双向多点和多点会议。

· 广播多点——主机同时向多个远程终端发送信息,适用于金融、证券等集团用户总

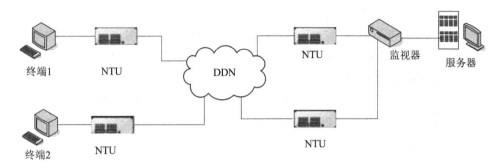

图 7-3　DDN 点对点业务的组网模型

部与其分支机构的业务网，发布证券行情、外汇牌价等行业信息。

• 双向多点——多个远程终端通过争用或轮询方式与主机通信，适用于各种会话式、查询式的远程终端与中心主机互连，可应用于集中监视、信用卡验证、金融事务、多点销售、数据库服务、预定系统、行政管理等领域。

• 多点会议——可以利用任意一点作为广播源组建电视会议系统。

（2）帧中继业务：用户以一条物理专线接入 DDN，可以同时与多个点建立帧中继电路（PVC）。多个网络互连时，实现传输带宽动态分配，可大大减少网络传输时延，避免通信瓶颈，加大网络通信能力，适用于具有突发性质的业务应用，如大中小型交换机的互连、局域网的互连。

（3）话音/传真业务：支持话音传输，提供带信令的模拟连接 E1，用户可以直接通话或接到自已内部交换机进行通话，也可以连接传真机。该业务适用于需要远程热线通话和话音与数据复用传输的用户。

（4）虚拟专网功能：用户可通过 DDN 提供的虚拟专用网（Virtual Private Network，VPN）功能，利用公用网的部分资源组成本系统的专用网，在用户端设立网管中心，用户自已管理自已的网络。该业务主要适用于集团客户（如银行、铁路等）。

2）DDN 的网络结构分类

DDN 的网络结构按网络的组建、运营、管理和维护的责任地理区域，可分为一级干线网、二级干线网和三级本地网。各级网络根据其网络规模、网络和业务组织的需要，参照 DDN 节点类型，选用适当类型的节点，组建多功能层次的网络。可由 2 兆节点组成核心层，主要完成转接功能；由接入节点组成接入层，主要完成各类业务接入；由用户节点组成用户层，完成用户入网接口。

一级干线网由设置在各省、自治区和直辖市的节点组成，它提供省间的长途 DDN 业务。一级干线节点设置在省会城市，根据网络组织和业务量的要求，一级干线网节点可与省内多个城市或地区的节点互联。

在一级干线网上，选择有适当位置的节点作为枢纽节点，枢纽节点具有 E1 数字通道的汇接功能和 E1 公共备用数字通道功能。网络各节点互联时，应遵照下列要求：

• 枢纽节点之间采用全网状连接；
• 非枢纽节点应至少保证两个方向与其他节点相连接，并至少与一个枢纽节点连接；
• 出入口节点之间、出入口节点到所有枢纽节点之间互联；

• 根据业务需要和电路情况，可在任意两个节点之间连接。

二级干线网由设置在省内的节点组成，它提供本省内长途和出入省的 DDN 业务。根据数字通路、DDN 网络规模和业务需要，二级干线网上也可设置枢纽节点。当二级干线网在设置核心层网络时，应设置枢纽节点。

本地网是指城市范围内的网络。本地网为其用户提供本地和长途 DDN 业务。根据网络规模、业务量要求，本地网可以由多层次的网络组成。本地网中的小容量节点可以直接设置在用户的室内。

3）DDN 的用户接入方式

DDN 作为数据通信的支撑网络，是为用户提供高速、优质的数据传输通道的，为用户网络的互连提供了桥梁作用。如果离开了客户的接入，它也就失去了存在的意义。但由于客户是千变万化的，其终端设备或网络设备的接入也存在差异，这里就常用的几种用户接入方式进行说明，不局限于具体的哪种用户终端设备。

用户终端可以是一般异步终端、计算机或图像设备，也可以是电话机、电传机或传真机，它们接入 DDN 的方式依其接口速率和传输距离而定。一般情况下，用户端设备距 DDN 的网络设备相距有一定的距离，为了保证数据通信的传输质量，需要借助辅助手段，如调制解调器、用户集中器等，下面就分 5 个方面来说明，它们分别是：

（1）通过调制解调器接入 DDN。这种接入方式在数据通信领域应用最为广泛，如图 7-4 所示。在模拟专用网和电话网上开放的数据业务都是采用这种方式。这种方式一般是在客户距 DDN 的接入点比较远的情况下采用。在这种接入方式下，位于 DDN 局内的调制解调器从接收信号中提取定时标准，并产生本地调制解调器和用户终端设备所用的定时信号。当模拟线路较长时，由于环路时延的变化，使接入局内的调制解调器的接收输出定时与 DDN 设备提供的改善定时之间会有较大的相位差，因此需要加入一缓冲存储器来加以补偿。

图 7-4　通过调制解调器接入 DDN

调制解调器又分为基带传输和频带传输两种。基带传输是一种重要的数据传输方式，其作用是形成适当的波形，使数据信号在带宽受限的传输通道上通过时，不会由于波形迭加而产生码间干扰；频带传输是利用给定线路中的频带，作为通道进行数据传输，它的应用范围要比基带广泛得多，传输距离也较基带要长。调制解调器根据收、发信号占用电缆芯数的不同，可以分为二线和四线。在要求传输距离长、速率高的情况下，应选择四线。随着科学技术的发展调制解调器不仅能够满足 ITU-T V.24、G.703（64 kb/s）、V.35 和 X.21建议所能支持的端口速率，而且支持 G.703 2048 kb/s 的高速速率。

（2）通过 DDN 的数据终端设备接入 DDN。这种方式是客户直接利用 DDN 提供的数据终端设备接入 DDN，而无需增加单独的调制解调器，如图 7-5 所示。

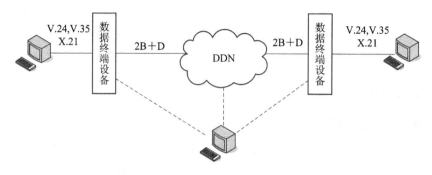

图 7-5　通过 DDN 的数据终端设备接入 DDN

这种方式的优点有：

· 在局端无需增加调制解调器而只在客户端放置数据终端设备。

· DDN 网络管理中心能够对其所属的数据终端设备进行远端系统配置、日常维护管理，使设备本身或所连实线的邦联提高了系统可靠性运行程度。DDN 提供的数据终端设备接口标准符合 ITU-T V.24、V.35、X.21 建议，接口速率范围在 2.4 kb/s 到 128 kb/s 之间。

（3）通过用户集中设备接入 DDN。DDN 的这种方式适合于用户数据接口需求量大或客户已具备用户集中设备的情况。用户集中设备可以是零次群复用设备，也可以是 DDN 所提供的小型复用器。零次群复用设备是通过子速率复用，将多个 2.4 kb/s、4.8 kb/s、9.6 kb/s 的数据速率复用成 64kb/s 的数字流，经过一定的手段接入 DDN，如图 7-6 所示。子速率复用格式可以是 X.50 复用格式，也可以是客户双方自行约定的格式。DDN 提供的小型复用器具有比零次群复用设备更为灵活的特点，不仅可以支持 2.4 kb/s、4.8 kb/s、9.6 kb/s 的数据速率，而且可以支持更高速率，如图 7-6 所示。

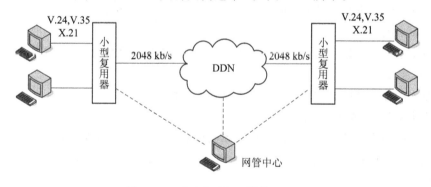

图 7-6　通过小型复用器接入 DDN

在客户需要的情况下也可以提供话音、传真业务，可适用于 V.24、V.35、X.21 和音频接口。此外，DDN 对其所属的小型复用器具有检测、高度和管理能力。

（4）通过模拟电路接入 DDN。这种方式主要适用于电话机、传真机和用户交换机（PBX）经模拟电路传输后接入 DDN 音频接口的情形。在这里，实现模拟传输的手段可以是市话音频电缆，也可以是无线模拟特高频。

（5）通过 2048 kb/s 数字电路接入 DDN。在 DDN 中，网络设备都配置了标准的符合 ITU-T 建议的 G.703 2048 kb/s 数字接口。如果用户设备能提供同样接口的可以就近接入 DDN。在这种接入方式中，业务所需的数字传输电路可以和其他的通信业务（如电话）统一进行建设，如合建 PCM 电缆系统、传输系统。在线路条件比较差的地区，还可以采用合建数字微波、数字特高频等。

7.2.2 分组交换网络

1. 分组交换公众数据网

分组交换公众数据网（Packet Switched Public Data Network，PSPDN）是基于 X.25 协议的网络，它可以动态地对用户的信息流分配带宽，有效地解决突发性、大信息流的传输问题，需要传输的数据在发送端被分割成单元（分组或包），各节点交换机存储来自用户的数据包，等待电路空闲时发送出去。由于路由的不固定和线路繁忙程度的不同，各个数据包从发送端到接收端经历的延时可能很不相同，而且网络由软件完成复杂的差错控制和流量控制，造成较大的延时，这些都使连续媒体的同步和实时传输成为问题。

随着光纤越来越普遍地作为传输媒介，传输出错的概率越来越小，在这种情况下，重复地在链路层和网络层实施差错控制，不仅显得冗余，而且浪费带宽，增加报文传输延迟。由于 PSPDN 是在早期低速、高出错率的物理链路基础上发展起来的，其特性已不再适应目前多媒体应用所需要的高速远程链接的要求。因此，PSPDN 不适合于开放的多媒体通信业务。

2. 帧中继

分组交换是提供低速分组服务的有效工具，但是由于受到 X.25 网络体系的限制，它不能很好地提供高速服务，所以帧中继（Frame Relay，FR）就在这样的基础和期望上诞生了，它是在 X.25 基础上改进的一种快速分组交换技术。为了适应高速交换网的体系结构，帧中继在 OSI 模型的第二层用简单的方法传送和交换数据单元。

帧中继的特点是：

· 适用于传送数据业务（要求传输速率高，信息传输的突发性大），对各类 LAN 通信规程的包容性好。

· 使用的传输链路是逻辑连接，而不是物理连接。

· 简化了 X.25 的第三层协议。

· 在链路层完成统计复用、透明传输和错误监测（不重复传输）功能。

· 帧中继的用户接入速率在 64 kb/s～2 Mb/s 之间，最高可提高到 8～10 Mb/s，今后将达到 45 Mb/s。

· 有合理的带宽管理机制。用户除实现预约带宽外，还允许突发数据预定的带宽。

· 采用面向连接的交换方式，可提供 SVC（交换虚电路）业务和 PVC（永久虚电路）业务。

初期的帧中继只允许建立永久性的虚连接（Permanent Virtual Connection，PVC），而且对带宽和延时抖动没有什么保障，难以支持实时多媒体信息的传输。近年来，一些厂家在帧中继中引入了资源分配机制，以虚电路来仿真电路交换的网络，从而使带宽或延时抖动的限制得到了一定程度的保障。

在帧中继中也有可能加入优先级机制，以便给予声音和图像数据流以高优先级，有利于它们的实时传输。还有一些厂家建议将实时数据的压缩和解压缩部件集成到帧中继设备中构成所谓的帧中继交换机。从以上可以看出,帧中继对多媒体信息传输的支持程度主要取决于实现它的具体环境和设备。

3. ATM 网

在高速分组交换基础上发展起来的异步传输模式(Asynchronous Transfer Mode, ATM)是 ITU-T 为宽带综合业务数字网(B-ISDN)所选择的传输模式。ITU-T 曾断言, 基于 ATM 的 B-ISDN 是网络发展的必然趋势。

但 20 世纪 90 年代以来,互联网以其业务丰富、使用便利、费用低廉等特点得到了迅猛发展。与此同时,B-ISDN 因业务价格高昂等原因未能得到预期的发展。不过 ATM 作为一种高速包交换和传输技术在构建多业务的宽带传输平台方面仍具有一定的位置。

ATM 网是面向连接的网络,终端(或网关)通过 ATM 的虚通道相互连接。ATM 虚电路交换既适用于话音业务,又适用于数据业务。ATM 继承了电路交换网络中高速交换的优点,信元在硬件中交换。当发送端和接收端之间建立起虚通道以后,沿途的 ATM 交换机直接按虚通道传输信元,而不必像一般分组网的路由器那样,利用软件寻找每个数据包的目的地址,再寻找路由。同时,它还继承了分组交换网络中利用统计复用提高资源利用率的优点,几个信元可以被结合到一条链路上,网络给该链路分配一定的带宽。与一般的分组交换网络有所不同的是,它有一定的措施防止由于过多的信元复用同一链路或信元送入过多的数据而导致网络的过负荷。ATM 的流量控制对用户的 QoS 要求得到统计性的保障有重要的意义。

ATM 网具有高吞吐量、低延时和高速交换的能力。它所采用的统计复用能够有效地利用带宽、允许某一数据流瞬时地超过其平均速率,这对于突发度较高的多媒体数据是很有利的。此外,它具有明确定义地服务类型和同时建立多个虚通道的能力,既能满足不同媒体传输的 QoS 要求,又能有效地利用网络资源。尽管有这些优势,ATM 在多媒体通信上也有一些限制。一个值得注意的问题是信元丢失率,一般来说,ATM 网的信元丢失率在 $10^{-10} \sim 10^{-8}$ 左右,可以在接收端通过时间或空间上的内插重建丢失的数据。此外,ATM 的标准支持多播,但 ATM 全网的多播目前并没有实现,只有某些 ATM 交换机具有局部的复制信元的功能。

4. 传统 IP 网

IP 网是指使用一组 Internet 协议(Internet Protocol)的网络。从传统意义上说,IP 网是指人们熟悉的因特网(Internet)。除此之外,IP 网还包括其他形式的使用 IP 协议的网络,例如企业内部网(Intranet)等。Internet 以其丰富的网上资源、方便的浏览工具等特点发展成在世界内广泛使用的信息网络。

IP 网在发展初期并没有考虑在其网络中传输实时多媒体通信业务。它是一个"尽力而为"的、无连接的网络,注重的是传输的效率而非质量,不提供 QoS 保障。当网络拥塞时,则将过剩的数据包丢弃,因此会发生数据丢失或失序现象,从而影响通信质量。又由于网络中的路由器采用存储-转发机制,会产生传输延时抖动,不利于多媒体信息的实时传输。

由于在传统 IP 网上多媒体传输的带宽和延时抖动等要求都得不到保障,因此在 IP 网络上开展实时多媒体应用存在一定问题。

由于 IP 网在当今和下一代网络中占据重要的位置，因此从某种意义上可以说，研究和改善多媒体信息在 IP 网上传输的性能是多媒体通信领域的一个核心问题。

7.2.3 宽带 IP 网

随着因特网用户数量的急剧增加，同时在因特网上不断开发出新的应用，传统的 IP 网络已经不能满足用户的需求，例如不能保证服务质量 QoS，特别是对实时性要求高的视频、音频等多媒体业务的支持；网络规模的扩大使得路由表变得非常复杂，寻址速度降低等。针对这样的情况，需要对传统的因特网技术进行重新设计使其具备高速、安全、扩展容易、支持多类型业务等特点。

为了解决传统 IP 网络存在的问题，人们研究了 IP 与 ATM、SDH 和 WDM 等技术的结合，充分利用了这些网络的优点，实现了 IP over ATM、IP over SDH 和 IP over WDM 等技术，进而实现了 IP 网络的高速、宽带，降低了网络的复杂程度，大幅度提高了网络性能，保证了服务质量。

下面逐个讨论上面的三种网络形式。

1. IP over ATM

IP 网传统上是由路由器和专线组成的，用专线将地域上分离的路由器连接起来构成 IP 网。这样的组网模式曾经使用了很长一段时间，随着 IP 业务的爆炸性发展，显然不能满足高速发展的 IP 业务的要求。低速(2~4.5 Mb/s)专线和为普通业务设计的路由器，在很多性能上无法满足新业务的需要，网络技术的变化和演进是必然的，网络技术演进的首选技术将是 IP over ATM，图 7 - 7 给出了 IP over ATM 的分层模型。

音频、视频、数据等
IP
ATM
SDH
WDM

图 7 - 7 IP over ATM 的分层模型

尽管 ATM 是 IP 之后发展起来的一种分组交换技术，它的确克服了 IP 原来设计的不足，其性能大大优于 IP，曾经被看作是 B - ISDN 的核心，是通信发展过程中的一颗新星。但由于它过于复杂，过于求全、求完善、求完美，从而大大增加了系统的复杂性及设备的价格。

随着 IP 网的爆炸性发展，ATM 作为 IP 业务的承载网将具有特殊的好处。与路由器加专线相比，至少它可以提供高速点对点连接，从而大大提高 IP 网的带宽性能。当 ATM 以网络形式来承载 IP 业务时，还可以提供十分优良的网络整体性能。

用 ATM 来支持 IP 业务有两个问题必须解决：其一，ATM 的通信方式是面向连接的，而 IP 是无连接的。要在一个面向连接的网上承载一个非连接的业务，有很多问题需要解决，如呼叫建立时间、连接持续期等。其二，ATM 是以 ATM 地址寻址的，IP 通信以 IP 地址来寻址，在 IP 网上端到端是以 IP 寻址的，而传送 IP 包的承载网（ATM 网）是以 ATM 地址寻址的，IP 地址和 ATM 地址之间的映射是一个很大的难题。

1）IP over ATM 的分层模型

IP over ATM 的分层模型（图 7 - 7）在 ATM 网络中有两种不同的模型，即重叠型和集成型。

（1）重叠型。重叠型将 ATM 层与 IP 层分开，系统中同时使用 ATM 地址和 IP 地址。所有的 ATM 系统需要同时被赋予 ATM 地址和 IP 地址，ATM 地址和 IP 地址没有任何相关性，因此需要设计地址解析协议完成将 IP 地址转换为 ATM 地址的工作。重叠型允许 ATM 和 IP 协议分开来独自开发。目前的重叠型有局域网仿真（LANE）、在 ATM 上传送传统的 IP（CIPOA：Classical IP over ATM）和 ATM 上的多协议（MPOA：Mutiprotocol over ATM）等。

（2）集成型。集成型又称为对等型，将 ATM 层看作 IP 层的对等层，这种模型中 ATM 网络使用与 IP 网络相同的地址方案，因此不需要地址解析协议，ATM 端点由 IP 地址来识别，ATM 信令使用 IP 地址进行通路的建立。集成型简化了端系统地址管理功能，但同时又增加了 ATM 交换机的复杂度，ATM 交换机必须具有多协议路由器的功能。目前的集成型有 IP 交换、标记交换（Tag Switch）和多协议标签交换（Multi Protocol Label Switching，MPLS）三种类型。

IP over ATM 模型的基本原理是：将 IP 数据包在 ATM 层全部封装为 ATM 信元，以 ATM 信元形式在信道中传输。当网络中的交换机接收到一个 IP 数据包时，它首先根据 IP 数据包的 IP 地址通过某种机制进行路由地址处理，按路由转发。然后，按已计算的路由在 ATM 网上建立虚电路（VC）。以后的数据包将在此虚电路上顺序传输，再经过路由器，从而有效解决了 IP 的路由器的瓶颈问题，并可将 IP 包的转发速度提高到交换速度。

20 世纪 90 年代以来，多种基于 ATM 和 IP 的高速网络技术相继提出，但是它们只解决了 ATM 技术和 IP 技术融合的部分问题，如 LANE 和 MPOA 可以利用 ATM 提供一定的 QoS 保证，但扩张性存在问题，而 IP 交换和标记交换保证了一定的 QoS 和扩张性，但是在协议完善性上依然存在问题。

在这样的背景下，多协议标签交换 MPLS 的提出较好地解决了 QoS 和扩张性问题，IETF 提出的 MPLS 基于 Cisco 公司的标签交换并吸收了其他技术的优点，已经成为 ATM 和 IP 技术相结合的最佳方案，在 ATM 交换机和 IP 路由器中得到了广泛的应用。

2）IP 路由器和 ATM 交换机构成宽带数据通信网组网方式

IP 路由器和 ATM 交换机构成宽带数据通信网络存在两种方式：

（1）宽带数据通信网组网方式 1。20 世纪 90 年代中期，这时 IP 路由器由于技术的限制，速率相对较低，不能满足高速宽带的要求，而 ATM 交换机的交换速率高，可以支持宽带综合业务，因此，ATM 交换机作为骨干网的核心交换机，而 IP 路由器作为接入设备连接各个用户，如图 7 - 8 所示。

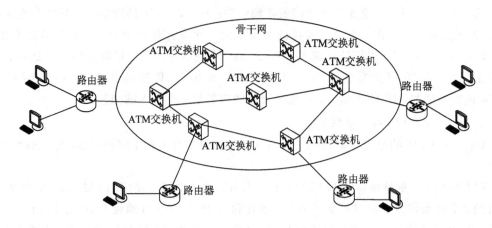

图 7-8　宽带数据通信网组网方式 1

　　(2) 宽带数据通信网组网方式 2。21 世纪，随着技术的不断进步，能够支持 T 比特和 G 比特交换的路由器投入使用，这时的 IP 路由器的速度已经接近甚至超过 ATM 交换机的速度，而且价格相对较低，因此这时 IP 路由器作为骨干网的核心设备，而由于 ATM 交换机支持多业务的性能比 IP 路由器要好，因此将 ATM 交换机作为接入交换机，如图 7-9 所示。

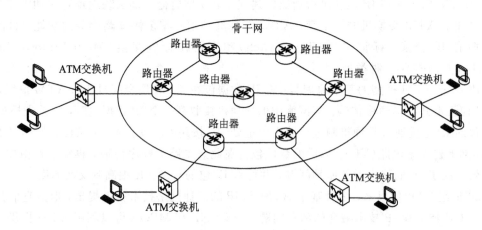

图 7-9　宽带数据通信网组网方式 2

　　ATM 网络的优点是速度快、支持多业务、服务质量高，而 IP 网络的优点是网络结构简单，扩容容易，连接灵活。IP 技术和 ATM 技术的结合，实现了 IP 交换功能，可以为用户提供高速、灵活、保证服务质量的服务。不足之处在于网络结构复杂，开销大，实现较困难。

2. IP over SDH

　　IP over SDH 是以 SDH 网络作为 IP 网络的数据传输网络的。它完全兼容传统的 IP 网络结构，只是在物理链路上使用了更高速率、更稳定可靠的 SDH 网络结构，SDH 提供了点到点的网络连接，网络的性能主要取决于 IP 路由器的性能，IP over SDH 的优点是：网络结构简单，传输效率高。IP over SDH 的分层模型如图 7-10 所示。

　　SDH 网络具有高速、灵活、可靠性高等特点，为 IP 的传输提供了性能优异的传输平

音频、视频、数据等
IP
SDH
WDM

图 7-10　IP over SDH 的分层模型

台。IP over SDH 首先使用 PPP 协议(Point to Point Protocol)对 IP 数据分组封装为 PPP 帧，然后在 SDH 通道层业务适配器将 PPP 帧映射到 SDH 净荷中，然后经过 SDH 传输层和段层，加上相应的开销，把净荷装入 SDH 帧中，最后数据交给光纤网进行传输。根据 OSI/RM，SDH 属于第一层物理层，负责提供物理通道来透明的传送比特流，IP 属于第三层网络层，完成无连接的源端到目的端的数据传输。因此需要定义位于 IP 和 SDH 之间的第二层数据链路层，完成数据链路层的功能。IETF 定义了 PPP 协议来执行数据链路层功能，实现了 IP over SDH 技术。

PPP 协议完成了点到点链路上传输多协议数据包的功能。PPP 具有三部分功能：

- 多协议数据的封装；
- 支持不同网络层协议的封装控制协议 NCP；
- 用于建立、配置、监测连接的链路控制协议 LCP。

PPP 首先完成对 IP 数据分组的封装，为了支持不同的网络层协议(IP、IPX 等)，又制定了对应的封装控制协议 NCP，同时，在 PPP 层下的物理传输系统也不相同，包括 SDH、FR、ISDN 等，因此制定了相应的链路控制协议 LCP。

对于 IP over SDH，PPP 主要完成数据封装功能，该功能很简单，PPP 帧头部只有两个字节，没有地址信息，采用无连接的数据传输。由于 PPP 帧中的开销较低，所以可以提供更大的吞吐量。

目前，各个发达国家和我国的骨干网均采用了 SDH 传输体制，为在因特网主干网采用 IP over SDH 创造了良好的条件。SDH 网络具有很好的兼容性，支持不同体系、不同协议的数据传输，IP over SDH 技术具有较高的吞吐量，较高的信道利用率，满足 IP 网络通信的需求，可以提供较高的带宽资源。SDH 配置为点到点的数据传输通道，PPP 提供高效的数据链路层封装机制，因此，IP over SDH 技术对现有的因特网网络结构没有大的改变，相对于其他物理传输网络来说，具有网络结构简单、传输效率高等特点。IP over SDH 可以使 SDH 的 2 Mb/s、45 Mb/s、155 Mb/s 、622 Mb/s 甚至更高的 SDH 接口。可以看出，决定 IP over SDH 网络性能的关键是高速的路由器，只有加速开发新型的高速路由器，提高路由器的性能，才能充分发挥 SDH 网络高速传输的特性。新型高速路由器的发展，将会把 IP over SDH 技术的性能提高一个层次。

这种结构将 IP 分组通过 PPP 协议映射到 SDH 的虚容器中，简化了网络结构，提高了传输效率，降低了成本，适合于点对点的 IP 骨干通信网。

IP over SDH 技术存在的问题是：仅对 IP 提供了较好的支持，对其他网络层协议的支持有限，不适合多业务平台，不能提供像 IP over ATM 一样的服务质量 QoS 保障。

3. IP over WDM

IP over WDM 也称为光因特网或光互联网，是直接在光纤上运行的因特网。它是由高性能 WDM 设备、高速路由器组成的数据通信网络，是结构最简单、最经济的 IP 网络体系结构，是 IP 网络发展的最终目标。IP over WDM 的分层模型如图 7-11 所示。

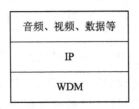

图 7-11　IP over WDM 的分层模型

IP 层主要完成数据的处理功能，主要设备包括有路由器、ATM 交换机等，WDM 负责完成数据传送，主要设备是 WDM 设备。在 IP 层和 WDM 层之间有层间适配和管理功能，主要完成将 IP 数据适配为 WDM 适合传送的数据格式，使 IP 层和 WDM 层相互独立。

波分复用(Wavelength Division Multiplexing, WDM)是一种在光域实现的充分利用光纤宽带传输特性的复用技术，原理上属于频分复用技术。

WDM 的出现为光纤通信技术带来了新的发展，WDM 技术从开始的二波长复用(1310 nm/1550nm)，发展到今天可以实现在一个低损耗窗口实现几十或上百个波长复用，系统容量得到了极大提高。WDM 技术可以分为三类：宽波分复用技术 WWDM、密集波分复用技术 DWDM 和粗波分复用技术 CWDM。在这三种技术中，DWDM 是使用最广泛的一种，但是对光源和复用/解复用的器件的要求最高，成本也最高。

DWDM 通常工作在 1550 nm 窗口，波长间隔小于 1000 GHz 的 WDM 技术，随着技术的进步，波长间隔可以小于 50 GHz 甚至 25 GHz，随着波长间隔的减小，在一个窗口中可以复用更多的波长，传输容量也就越大。

DWDM 采用了两项技术：一是动态波长稳定的窄光光源，使用具有谱线窄而且动态波长稳定的分布反馈型 LD 光源；二是高分辨率波分复用器件，平面光波导技术、薄膜干涉技术和光纤光栅技术为 DWDM 提供了所需的波分复用器。

DWDM 的优点如下：

· 充分利用光纤的带宽资源，使光纤的传输容量成几倍或几十倍增加；

· 节约成本，使用复用技术可以在一根光纤上传输多路信号，这样可以在长途传输中节省光纤数量，而且扩容简单。

· 不同的波长根据用户要求可以支持不同的业务，完成信息的透明传输，可以实现业务的综合和分离。这也是 IP over WDM 的技术基础。

IP over WDM 包括光纤、激光器、EDFA、光耦合器、光放大器、光再生器、光转发器、光分插复用器 OADM、光交叉连接器 OXC 和高速路由器等部件。主要部件的功能如下：

· 光纤采用了 G.665 非零色散偏移光纤，它的特点是色散的非线性效应小，最适合WDM 系统。

· 光分插复用器(Optical Add Drop Multiplexer,OADM)的主要功能是将不同波长的多路光信号进行复用以及从合路的光信号中分出一个或多个光信号。

· 光交叉连接器(Optical Cross Connector,OXC)的主要功能是对不同光纤链路的DWDM的波道实现交叉连接的设备。OADM 和 OXC 主要在长途 WDM 中使用。

· 光耦合器的作用是将不同波长的光信号复用以及解复用。

· 在 1550 nm 窗口使用的光放大器是掺铒光纤放大器 EDFA,EDFA 可以同时放大WDM 中的所有光信号。

· 光转发器接收由路由器或其他设备传送的光信号,并产生要插入光耦合器的正确波长的光信号。

IP over WDM 中使用的 WDM 常用点对点的传输方式,如图 7-12 所示。

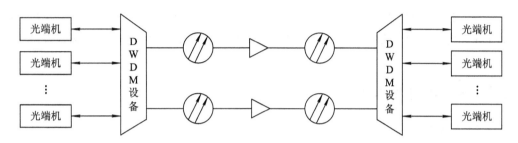

图 7-12 DWDM 传输示意图

其工作过程是:

(1) 将接收的电信号提供给光端机进行电光变换得到光信号。

(2) 通过 DWDM 设备将不同波长的光信号进行复用,这时使用的设备包括有光耦合器等。

(3) 通过光纤传输信号,如果传输距离长,光信号有一定的衰减,因此需要通过光放大器对光信号进行放大。

(4) 接收端 DWDM 设备将接收的光信号进行解复用。

(5) 将解复用后的光信号送至光端机进行光电变换,获得的电信号交给后端设备进一步处理。

IP over WDM 的帧结构有两种形式:SDH 帧结构和吉比特以太网帧结构。

(1) SDH 帧结构:采用 SDH 帧格式时,帧头中载有信令和足够的网络管理信息,便于网络管理,但是在路由器接口上,对于 SDH 帧的拆装处理比较耗时,影响了网络吞吐量和性能。而且采用 SDH 帧结构的转发器和再生器价格较高。

(2) 吉比特以太网帧结构:这种格式报头所包含的网格状态信息不多,网络管理能力较弱,但是由于没有使用造价昂贵的再生设备,因此这种设备的价格相对较低。而且由于和主机的帧格式相同,因此在路由器接口上无需对帧进行拆装操作,因此时延降低。

IP over WDM 的特点如下:

· 充分利用光纤的高宽带特性,极大的提高了传输速率和线路利用率。

· 网络结构简单,IP 数据分组直接在光纤上传送,减少了中间层(ATM、SDH),开销最低,提高了传送效率。

- 通过业务量工程设计，可以与 IP 的不对称业务量特性相匹配。

- 对传送速率、数据格式透明，可以支持 ATM、SDH 和吉比特以太网数据。

- 可以和现有网络兼容，还可以支持未来的宽带综合业务网络。

- 节省了 ATM 和 SDH 设备，简化了网管，又采用了 WDM，其网络成本可望降 1～2 个量级。

IP over WDM 进一步简化了网络结构，去掉了 ATM 层和 SDH 层，IP 分组直接在光纤上传送，具有高速、成本低等特点，适合骨干网传输要求。

IP over WDM 也存在着一些问题，首先是波长的标准化工作还没有完成，其次是 WDM 的网络管理功能较弱，还有 WDM 的网络结构只使用了点对点的结构，还没有充分利用光网络的特性。

对于宽带 IP 网络通信来说，IP over ATM、IP over SDH 和 IP over WDM 各有优势，但也存在一定的缺点，从发展角度看，IP over WDM 更具竞争力，会成为未来宽带 IP 网络的主要网络结构。

7.2.4　下一代网络 NGN

1. NGN 概念

NGN 是 Next Generation Network 的缩写，字面意思是下一代网络。当前所谓的下一代网络是一个很松散的概念，不同的领域对下一代网络有不同的看法。一般来说，所谓下一代网络应当是基于"这一代"网络而言，在"这一代"网络基础上有突破性或者革命性进步才能称为下一代网络。

在计算机网络中，"这一代"网络是以 IPv4 为基础的互联网，下一代网络是以高带宽以及 IPv6 为基础的 NGI(下一代互联网)。在传输网络中，"这一代"网络是以 TDM 为基础，以 SDH 以及 WDM 为代表的传输网络，下一代网络是以 ASON(自动交换光网络)以及 GFP(通用帧协议)为基础的网络。在移动通信网络中，"这一代"网络是以 GSM 为代表的网络，下一代网络是以 3G(主要是 WCDMA 和 CDMA2000)为代表的网络。在电话网中，"这一代"网络是以 TDM 时隙交换为基础的程控交换机组成的电话网络，下一代网络是指以分组交换和软交换为基础的电话网络。

从业务开展角度来看，"这一代"网络主要开展基于话音、文字或图像的单一媒体业务，下一代网络应当开展基于视频、音频和文字图像的混合多媒体业务。从电信网络层以下所采用的核心技术来看，"这一代"网络是以 TDM 电路交换为基础的网络，下一代网络在网络层以下将以分组交换为基础构建。

总体来说，我们认为广义上的下一代网络是指以软交换为代表、IMS 为核心框架，能够为公众灵活提供大规模视频话音数据等多种通信业务，以分组交换为业务统一承载平台，传输层适应数据业务特征及带宽需求，与通信运营商相关，可运营、维护、管理的通信网络。

2. NGN 主要特征

NGN 的主要特点是能够为公众灵活、大规模地提供以视讯业务为代表，包含话音业务、互联网业务在内的各种丰富业务。当前所谓的电信网是为电话业务设计的,实质上是为电话网服务的。要适应 NGN 多业务、灵活开展业务的特征,必须要有新的网络结构来支持。一般来说,NGN 主要有如下特征:

1) NGN 是业务独立于承载的网络

传统电话网的业务网就是承载网,结果就是新业务很难开展。NGN 允许业务和网络分别提供和独立发展,提供灵活有效的业务创建、业务应用和业务管理功能,支持不同带宽的、实时的或非实时的各种多媒体业务使用,使业务和应用的提供有较大的灵活性,从而满足用户不断增长的对新业务的需求,也使得网络具有可持续发展的能力和竞争力。

2) NGN 采用分组交换作为统一的业务承载方式

传统的电话网采用电路(时隙)方式承载话音,虽然能有效传输话音,但是不能有效承载数据。NGN 的网络结构对话音和数据采用基于分组的传输模式,采用统一的协议。NGN 把传统的交换机的功能模块分离成为独立的网络部件,它们通过标准的开放接口进行互联,使原有的电信网络逐步走向开放,运营商可以根据业务的需要,自由组合各部分的功能产品来组建新网络。部件间协议接口的标准化可以实现各种异构网的互通。

3) NGN 能够与现有网络如 PSTN、ISDN 和 GSM 等互通

现有电信网规模庞大,NGN 可以通过网关等设备与现有网络互联互通,保护现有投资。同时 NGN 也支持现有终端和 IP 智能终端,包括模拟电话、传真机、ISDN 终端、移动电话、GPRS 终端、SIP 终端、H.248 终端、MGCP 终端、通过 PC 的以太网电话、线缆调制解调器等。

4) NGN 是安全的、支持服务质量的网络

传统的电话网基于时隙交换,为每一对用户都准备了双向 64 kb/s 的虚电路,传输网络提供的都是点对点专线,很少出现服务质量问题。NGN 基于分组交换组建,则必须考虑安全以及服务质量问题。当前采用 IPv4 协议的互联网只提供尽力而为的服务,NGN 要提供包括视频在内的多种服务则必须保证一定程度的安全和服务质量。

5) NGN 是提供多媒体流媒体业务的多业务网络

当前电信网业务主要关注话音业务。数据业务虽然已超过话音,但是在盈利方面还有待提高。大规模并发流媒体以及互动多媒体业务是当前宽带业务的代表,因此仍然以话音和传统互联网数据业务为主的 NGN 是没有意义的。NGN 必须在服务质量以及安全等保障下提供多媒体流媒体业务。

7.3 视频通信用户接入

用户接入网一般指市话端局到用户之间的网络。在现在的用户接入网中,可采用的接入技术五花八门,但归纳起来主要的接入技术可分为基于对绞线铜缆的传统接入网技术、混合光纤/同轴电缆(HFC)用户接入网技术、无线接入网技术和光纤接入网技术等四种类型。各种不同接入方式分类如表 7-2 所示。

表 7－2　各种不同接入方式分类

接入网	有线接入	铜线接入	ISDN xDSL HomePNA
		光纤接入	FTTC FTTB FTTH
		光纤同轴混合接入	HFC SDV
	无线接入	固定终端	单区制无线接入 MARS MMDS LMDS VSAT WLAN
		移动终端	无线寻呼系统 集群通信系统 无绳电话通信系统 蜂窝移动电话通信系统 卫星移动通信系统

其中，铜线接入是以原有铜质导线线路为主，在用户线上通过采用先进的数字信号处理技术来提高双绞铜线对的传输容量，向用户提供各种业务的接入手段。混合光纤/同轴电缆接入是以光缆为主干传输，经同轴电缆分配给用户，采用一种渐进的光缆化方式。无线接入包括固定无线接入网和移动无线接入网，用户终端固定或是作有限移动时的接入叫做固定无线接入，用户终端移动时的接入叫做移动接入。

接入网的最终发展目标是接入网的光纤化，就是人们通常说的光纤到家（即 FTTH）。但由于成本和目前用户业务需求的限制，世界上还没有一个国家一步到位实现 FTTH 这一最终目标，而都是采用多种方式实现光纤用户接入网技术。通常可把光纤接入网技术分为两个阶段，即采用混合光纤/对绞线铜缆接入网技术的初级阶段和采用纯光纤接入网技术的高级阶段。前者是目前应用最多的光纤接入网技术。

7.3.1　接入网基础

接入网（Access Network，AN），也称为用户接入网，是由业务节点接门（SNI）和相关用户网络接口（UNI）及为传送电信业务所需承载能力的系统组成的，经维护管理接口（Q_3接口）进行配置和管理。因此，接入网可由三个接口界定，即网络侧经由 SNI 与业务节点相连，用户侧由 UNI 与用户相连，管理方面则经 Q_3 接口与电信管理网（TMN）相连。它的目标是建立一种标准化的接口方式，以一个可监控的接入网络，使用户能够获得音频、图像和数据等综合业务。

接入网的重要特征可以归纳为以下几点：

· 接入网对于所接入的业务提供承载能力，实现业务的透明传送；

· 接入网对用户信令是透明的，除了一些用户信令的格式转换外，信令和业务处理的功能依然在业务节点中；

- 接入网的引入不应限制现有的各种接入类型和业务，接入网应通过有限的标准化的接口与业务节点相连；
- 接入网有独立于业务节点的网络管理系统，该系统通过标准化的接口连接 TMN，TMN 实施对接入网的操作、维护和管理。

根据 ITU－T 建议，接入网的功能结构如图 7－13 所示。它位于交换端局和用户终端之间，可以支持各种交换型和非交换型业务，并将这些业务流组合后沿着公共的传输通道送往业务节点，其中包括将 UNI 信令转换为 SNI 信令，但接入网本身并不解释和处理信令的内容。原则上，接入网可支持的 UNI 和 SNI 的类型和数目没有限制。不同的 UNI 支持不同的业务，如模拟电话、ISDN、数字或模拟租用业务等的接入。SNI 有模拟接口（Z 接口）和数字接口（V 接口）两类。特别需要注意的是，继原有的 $V_1 \sim V_4$ 接口之后，ITU－T 又制定了新的可同时支持多种用户接入业务的 V_5 接口，以便在接入段实现不同厂商设备的互连。

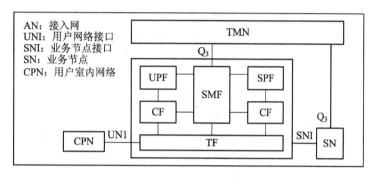

图 7－13　接入网的功能结构

接入网具有以下 5 大功能：

1．传送功能（TF）

该功能提供由多接入段（如馈送段、分配段、引入段等）组成的公共传输通道，并完成不同传输媒体间的适配。具体功能包括交叉连接、复用、提供物理媒体等。

2．核心功能（CF）

该功能完成 UNI 承载体或 SNI 承载体至公共承载体的适配，如复用和协议处理等。

3．用户端口功能（UPF）

该功能完成 UNI 的特定要求及核心功能和系统管理功能的适配，如信令转换、A/D 转换、UNI 承载信道和承载能力的处理。

4．业务端口功能（SPF）

该功能完成 SNI 的特定要求至公共承载体的适配，供核心功能处理，同时提取相关信息供系统管理功能处理。

5．系统管理功能（SMF）

该功能通过 Q3 接口、中介设备与电信管理网接口、SNI 协议和 SN 的操作、UNI 协议和用户终端的操作，协调接入网各种功能的提供、运行和维护，包括配置和控制、故障检测和指示、性能数据采集等。

接入网传送结构的物理参考模型如图 7－14 所示。各段分界点就是熟知的配线架、交接箱、分线盒和电话插座。在一般情况下，传输媒体可以是双绞铜线、同轴电缆、光纤、无线通道或它们的组合。

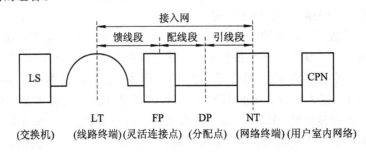

图 7－14　接入网传送结构的物理参考模型

虽然接入网改造的核心也是数字化和宽带化，但是和中继网相比，这一过程较为复杂，因为它是和大量用户相连的一点到多点的连接。必须充分考虑经济性能和用户需求，采取因地制宜、逐步演进的方式，为此，各国电信界综合运用现有技术，提出了许多不同的接入传输技术。下面介绍几种目前研究的较多的接入网技术。

7.3.2　xDSL

现有对绞线铜缆的用户线约占通信网投资的 1/4，是宝贵的资源。如何利用这些宝贵的资源，提供宽带接入，以满足现阶段的宽带用户需求，是网络运营者所努力追求的目标。

xDSL 是 DSL(Digital Subscriber Line)的统称，意即数字用户线路，是以铜电话线为传输介质的点对点传输技术。尽管 xDSL 可以包括 HDSL(高速数字用户线)、SDSL(对称数字用户线)、ADSL(非对称数字用户线)和 VDSL(甚高比特率数字用户线)，但是目前市面上主要流行的还是 ADSL(非对称数字用户线)和 VDSL(甚高速数字用户线)。VDSL 以其 52Mb/s 的理论速度相对于 ADSL 1.5 Mb/s 的理论速度而言，具有绝对的性能优势，但是其高昂的价格也让用户望而却步。它适合于单位用户召开电视电话会议等。

由于 DSL 使用普通的电话线，所以 DSL 技术被认为是解决"最后一英里"问题的最佳选择之一。其最大的优势在于利用现有的电话网络架构，为用户提供更高的传输速度。

1. HDSL

高速数字用户线路(High bit rate Digital Subscriber Line, HDSL)采用 2BIQ 或 CAP 码，利用两对 0.4～0.6 mm 芯径的用户线可全双工无中继传输 2 Mb/s 信号约 4 km。它是一种对称的高速数字用户环路技术，上行和下行速率相等，采用回波抑制、自适应滤波和高速数字处理技术，一般采用两对电话线进行全双工通信。HDSL 无中继传输距离为 3～5 km。每对电话线传输速率 1168 kb/s，两对线传输速率可达到 T1/E1(1.544Mb·s^{-1}/2.048 Mb·s^{-1})。

HDSL 提供的传输速率是对称的，即为上行和下行通信提供相等的带宽。其典型的应用是代替光缆将远程办公室或办公楼连接起来，为企事业网络用户提供低成本的 E1 通路。

HDSL 技术广泛适用于移动通信基站中继、无线寻呼中继、视频会议、ISDN 基群接入、远端用户线单元(RLU)中继以及计算机局域网互联等业务，由于它要求传输介质为 2～3对双绞线，因此常用于中继线路或专用数字线路，一般终端用户线路不采用该技术。

2. ADSL

非对称数字用户线路(Asymmetrical Digital Subscriber Line,ADSL)是继 HDSL 之后进一步扩大双绞铜线对传输能力的新技术。它是 DSL 的一种非对称版本,可利用数字编码技术从现有铜质电话线上获取最大数据传输容量,同时又不干扰在同一条线上进行的常规话音服务。其原因是,它用电话话音传输以外的频率传输数据。也就是说,用户可以在上网的同时打电话或发送传真,而这将不会影响通话质量或降低下载 Internet 内容的速度。

ADSL 不仅继承了 HDSL 的技术成果,而且在信号调制与编码、相位均衡、回波抵消等方面采用了更先进的技术,使 ADSL 的性能更佳。ADSL 数据传输采用不对称双向信道,由中心局到用户的下行信道所用的频带宽,数据传输速率高,而由用户到中心局的上行信道所用的频带窄,数据速率低。

ADSL 是在用户铜双绞线接入网上传输高速数据的一种技术,它可使铜质双绞线接入网成为宽带接入网。与视频压缩技术结合,可使交互式多媒体业务进入家庭。ADSL 可在一对双绞线上进行双向不对称数据传输,同时不影响传统话音业务的开展。从局端至用户端传输的是下行单工高速数据,速率为 32 kb/s~6.144 Mb/s。下行单工高速信道最多可分成 4 个 1.5 Mb/s 的信道,传输 4 个 MPEG-1 视频信号,从用户端至局端传输的是上行双工低速数据,同时还传输局端 ADSL、收发模块对用户端 ADSL、收发模块的控制命令和反馈信息,速率为 32 kb/s~640 kb/s。上行信道可用于传输基本速率的 ISDN 信号、384 kb/s 的会议电视信号或者其他低速数据信号。

ADSL 的传输距离取决于传输速率。在 0.5 mm 线径的双绞线的情况下,当下行速率达 8.448 Mb/s 时,ADSL 的传输距离为 2.7 km;当传输速率为 6.144 Mb/s 时,传输距离为 3.67 km;当传输速率为 1.536 Mb/s 或 2.048 Mb/s 时,传输距离为 5.5 km。线路衰减是影响 ADSL 性能的主要因素。ADSL 通过不对称传输,利用频分复用技术(或回波抵消技术)使上、下行信道分开来减小串音的影响,从而实现信号的高速传送。

ADSL 接入设备需成对使用,一个基本的 ADSL 系统由局端收发机和用户端收发机两部分组成,ATU-C(ADSL 传送单元—中心局端)放在局端机房,ATU-R(ADSL 传送单元—远端)放在用户端,其简单框图如图 7-15 所示。

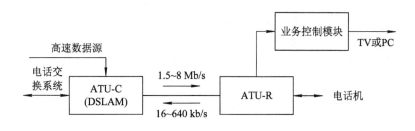

图 7-15 ADSL 简单框图

ADSL 主要提供两种应用:高速数据通信和交互视频。数据通信功能可为因特网访问、公司远程计算或专用的网络应用。交互视频包括需要高速网络视频通信的视频点播(VOD)、电影、游戏等。

HDSL 与 ADSL 技术还在继续发展。目前主要在两个方面进行研究开发:一是继续提高传输速率,但传输距离缩短了,如超高速数字用户线(VDSL 或 VHDSL)技术,可在

300 m～1.6 km 双绞铜线上传送 25 Mbits 或 52 Mbits 的数据；二是研究在一对双绞铜线上传送数据信号的 HDSL 技术。

3. VDSL

甚高速数字用户线路(Very high bit rate Digital Subscriber Line，VDSL)技术是一种在普通的短距离的电话铜线上最高能以 52 Mb/s 速率传输数据的技术。

VDSL 和 ADSL 技术相似，也是一种非对称的数字用户环路技术。它采用 CAP、DMT 和 DWMT 等编码方式，在一对普通电话双绞线上提供的典型速率为上行 1.6～2.3 Mb/s，下行 12.96～55.2 Mb/s(目前最高达到 155 Mb/s)，速率比 ADSL 高约 10 倍，但传输距离比 ADSL 也低得多，典型的传输距离为 0.3～1.5 km。由于 VDSL 的传输距离比较短，因此特别适合于光纤接入网中与用户相连接的最后"一公里"。VDSL 可同时传送多种宽带业务，如高清晰度电视(HDTV)、清晰度图像通信以及可视化计算等，其国际标准还正在制定。

7.3.3 光纤接入

光纤接入网(OAN)由三部分组成：光线路终端(OLT)、光分配网络(ODN)和光网络单元(ONU)，其结构如图 7-16 所示。光纤接入网通过光线路终端与业务节点相连，通过光网络单元与用户连接。在光线路终端一侧，要把电信号转换为光信号，以便在光纤中传输。在用户侧，要使用光网络单元将光信号转换成电信号再传送到用户终端。

图 7-16 光纤接入网示意图

按照 ONU 在光接入网中所处的具体位置不同，可以将 OAN 划分为三种基本不同的应用类型：

1. 光纤到路边(FTTC)

在 FTTC 结构中，ONU 设置在路边的人孔或电线杆上的分线盒处，有时也可能设置在交接箱处，但通常为前者。此时从 ONU 到各个用户之间的部分仍为双绞线铜缆。若要传送宽带图像业务，则这一部分可能会需要同轴电缆。

FTTC 结构主要适用于点到点或点到多点的树形分支拓扑。用户为居民住宅用户和小企事业用户，典型用户数在 128 个以下，经济用户数正逐渐降低至 8～32 个乃至 4 个左右。还有一种称为光纤到远端(FTTR)的结构，实际是 FTTC 的一种变形，只是将 ONU 的位置移到远离用户的远端处，可以服务更多的用户(多于 256 个)，从而降低了成本。

FTTC 结构的主要特点可以概括如下：

• 在 FTTC 结构中引入线部分是用户专用的，现有铜缆设施仍能利用，因而可以推迟引入线部分(有时甚至配线部分，取决于 ONU 的位置)的光纤投资，具有较好的经济性。

• 预先敷设了一条很靠近用户的潜在宽带传输链路，一旦有宽带业务需要，可以很快地将光纤引至用户处，实现光纤到家的战略目标。同样，如果考虑到经济性需要也可以用同轴电缆将宽带业务提供给用户

• 由于其光纤化程度已十分靠近用户，因而可以较充分地享受光纤化所带来的一系

列优点，诸如节省管道空间，易于维护，传输距离长，带宽大等。

由于 FTTC 结构是一种光缆/铜缆混合系统，最后一段仍然为铜缆，还有室外有源设备需要维护，从维护运行的观点仍不理想。但是如果综合考虑初始投资和年维护运行费用的话，FTTC 结构在提供 2 Mb/s 以下窄带业务时仍然是 OAN 中最现实、最经济的。然而对于将来需要同时提供窄带和宽带业务时，这种结构就不够理想了。

2. 光纤到楼（FTTB）

FTTB 也可以看作是 FTTC 的一种变形，不同处在于将 ONU 直接放到楼内（通常为居民住宅公寓或小企事业单位办公楼），再经多对双绞线将业务分送给各个用户。FTTB 是一种点到多点结构，通常不用于点到点结构。FTTB 的光纤化程度比 FTTC 更进一步，光纤已铺设到楼，因而更适于高密度用户区。

3. 光纤到家（FTTH）和光纤到办公室（FTTO）

在原来的 FTTC 结构中，如果将设置在路边的 ONU 换成无源光分路器，然后将 ONU 移到用户家即为 FTTH 结构。如果将 ONU 放在大企事业用户（公司、大学、研究所、政府机关等等）终端设备处并能提供一定范围的灵活的业务，则构成光纤到办公室（FTTO）结构。由于大企事业单位所需业务量大，因而 FTTO 结构在经济上比较容易成功，发展很快。考虑到 FTTO 也是一种纯光纤连接网络，因而可以归入与 FTTH 一类的结构。然而，由于两者的应用场合不同，结构特点也不同。FTTO 主要用于大企事业用户，业务量需求大，因而结构上适于点到点或环形结构。而 FTTH 用于居民住宅用户，业务量需求很小，因而经济的结构必须是点到多点方式。

总的看，FTTH 结构是一种全光纤网，即从本地交换机一直到用户全部为光连接，中间没有任何铜缆，也没有有源电子设备，是真正全透明的网络。其主要特点可以总结如下：

· 由于整个用户接入网是全透明光网络，因而对传输制式（例如 POH 或 SDH，数字或模拟等）、带宽、波长和传输技术没有任何限制，适于引入新业务，是一种最理想的业务透明网络，是用户接入网发展的长远目标。

· 由于本地交换机与用户之间没有任何有源电子设备，ONU 安装在住户处，因而环境条件比户外不可控条件大为改善，可以采用低成本元器件。同时，ONU 可以本地供电，不仅供电成本比网络远供方式可以降低约一个量级，而且故障率也大大减少。最后，维护安装测试工作也得以简化，维护成本可以降低，是网络运营者长期以来一直追求的理想网络目标。

一个全光纤的 FTTH 网在战略上具有十分重要的位置，然而主要由于经济的原因目前尚不能立即实现光纤到家。尽管目前各国发展光纤接入网的步骤各不相同，但光纤到户是公认的接入网的发展目标。

7.3.4　光纤同轴混合接入

混合光纤/同轴电缆（Hybrid Fiber/Coax, HFC）接入网是一种综合应用模拟和数字传输技术、同轴电缆和光缆技术、射频技术、高度分布式智能型的接入网络，是电信网和有线电视（CATV）网相结合的产物。

由于 CATV 系统在绝大多数城市中都已形成完整的分布网，拥有大量的用户，而且

CATV 系统中的传输媒介——同轴电缆的带宽可高达 1 GHz。利用这一资源可提供话音、图像、计算机通信等业务，这可使用户把通信、广播电视和计算机通信集成在一起，实现宽带的用户接入网技术。

HFC 用户接入网技术在从交换机（或 CATV 的前端）到用户集中点（或 CATV 的端站，或 CATV 的末端放大器）用光纤传输，从 CATV 的端站或末端放大器到用户利用现有的同轴电缆的 CATV 分配网络来传送电视、话音和数据等信息，如图 7-17 所示。与光纤到路边（FTTC）不同的是，其同轴电缆不是星型结构，而是采用树型结构。

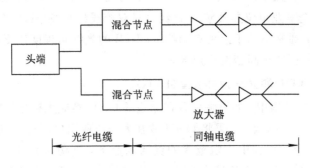

图 7-17　光纤-同轴电缆网络

HFC 技术可以统一提供 CATV、话音、数据及其他一些交互业务，它在 5～50 MHz 频段通过 QPSK 和 TDMA 等技术提供上行非广播数据通信业务，在 50～550 MHz 频段采用残留边带调制（VSB）技术提供普通广播电视业务，在 550～750 MHz 频段采用 QAM 和 TDMA 等技术提供下行数据通信业务，如数字电视和 VOD 等，750 MHz 以上频段暂时保留以后使用。终端用户要想通过 HFC 接入，需要安装一个用户接口盒（UIB），它可以提供三种连接：使用 CATV 同轴电线连接到机顶盒（STB），然后连接到用户电视机；使用双绞线连接到用户电话机；通过 Cable Modem 连接到用户计算机。

由于 CATV 网络覆盖范围已经很广泛，而且同轴的带宽比铜线的带宽要宽得多，因此 HFC 是一种相对比较经济、高性能的宽带接入方案，是光纤逐步推向用户的一种经济的演变策略，尤其是在有线电视网络比较发达的地区，HFC 是一种很好的宽带接入方案。不过 HFC 接入技术的应用也有一些需要解决的问题：首先，原有的 CATV 网络只提供广播业务，大都为单向网络，为实现双向通信，需要有双向分配放大器、双向滤波器和双向干线放大器等；其次，HFC 接入系统为树型结构，同轴的带宽是由所有用户公用的，而且还有一部分带宽要用于传送电视节目，用于数据通信的带宽受到限制，目前一般一个同轴网络内至多连接 500 个用户，另外树型结构使其上行信号存在噪声积累；再者，HFC 网络的安全保密性、系统健壮性以及价格等问题也有待进一步解决和完善。

7.3.5　无线接入

无线接入技术是指在终端用户和交换局端间的接入网部分全部或部分采用无线传输方式，为用户提供固定或移动的接入服务的技术。作为有线接入网的有效补充，它有系统容量大、话音质量与有线一样、覆盖范围广、系统规划简单、扩容方便、可加密码或用 CDMA 增强保密性等技术特点，可解决边远地区、难于架线地区的信息传输问题，是当前发展最快的接入网之一。

无线接入的方式有很多,如微波传输技术(包括一点多址微波)、卫星通信技术、蜂窝移动通信技术(包括 FDMA、TDMA、CDMA 和 S-CDMA)、CTZ、DECT、PHS 集群通信技术、无线局域网(WLAN)、无线异步转移模式(WATM)等,尤其是 WLAN 以及刚刚兴起的 WATM 将成为宽带无线本地接入(WWLL)的主要方式。与有线宽带接入方式相比,虽然无线接入技术的应用还面临着开发新频段、完善调制和多址技术、防止信元丢失、时延等方面的问题,但它以其特有的无需敷设线路、建设速度快、初期投资小、受环境制约不大、安装灵活、维护方便等特点将成为接入网领域的新生力量。

7.4 传 输 协 议

7.4.1 RTP/RTCP

实时传输协议 RTP(Real-time Transport Protocol)是针对 Internet 上多媒体数据流的一个传输协议,由 IETF 作为 RFC1889 发布。RTP 被定义为在一对一或一对多的传输情况下工作,其目的是为交互式音频、视频等具有实时特征的数据提供端到端的传送服务、时间信息以及实现流同步。RTP 的典型应用建立在 UDP 上,但也可以在 TCP 或 ATM 等其他协议之上工作。RTP 本身只保证实时数据的传输,并不能为按顺序传送数据包提供可靠的传送机制,也不提供流量控制或拥塞控制,必须由下层网络来保证。

RTP 的功能介绍如下:

• 分组——RTP 协议把来自上层的长的数据包分解成长度合适的 RTP 数据包。

• 复接和分接——RTP 复接由定义 RTP 连接的目的传输地址(网络地址+端口号)提供。例如,对音频和视频单独编码的远程会议,每种媒介被携带在单独的 RTP 连接中,具有各自的目的传输地址。目标不再将音频和视频放在单一 RTP 连接中,而根据同步源标识(SSRC Synchronization Source Identifier)、段载荷类型(PT)进行多路分接。

• 媒体同步——RTP 协议通过 RTP 包头的时间戳来实现源端和目的端的媒体同步。

• 差错检测——RTP 协议通过 RTP 包头数据包的顺序号可检测包丢失的情况;也可通过底层协议如 UDP 提供的包校验和检测包差错。

实时传输协议(RTP)的报文由报头和净负荷两部分组成,其格式如图 7-18 所示。

图 7-18 实时传输协议的报文结构

RTP 报头为固定长度,共 12 字节,包含的主要字段有:

• V(版本)——2 bii,标识 RTP 的版本号,此处为 2。

- P(填充)——1 bit，标识 RTP 报文是否在报文末尾有填充字节，至于填充了多少字节则由填充字节中的最后一个字节指示。填充的目的是一些加密算法可能需要固定字节的报文。
- X(扩展)——1 bit，标识该 RTP 包头之后是否还有一个包头的扩展，此时 RTP 包头被修改。
- CC(CSRC 计数)——4 bit，标识在该 RTP 包头之后的 CSRC 标识符的数量，表示该同步流是由几个提供源组合而成的。
- M(标记位)——1 bit，标识连续码流中的某些特殊事件，例如帧的边界等。至于标记的具体解释则在轮廓文件中定义。
- PT(负荷类型)——7 bit，标识 RTP 净负荷的数据格式。接收端可以据此解释并播放 RTP 数据。
- Sequence Number(序列号)——16 bit，每发送一个 RTP 报文，该序号值加 1，可以被接收端用来检测报文丢失，并将接收到的报文排序。
- Time Stamp(时间戳)——32 bit，用于标识发送端用户数据的第一个字节的采样时刻。如果有多个 RTP 报文逻辑上同时产生，例如它们都属于同一视频帧，则这几个 RTP 报文的时间戳是相同的。时间戳是实时应用的重要信息。
- SSRC(同步源标识)——32 bit，标识一个同步源，该标识符值通过某种算法随机产生，在同一 RTP 会话中，不可能有两个同步源有相同的 SSRC 标识符。
- CSRC(提供源标识列表)——列表中最多可以列出 15 个提供源的标识，具体数目则由上面的 CC 字段给出。每一项标识的长度为 32 bit。如果提供源的数量大于 15，也只列出 15 个提供源。该项由混合器插入到报头中。

RTP 协议包含两个密切相关的部分，即负责传送具有实时特征的多媒体数据的 RTP 和负责反馈控制、监测 QoS 和传递相关信息的 RTCP(Real - time Transport Control Protocol)。在 RTP 数据包的头部中包含了一些重要的字段使接收端能够对收到的数据包恢复发送时的定时关系和进行正确的排序以及统计包丢失率等。RTCP 是 RTP 的控制协议，它周期性地与所有会话的参与者进行通信，并采用和传送数据包相同的机制来发送控制包。

实时传输控制协议(Realtime Transport Control Protocol，RTCP)负责管理传输质量在当前应用进程之间交换控制信息。在 RTP 会话期间，各参与者周期性地传送 RTCP 包，包中含有已发送的数据包的数量、丢失的数据包的数量等统计资料，因此，服务器可以利用这些信息动态地改变传输速率，甚至改变有效载荷类型。RTP 和 RTCP 配合使用，能以有效的反馈和最小的开销使传输效率最佳化，故特别适合传送网上的实时数据。

RTCP 主要有 4 个功能：

- 用反馈信息的方法来提供分配数据的传送质量，这种反馈可以用来进行流量的拥塞控制，也可以用来监视网络和用来诊断网络中的问题。
- 为 RTP 源提供一个永久性的 CNAME(规范性名字)的传送层标志，因为在发现冲突或者程序更新重启时 SSRC(同步源标识)会变，需要一个运作痕迹，在一组相关的会话中接收方也要用 CNAME 来从一个指定的与会者得到相联系的数据流(如音频和视频)。
- 根据与会者的数量来调整 RTCP 包的发送率。
- 传送会话控制信息，如可在用户接口显示与会者的标识，这是可选功能。

RTP/RTCP 的工作过程为：工作时，RTP 协议从上层接收流媒体信息码流（如 H.263），装配成 RTP 数据包发送给下层，下层协议提供 RTP 和 RTCP 的分流。如在 UDP 中，RTP 使用一个偶数号端口，则相应的 RTCP 使用其后的奇数号端口。RTP 数据 包没有长度限制，它的最大包长只受下层协议的限制。

RTCP 的控制报文主要有以下几种类型：

- SR(Sender Report)—— 发送者报告
- R(Receiver report)—— 接收者报告
- SDES(Source description items)—— 源描述项
- BYE(Indicates end of participation)—— 再见
- PP(Application specific functions) ——应用特定功能

7.4.2 RSVP

IETF 的资源预留协议（Resource Reservation Protocol，RSVP）是网络中预留所需资源的传送通道建立和控制的信令协议，它能根据业务数据的 QoS 要求和带宽资源管理策略进行带宽资源分配，在 IP 网上提供一条完整的路径。通过预留网络资源建立从发送端到接收端的路径，使得 IP 网络能提供接近于电路交换质量的业务。它既利用了面向无连接网络的多种业务承载能力，又提供了接近面向连接网络的质量保证。但是 RSVP 没有提供多媒体数据的传输能力，它必须配合其他实时传输协议来完成多媒体通信服务。

RSVP 能够支持多种消息类型，其中最重要的两个消息是 Path 和 Resv。

RSVP 路径（Path）消息是由发送端主机经路由器逐跳地（hop-by-hop）向下游传送给接收端，其目的是指示数据流的正确路径，以便稍后由 Resv 消息在沿途预留资源。在 Path 消息中包含以下重要内容：

- 上一个发送此 Path 消息的网络节点的 IP 地址。
- 发送模板（Sender-Template），定义了发送端将要发送的数据分组的格式，因为一个单播数据流可能有多个发送端，要想从同一个链路上的同一会话的其他分组中区分这个发送端的分组就要用到这个发送端的模板，如这个发送端 IP 地址和端口号。
- 发送流量说明（Sender-Tspec），指明了发送端将产生的数据流的流量特征，以防止下一步预约过程中的过量预约，从而导致不必要的预约失败。

RSVP 资源请求（Resv）消息是由发送端主机向上游传送给发送端，这些消息严格地按照 Path 消息的反向路径传送到所有的发送端主机，其目的是根据 Path 消息指定的路径，逆向在沿途的每个节点处预留资源，同一数据流中的不同分组请求预留的资源（QoS）可以不同。在 Resv 消息中包含以下重要内容：

- 流规范（Flow spec），用于描述一个请求的 QoS，即描述请求预留的资源，例如带宽为 1 Mb/s，端到端的延迟为 10ms 等。
- 过滤器规范（Filter-Spec），是指能够使用上述预留资源的数据流中的某一组数据分组。此处的预留资源是由 Flow spec 来描述的。

RSVP 协议的工作过程如图 7-19 所示。

发送端主机发出 Path 消息，路由器根据路由选择协议，例如 OSPF、DVMRP 选择路由转发此消息。沿途每一个接收到该 Path 消息的节点，都会建立一个"Path 状态"，保存在

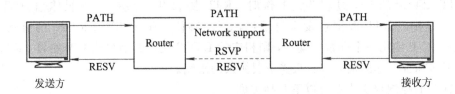

图 7-19　RSVP 协议的工作过程

每一个节点中。在"Path 状态"信息中至少包括前一跳节点的单播 IP 地址，Resv 消息就是根据这个前一跳地址来确定反向路由的方向。

接收端主机负责向发送端发出 Resv 消息，Resv 消息依据先前记录在网络节点中的"Path 状态"信息，沿着与 Path 消息相反的路径传向发送端。在沿途的每一个节点处依照 Resv 消息所包含的资源预留的描述 Flowspec 和 Filter-Spec，生成"Resv 状态"，各个节点根据这个"Resv 状态"信息，预留出所要求的资源。

发送端的数据沿着已经建立资源预留的路径传向接收端。

在 RSVP 协议的工作过程中，保证了一个数据流的 QoS，其资源预留的实现在网络节点内部是由称为"业务控制"的机制来完成的，这些机制如图 7-20 所示，主要包括以下几个模块：接入控制模块、策略控制模块、分组类别模块、分组调度模块和 RSVP 处理模块。其中，接入控制模块用来确定某个节点是否有足够的可用资源来提供请求的 QoS，策略控制模块用来确定接收端用户是否拥有进行资源预留的所有权。

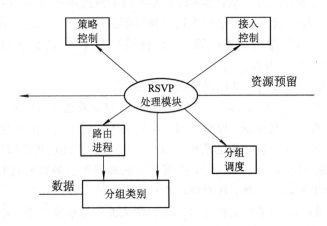

图 7-20　业务控制机制

在预留建立期间，RSVP 处理模块将接收端发来的一个 RSVP QoS 请求——Resv 消息传递给接入控制模块和策略控制模块。如果其中任何一个控制模块测试失败，预留请求都被拒绝，此时 RSVP 处理模块将一个错误的消息返回给接收端。只有两个测试模块都测试成功，节点才会进一步处理，分别依据 RSVP 消息中的 Flowspec 和 Filter-Spec 设置分组类别模块和分组调度模块中的参数，以满足所需的 QoS 请求。

预留资源后便可进行数据传输，当数据传输到该节点后，分组类别模块确定每一个数据分组的 QoS 等级，将具有不同 QoS 等级的数据分组进行分类。然后把它们送到分组调度模块中按照不同的 QoS 等级进行排队，再通过接口发送出去。

综上所述，RSVP 协议具有如下特点：

- RSVP 是单工的，仅为单向数据流请求资源，因此 RSVP 的发端和收端在逻辑上被认为是截然不同的。
- RSVP 协议是面向接受者的，即一个数据流的接收端初始化资源预留。
- RSVP 不是一个路由选择协议，但是依赖于路由选择协议，路由选择协议决定的是分组向何处转发，而 RSVP 仅关心这些分组的 QoS。
- RSVP 对不支持 RSVP 协议的路由器提供透明的操作。
- RSVP 既支持 IPv4，也支持 IPv6。

7.4.3　RTSP

实时流协议（RTSP）是用于控制具有实时特征数据传输的应用层协议。它提供了一个可扩展的框架以控制、按需传送实时数据，如音频、视频等，数据源既可以是实况数据产生装置，也可以是预先保存的媒体文件。该协议致力于控制多个数据传送会话，提供了一种在 UDP、组播 UDP 和 TCP 等传输通道之间进行选择的方法，也为选择基于 RTP 的传输机制提供了方法。

RTSP 可建立和控制一个或多个音频和视频连续媒体的时间同步流。虽然在可能的情况下，它会将控制流插入连续媒体流，但它本身并不发送连续媒体流。因此，RTSP 用于通过网络对媒体服务器进行远程控制。尽管 RTSP 和 HTTP 有很多类似之处，但不同于 HTTP，RTSP 服务器维护会话的状态信息，从而通过 RTSP 的状态参数可对连续媒体流的回放进行控制（如暂停等）。

7.4.4　MIME

用因特网邮件扩展（Multipurpose Internet Mail Extensions，MIME）是 SMTP 的扩展，不仅用于电子邮件，还能用来标记在 Internet 上传输的任何文件类型。通过它，Web 服务器和 Web 浏览器才可以识别流媒体并进行相应的处理。Web 服务器和 Web 浏览器都是基于 HTTP 协议的，而 HTTP 内建有 MIME。HTTP 正是通过 MIME 标记 Web 上繁多的多媒体文件格式。为了能处理一种特定文件格式，需对 Web 服务器和 Web 浏览器都进行 MIME 类型设置。对于标准的 MIME 类型，如文本和 JPEG 图像，Web 服务器和 Web 浏览器提供内建支持；但对 Real 等非标准的流媒体文件格式，则需设置 audio/x - pn - real audio 等 MIME 类型。浏览器通过 MIME 来识别流媒体的类型，并调用相应的程序或 Plug - in（插件）来处理。在 IE 和 Netscape 这两个最常用的浏览器中，都提供了很多的内建流媒体支持。

7.5　视频传输中的差错控制

7.5.1　视频传输中的误码及误码扩散

目前大多数的视频压缩编码标准采用的都是基于块变换的混合视频编码框架，压缩效率随着压缩编码标准的改进日益提高。然而，高压缩比压缩后的视频码流对丢包极其敏感，而在实际应用中传输错误又是不可避免的，甚至还比较高，比如无线通信环境和高负荷下的 IP 网络。在无线通信环境中，由于衰落造成信道的误码率很高，数据在传输过程中会出现随机性或突发性错误；在 IP 网络中，由于 Internet 是"尽力而为"的传输，当网络繁忙时，往往会出现丢包或数据丢失，造成视频质量下降甚至无法解码。而某一帧中的数据丢失不仅影响该帧的正确解码，同时影响后续帧的正确解码。这是因为预测时参考帧中被破坏区域也被用来预测后续帧而造成后续帧也出现视频质量下降。通常，在视频序列中误码区域随时间增加逐渐扩散，强度逐渐减小。这种错误蔓延的示例如图 7-21 所示，序列中的第 121 帧正确接收，第 122 帧中人物右手位置部分宏块出错（如图 7-21(b)所示），由于后续帧要用前向帧来进行帧间预测，所以即使第 122 帧后的所有帧都正确接收到了压缩码流，随着时间延长，在出错块附近区域都出现误码，并且呈扩散的趋势。在图 7-21 中，原始错误块在第 122 帧的人右手处，但在第 126 帧时人的右手下方及附近同样出现误码（如图 7-21(c)所示），并在后续帧中逐渐扩散（如图 7-21(d)所示）。

(a) 第121帧正确接收　　　　　　　　　　　(b) 第122帧人右手部位出现误码

(c) 第126帧误码扩散至人右手下方及内侧　　　(d) 第129帧误码位置继续扩散

图 7-21　误码扩散示意图

7.5.2　差错控制

差错控制的目的是保证数据传输的准确性。差错控制在数据通信中被广泛应用，在网络体系中的多层都在使用。差错控制通常分为两步：首先是差错检测，通过差错检测可以发现接收的数据是否正确，如果不正确则进行第二步，差错纠正。常用的差错纠正方法有两种：一是自动请求重发（Automatic Repeat request，ARQ），二是前向纠错（Forword Error Correction，FEC）。

1）差错检测

差错检测的目的是发现接收到的数据是否准确。差错检测是通过差错编码和解码来完成的，在发送端按照一定的编码规则在 K 位信息位后加上 L 位通过编码规则计算出的校验信息，在接收端根据校验信息判断数据是否正确。数据通信中常用的编码方法有两类：一类是奇偶校验，另一类是循环冗余校验(Cyclic Redundancy Check，CRC)。

(1) 奇偶校验：奇偶校验编码分为奇校验编码和偶校验编码，它们的编码原理相同，在 k 比特信息位附加一位校验位构成码字，奇校验编码保证码字中 1 的总数为奇数，即满足下列条件：

$$a_{n-1} + a_{n-2} + \cdots + a_0 = 1 \tag{7-1}$$

其中，a_0 为校验位，其他为信息位。

偶校验编码保证码字中 1 的总数为偶数，即满足下列条件：

$$a_{n-1} + a_{n-2} + \cdots + a_0 = 0 \tag{7-2}$$

奇偶校验编码可以检测出奇数个错误，如果使用奇校验编码，在接收端，将码字中的各位相加(模二加)，结果是 1，则认为没有错误，结果是 0，则认为发生了错误；如果使用偶校验编码，在接收端，将码字中的各位相加(模二加)，结果是 0，则认为没有错误，结果是 1，则认为发生了错误。

(2) 循环冗余校验：循环冗余校验又包括 CRC 编码和 CRC 的解码。

① CRC 编码——CRC 编码是一种线性分组码，这种码的编码和解码都不太复杂，而且检错纠错能力强，编码效率高，在数据通信中得到了广泛的应用。

CRC 编码根据输入比特序列 N 位信息码组(S_{n-1}，S_{n-2}，$\cdots$，S_1，S_0)通过 CRC 算法获得 L 位校验序列码组(D_{k-1}，D_{k-2}，$\cdots$，D_1，D_0)。

CRC 编码算法如下：

将信息码组的各个码元表示为一个多项式的系数：

$$S(X) = S_{n-1}X^{n-1} + S_{n-2}X^{n-2} + \cdots + S_1X + S_0 \tag{7-3}$$

其中，X 仅表示码元的位置，这种多项式称为码多项式。

在 CRC 编码中使用一种码多项式称为生成多项式，表示为

$$G(X) = X^k + G_{k-1}X^{k-1} + \cdots G_1X + G_0 \tag{7-4}$$

通过下面的计算可以得到校验序列 $D(X)$，式中的运算采用了模 2 运算。

$$\frac{x^{n-k}S(x)}{G(x)} = Q(x) + \frac{D(x)}{G(x)} \tag{7-5}$$

其中，$D(X)$ 可以表示为

$$D(X) = D_{L-1}X^{L-1} + D_{L-2}X^{L-2} + \cdots D_1X + D_0 \tag{7-6}$$

最终发送的序列 T 为(S_{n-1}，S_{n-2}，$\cdots$，S_1，S_0，D_{k-1}，D_{k-2}，$\cdots$，D_1，D_0)。

② CRC 的解码——在接收端的解码要求有两个：检错和纠错。由前面的讨论可知，发送序列 $T(X)$ 可以被生成多项式 $G(X)$ 整除，所以在接收端可以将接收码组 $R(X)$ 用生成多项式 $G(X)$ 去除，当传输中没有发生错误时，接收码组与发送码组相同，即 $R(X) = T(X)$，所以接收码组一定能够被 $G(X)$ 整除，如果码组在发送过程中发生错误，则 $R(X) \neq T(X)$，则一般情况下 $R(X)$ 不能被 $G(X)$ 整除，也就是产生了余式，可以根据余式是否为零判断码组中是否出错。如果出错，则可以要求发送端重新发送。

需要指出，有错误的接收码也有可能被 $G(X)$ 整除，这时错误就不能被检出。这种错误称为不可检错误。不可检错误的错误码数超过这种编码的检错能力。

CRC 编码还具有一定的纠错能力，纠错过程是通过余式和可纠正错误图样的一一对应关系来进行的。

2）差错纠正

（1）自动请求重发 ARQ：使用自动请求重发 ARQ 时，当接收端使用差错检测机制检测出收到的数据发生错误时，则向发送端反馈信息，要求发送端重新发送数据，直到接收到正确的数据为止。ARQ 方式广泛应用于各种通信网络，优点是实现方法简单，缺点是采用了重传机制，浪费了带宽，不适合于实时通信。

有三种不同形式的 ARQ 协议：停止等待 ARQ、后退 N 帧 ARQ 和选择重传 ARQ。

① 停止等待 ARQ——该协议的原理是：发送端和接收端每次只能发送或接收一帧数据。发送端首先向接收端发送一个信息帧，然后停止发送并等待接收端的应答。接收端收到信息帧后进行差错检测，如果是正确的帧，则向发送端反馈确认信息 ACK，如果帧发生错误，则向发送端反馈否认信息 NAK。发送端如果接收到确认信息，则发送下一帧，如果收到否认信息，则重新发送此帧，如果在规定时间内没有收到反馈信息，则发送端同样发送此帧。停止等待 ARQ 的工作原理如图 7-22 所示。

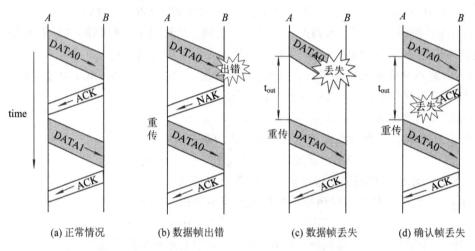

(a) 正常情况　　(b) 数据帧出错　　(c) 数据帧丢失　　(d) 确认帧丢失

图 7-22　停止等待 ARQ 的工作原理

可以看出停止等待 ARQ 的工作效率比较低，人们对其进行改进获得了两种改进协议：后退 N 帧 ARQ 和选择重传 ARQ。

② 后退 N 帧 ARQ——该协议的原理是：在发送端没有收到接收端应答的情况下，发送端可以连续发送 N 帧，如果接收端收到正确的帧，则反馈确认信息 ACK（ACK 中包含了发送帧的序号 RN，表示 RN 以前的所有帧都已收到），如果收到的是错误帧，则反馈否认信息 NAK，这时对于错误帧后的所有帧接收端均不再接收。发送端收到确认信息后可以继续传送信息帧，如果收到否认帧，则根据否认帧中的序号 SN，将包括序号为 SN 以及之后的所有信息帧重传，如图 7-23 所示。图中帧 2 发生错误，则接收端忽略帧 2 以及其后的所有帧，发送端后退 N 帧，从帧 2 开始重新发送。可以看出采用后退 N 帧 ARQ 可以提高通信效率。

后退 N 帧 ARQ 协议中使用了一个重要概念：滑动窗口。窗口的大小决定了在没有收到确认帧时发送端可以连续发送帧的数量。假设窗口的大小为 6，则在开始时，发送端可以发送 0～5 号帧共 6 帧。当收到对 0 号帧的确认后，窗口向前滑动，发送端可以发送 1～6 号帧，这时由于 1～5 号帧已经发送，所以只发送 6 号帧，当收到对 3 号帧的确认后，则发

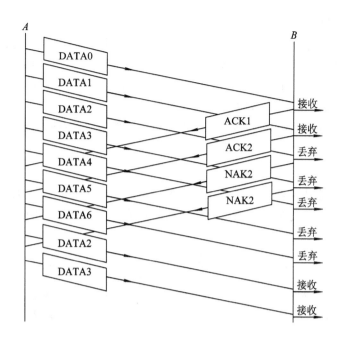

图 7-23　后退 N 帧 ARQ 工作流程

送端可以发送 4～9 号帧。随着不断收到应答，发送窗口不断地向前滑动，所以形象的称为滑动窗口协议。

③ 选择重传 ARQ——如果信道上的差错率较高，后退 N 帧 ARQ 的通信效率就会很低，因为它需要重传差错帧之后所有的帧。为了提高线路利用率，减少重传次数，可以在后退 N 帧 ARQ 协议的基础上进一步改进，于是获得了选择重传 ARQ。

在发送端选择重传 ARQ 仍然使用滑动窗口协议，但是当出现差错时，仅仅重传出错的帧。而在接收端必须具有对帧重新排序的能力，如果发现第 N 帧出错，反馈否认信息，而对后面发送的帧经过差错检测后暂存在一个缓存区中，直到收到正确的第 N 帧信息，按序号重新排序后再进行响应的处理。

（2）前向纠错 FEC：使用前向纠错 FEC 时，如果接收端检测出收到的数据发生错误，则直接纠正这些错误。如果系统中不存在反向信道，不能使用 ARQ 时，或者发送数据的实时性要求很高时，可以采用 FEC。FEC 的编码效率相对于 ARQ 来说较低。前面讨论的 CRC 编码就具有一定的纠错能力。

7.5.3　错误隐藏

为解决误码问题，相继出现了许多视频传输错误恢复技术。尽管传输过程中视频数据可能损坏或丢失，但到达的比特流中仍有一定冗余信息，解码端可根据冗余信息以增加一定复杂度为代价进行错误隐藏，以抑制误码的影响，提高输出视频的质量。错误隐藏技术在解码端进行，可以有效弥补传输错误对图像质量的影响。根据图像的空间、时间等相关特性可以提出各种错误隐藏技术，主要包括空域错误隐藏、时域错误隐藏、频域错误隐藏以及混合错误隐藏。

1. 空域错误隐藏

空域错误隐藏技术主要利用了视频序列的空间相关性，它是通过有效邻域的空间插值来估计出当前丢失的宏块。H.264/AVC 视频序列或图像组（GOP）中的第一帧是帧内编码的 I 帧，它不能利用时间方向上的冗余信息进行恢复，只能利用当前帧内的相邻块的信息进行错误恢复，这时主要利用空域错误隐藏技术。

常用的空域错误隐藏技术主要包括双线性加权插值法、方向插值算法和凸集投影法等技术。

1）双线性加权插值法

传统的空域插值错误隐藏方法是双线性加权插值法，双线性加权插值法通过对丢失宏块周围像素值取加权平均来恢复丢失宏块中的像素值。对于丢失宏块内任意一像素点的像素值由式（7-7）确定：

$$P_{ij} = \frac{P_L \times d_R + P_U \times d_D + P_R \times d_L + P_D \times d_U}{d_R + d_D + d_L + d_U} \tag{7-7}$$

其中，P_{ij} 为丢失宏块内的待恢复像素灰度值；P_L、P_U、P_R 和 P_D 分别为离待恢复点最近的 4 个方向的参考像素点的灰度值；d_L、d_U、d_R 和 d_D 分别为待恢复像素与 4 个最近像素的距离，如图 7-24 所示。

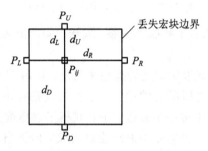

图 7-24　双线性加权插值法

双线性加权插值法简单且易实现，已被 H.264 官方测试模型 JM 所采用，其对于灰度一致区域的隐藏效果较好。当丢失宏块区域存在图像边缘或纹理时，重建图像将变得模糊，恢复效果很不理想。

2）方向性插值法

基于边缘的方向性插值法可以减少跨区域插值所带来的模糊，如图 7-25 所示。

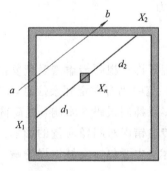

图 7-25　方向性插值法

在已知图中有一条方向为 X_1 到 X_2 的边缘和 X_1、X_2 像素值时，则这条边缘上的点 X_n 可由 X_1、X_2 的值插值得到：

$$X_n = kX_1 + (1-k)X_2 \tag{7-8}$$

其中，k 为 X_n 到 X_2 的归一化距离。

这种插值的关键是确定边缘的方向。以此为基础对丢失宏块周围各宏块进行边缘检测，把边缘按照不同的方向分为 8 类，如图 7-26 所示。

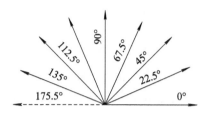

图 7-26 边缘方向分类

然后使用 Sobel 算子计算每个方向的边缘强度，边缘强度大的方向为主方向，寻找出主方向后沿主方向在丢失宏块内进行插值。但其仅估计丢失块的最大梯度方向，也就是说只能恢复一条边缘的情况，且当实际边缘方向与归类的方向差距较大时，就不能精确还原丢失宏块内的边缘方向，而且使用 Sobel 算子受噪声影响较大。Sobel 算子的检测原理通过

Sobel 算子 $\begin{bmatrix} -1 & 0 & 1 \\ -2 & 0 & 2 \\ -1 & 0 & 1 \end{bmatrix}$ 和 $\begin{bmatrix} 1 & 0 & 1 \\ 0 & 0 & 0 \\ -1 & -2 & -1 \end{bmatrix}$ 为例，对丢失块相邻宏块中每个像素进行处理，即

$$\begin{cases} g_x = x_{i+1,j-1} - x_{i-1,j-1} + 2x_{i+1,j} - 2x_{i-1,j} + x_{i+1,j+1} - x_{i-1,j+1} \\ g_y = x_{i-1,j-1} - x_{i-1,j+1} + 2x_{i,j+1} - 2x_{i,j+1} + x_{i+1,j-1} - x_{i-1,j+1} \end{cases} \tag{7-9}$$

得到梯度

$$G_{i,j} = \sqrt{g_x^2 + g_y^2}, \qquad \theta_{i,j} = \mathrm{tg}^{-1}\left(\frac{g_x}{g_y}\right) \tag{7-10}$$

将梯度方向分为 8 个方向，对每个检测的像素的边缘方向归类到 8 个方向之一，并判断划分方向是否穿过丢失宏块并用计数器累计边缘梯度的幅度，遍历每个像素后，最大累计所对应方向即相邻宏块中最明显边缘方向。

由于 Sobel 算子使用了二阶求导来寻找阶跃点，当存在噪声点时，Sobel 算子会把噪声点也当成阶跃点。因而使用 Sobel 算子寻找边缘在存在噪声时不准确，极易受噪声影响。

3）凸集投影法

凸集投影方法（Projection Onto Convex Sets，POCS）也是一种空域错误隐藏法。其原理是根据丢失块相邻宏块的信息组成多个不同的集合，通过迭代投影的方法来恢复丢失宏块。凸集投影法有一个前提即丢失块周围的块是正确接收的。然后，根据丢失宏块周围宏块信息估计丢失宏块内部可能的边缘，然后对组合块进行线性变换，根据前面梯度确定的是否是边缘块或平滑块对频域系数进行滤波，继而通过反变换恢复丢失像素，继续用估计出的信息再组成多个集合，进行迭代求解。一般情况下，将丢失块初始值设置为相邻块的平均值，进行 5～10 次迭代可获得较好的重建效果。其重建过程如图 7-27 所示。

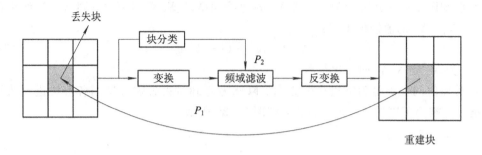

图 7-27　重建过程图

凸集投影法仅利用了视频帧的空间信息，因此它适用于受损的帧内类型图像块。但由于凸集投影法需要通过多次迭代才能得到最优解，因此这种方法不适合实时通信。

2. 时域错误隐藏

由于图像序列编码多为帧间编码，时域错误隐藏成为错误隐藏技术中采用最多的一种。时域错误隐藏技术主要利用了视频序列的时域相关性，首先通过某种算法估计出丢失的运动矢量，然后用参考帧中相应的宏块代替当前丢失的宏块。通常情况下，当视频序列运动幅度不太大或运动较平稳时，使用时域错误隐藏方法的恢复效果要优于空域错误隐藏方法。

时域错误隐藏技术多基于运动矢量重构来进行错误隐藏，该技术的关键是如何合理地估计出错误宏块的运动矢量。常用的时域错误隐藏技术有零运动矢量错误隐藏法、基于运动矢量预测的错误隐藏法、基于块匹配的错误隐藏法等。

1）零运动矢量错误隐藏

零运动矢量错误隐藏是最早也是最简单的时域错误隐藏方法。它的基本原理是解码发现丢失宏块时，用前一帧相同位置的块填到丢失位置。零运动矢量错误隐藏无需计算，实现非常容易。但这种方法只适应于背景相对静止的视频序列，如视频会议的背景场面等。当视频序列变化剧烈时，隐藏效果很不好。图 7-28 显示了在 coastguard 序列中使用零运动矢量错误隐藏的效果图。

(a) 正常解码图像　　　　　　(b) 损坏码图像　　　　　　(c) 零运动矢量恢复图像

图 7-28　使用零运动矢量错误隐藏的效果图

2）基于运动矢量预测的错误隐藏

由于图像序列中物体的运动具有时间连续性，同时又具有空间连续性，即一个运动物体中宏块的运动应该是一致的，丢失宏块周围正确接受宏块的运动矢量可以被用来重构丢失宏块的运动矢量,由此出现了 Haskell 的中值预测法(MMV)和 Sun 的均值预测法(AVMV)。

Sun 的均值预测法原理为:假设 H_0 为丢失宏块,其他块为其相邻宏块,并且邻块的运动矢量都正确接受,其位置关系如图 7-29 所示。

H_1	H_2	H_3
H_4	H_0	H_5
H_6	H_7	H_8

图 7-29　丢失宏块与临块的位置关系

MV_0 对应为 H_0 为运动矢量,定义邻块 MV 下标集为 $S=\{1,2,3,4,5,6,7,8\}$,则 MV_0 可通过式(7-11)进行重构:

$$MV_0 = \frac{\sum_{i=1}^{8} MV_i}{8} \tag{7-11}$$

均值法是简单对邻块运动矢量进行平均,Haskell 中值法原理则是把所有运动矢量看成二维的一个点集,在其中找出距质心最近的点。MV_0 通过公式(7-12)进行重构:

$$MV_0 = median(MV_1, MV_2, MV_3, MV_4, MV_5, MV_6, MV_7, MV_8) \tag{7-12}$$

中值预测法较均值预测法计算量大,但在大多数的情况下,中值预测法恢复的图像质量会比采用均值预测法要好。

3)基于块匹配的错误隐藏

以上方法都是通过运动矢量的时域或空域的相关性进行重构的,当丢失宏块的运动矢量相关性不强时,则隐藏效果不佳。使用最多的时域隐藏算法是 Lam 提出的边界匹配算法(BMA)(如图 7-30 所示)。Lam 利用图像的平滑性,在参考帧中找到与丢失宏块边界的差值最小的块作为重建块。选择 MV 的标准为使得隐藏后的图像块与其相邻块的失真最小化,为减小计算量,Lam 根据运动相关性指定了一个运动矢量候选集 S,$S=\{$邻块可用运动矢量,零运动矢量,对应块运动矢量,平均运动矢量$\}$。搜索只在这个候选集内进行,受损块 MV 可由式(7-13)计算:

$$\min_{dir \in \{top, bottom, left, right\}} \arg d_{Sm} = \{\frac{1}{N}\sum_{j=1}^{N} |Y(MV^{dir})_j^{IN} - Y_j^{OUT}| \tag{7-13}$$

其中,Y^{IN} 为参考帧中 MV 所指块的边界像素,Y^{OUT} 为当前受损块所在帧中与其相邻块的边界像素,N 为边界像素的数目。

实质上 BMA 算法既利用了运动的相关性,同时也利用了像素域的相关性,是一种联合重构的方法。但此算法有几个缺点:(1)当丢失宏块中包含不同物体时,丢失块和其相邻块的边界有明显痕迹。(2)运动矢量的候选集不准确,重构的运动矢量与丢失运动矢量有误差,恢复效果很不理想。(3)当丢失宏块边界存在边缘时,无法正确选择重构的运动矢量。

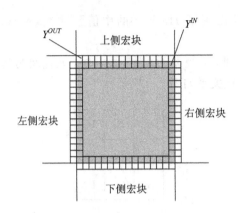

图 7-30　边界匹配算法错误隐藏

7.6　本章小结

　　网络传输技术是多媒体通信中的核心技术。本章首先从多媒体信息的特点出发，探讨了多媒体通信对传输网络的要求及多媒体通信的服务质量，在此基础上对现有网络对多媒体通信的支持进行了分析，随后介绍了多媒体通信协议及多媒体通信用户接入技术，最后介绍了视频传输中的差错控制技术。

❖ 思考练习题 ❖

1. 多媒体传输网络的性能指标有哪些？
2. 简述多媒体通信的服务质量参数体系结构。
3. 简述电路交换网络和分组交换网络的特点，分析它们对多媒体通信的适应性。
4. 差错控制的目的是什么？常用差错控制的步骤是什么？有哪些差错纠正的方法？
5. 常用的错误隐藏方法有哪些？它们的主要思想是什么？

第 8 章 视频监控系统

视频监控指利用视频技术探测、监视设防区域，实时显示、记录现场图像，检索和显示历史图像的电子系统或网络系统。视频监控系统是安全技术防范的一个子系统，视频监控技术是安全防范技术的一部分。

8.1 视频监控系统概述

8.1.1 视频监控系统的发展历程

视频监控系统以直观、方便、信息内容丰富而在各个行业得到广泛应用。近年来，伴随着计算机、网络、存储、芯片技术的发展以及安防需求的急剧增长，视频监控技术得到了飞速发展。从技术层面上划分，视频监控大致经历了三个发展阶段：模拟视频监控系统、基于"PC＋多媒体卡"数字视频监控系统、网络视频监控系统。

1. 模拟视频监控系统

第一代视频监控系统（20 世纪 90 年代初以前）使用的是以磁带录像机（Videocassette Recorders，VCR）为代表的传统闭路电视（Closed Circuit Television，CCTV）监控系统，系统一般由信号采集部分（摄像机、镜头、云台、麦克风等）、信号传输部分（电缆、光缆、射频等）、系统控制部分（操作键盘、视频分配器、视频矩阵切换器、云台控制解码器、字符叠加器等）、显示及录像（模拟监视器、模拟录像设备和盒式录像带等）四大部分组成。由于监控系统所有部件都是模拟设备，音视频信号的采集、传输、存储均为模拟形式，因此，第一代视频监控系统通常也称为模拟视频监控系统，其结构示意图如图 8-1 所示。

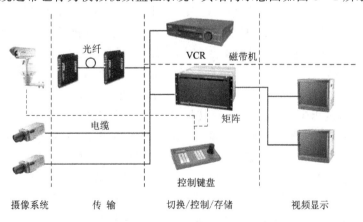

图 8-1 第一代模拟视频监控系统

前端视频采集设备将光信号转换成电信号后，通过信号传输部分（电缆或光纤）传送到矩阵输入端或存储到磁带机 VCR，矩阵的输出连接到监视器，利用矩阵的切换功能实现前端摄像机到监视器之间的选择切换。

模拟监控阶段的核心设备是视频切换矩阵，视频矩阵的切换功能可以将多路输入信号中任意一路或多路分别输出给一路或多路显示设备，可以实现选择任意一台摄像机的图像在任一指定的显示器上输出显示，且各视频通道的图像互不影响，视频切换系统可大可小，这也是矩阵切换器的巨大优势。

以模拟矩阵为核心的全模拟视频监控系统具有系统稳定性好，短距离传输实时性好且图像质量清晰的优点，但随着监控范围和系统规模的不断扩大，基于模拟视频的技术瓶颈、问题和局限也就越来越多的暴露出来，主要表现在以下方面：

• 视频信号在多级传输中，经多级级联接力后视频图像质量严重下降，且系统规模越大，传输层次越多，传输距离越长，视频损耗就越严重，导致图像质量无法保证，且录像质量随着时间的推移将会下降。因此，模拟视频监控只适用于较小的地理范围。

• 视频监控系统中需要加入多种大量的中间接入设备，如光端机、矩阵、视分器等，且其中大部分设备不具备网管功能，无法实时侦测设备运行状态，设备故障也不能自动查找，因此，对大规模视频源的控制与管理困难。

• 采用模拟信号存储，磁带容量很大，调看录像不方便，且监控仅限于监控中心，监控方式单一，应用的灵活性较差。

• 对于已经建好的系统，如要增加新的监控点，需要专门铺设线路，成本较高，而且往往是牵一发而动全身，新的设备也很难添加到原有的系统之中，因此系统的扩展能力差。

目前，全模拟监控系统只限于不需要联网的小地理范围监控，对于大容量、大规模、多层次的联网监控场合已不再使用。

2. 数字视频监控系统

20 世纪 90 年代中期，随着计算机处理能力的提高和视频技术的发展，人们利用计算机的高速数据处理能力进行视频的采集和处理，提高了图像质量，增强了视频监控的功能，这种基于多媒体计算机的系统称为第二代视频监控系统。数字视频录像机（Digital Video Recorder，DVR）是第二代视频监控系统的标志性产品，DVR 可以看成是集视频采集、编码压缩、录像存储、网络传输等多种功能于一体的计算机系统。DVR 的出现，让磁带录像机设备 VCR 逐渐退出了历史舞台。因为第二代视频监控系统的核心设备 DVR 是数字设备，因此常把第二代视频监控系统称为数字视频监控系统。

DVR 的核心功能是模拟音视频的数字化、编码压缩与存储。

模拟音视频通过相应的音视频 A/D 转换器转换为数字音视频信号并输入到编码芯片中，编码芯片根据系统配置，将此音视频信号压缩编码为 H.264（或其他标准，如 MPEG4。目前在视频监控领域，主流的压缩标准采用 H.264）格式的音视频数据。CPU 通过 PCI 总线将编码后的音视频数据存入本地硬盘中，当需要本地回放时，通过读取硬盘中的音视频数据并发送到解码芯片，解码芯片解码并输出到相应的 D/A 转换器中，完成录像资料的回放；需要远程回放时，通过读取硬盘中的音视频数据并发送到网络接口，这样远程工作站或解码器就可以实现视频图像的还原显示过程。

DVR 按照产品架构方式，主要分为嵌入式 DVR 和 PC 式 DVR。无论是 PC 式 DVR 还是嵌入式 DVR，实质上都是一个计算机系统，具有计算机系统的几大要素——CPU 主控系统、操作系统和应用软件系统。PC 式 DVR 大多选用的是 IntelX86 系列 CPU 和微软 Windows(或 Linux)操作系统，而嵌入式 DVR 大多选用的是嵌入式 CPU 和实时操作系统，两者相比，各有所长。PC 式 DVR 的系统组成结构为"兼容/工控 PC 机＋视频采集卡＋普通/较可靠的操作平台＋应用软件"，由于系统建立在庞大而复杂的 Windows/Unix/Linux 等通用操作系统上，很可能由于和硬件的驱动或其他原因兼容不好而导致不稳定。而嵌入式 DVR 是基于嵌入式处理器和嵌入式实时操作系统的，系统没有 PC 式那么复杂和功能强大，结构比较专一，只保留 DVR 所需要的功能，硬件软件都很精简，产品性能比 PC 式 DVR 稳定。另一方面，正是由于 PC 式 DVR 建立在通用操作系统上，其与其他硬件兼容性好，接口也非常齐全，而且可以利用通用操作系统自带的一些功能方便地进行软件开发，节省软件开发的成本和周期。而嵌入式 DVR 由于是在专有的操作平台上开发的，应用软件与硬件融为一体，网络功能由内嵌的操作系统通过控制网络芯片处理来实现网络功能，其网络功能没有 PC 式 DVR 强大。因此，嵌入式 DVR 和 PC 式 DVR 没有绝对的优劣之分，两者分别适用于不同的应用和需求场合。图 8－2 所示是基于 DVR 的典型数字视频监控系统。模拟的音视频采集设备通过同轴电缆与 DVR 的多个输入通道相连，DVR 可以独立完成视频的采集、编码压缩、存储、传输、管理等功能。当本地或远程用户想要实时浏览某个通道的视频时，DVR 的 CPU 直接将内存中的视频流通过 PCI 总线或网卡发送到客户端实现视频流的实时浏览；同时，DVR 大的磁盘空间可以实现视频存储，并能响应本地或远程客户端的视频回放命令，在本地或远程进行视频的回放。

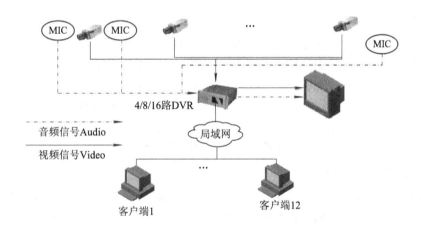

图 8－2　基于 DVR 的典型数字视频监控系统

由于 DVR 与模拟摄像机的连接仍然通过同轴电缆而不是网络接口，其实质是半模拟半数字的设备。以 DVR 为核心构建的监控系统，其传输部分通常基于模拟信号，存储部分采用数字数据，是一个半数字化的监控系统。这种"模拟-数字"方案仍需要在每个摄像机上安装单独视频电缆，布线比较复杂，且 DVR 系统可扩展性有限，一次最多只能扩展 16 个摄像机，与第一代模拟系统相似，存在许多缺陷。另外，DVR 系统的 IP 网络通信功能比较简单，仅支持有线 IP 网络访问，用户不能从任意客户机访问任意摄像机，而只能通过

DVR 间接访问摄像机。因此，以 DVR 为核心设备的第二代监控系统适用于以本地监控存储为主，网络浏览为辅的小型监控环境，对于大型的分散监控环境不太适用，因为需要外部服务器和管理软件来控制多个 DVR 或监控点，而要把几十台或上百台 DVR 联网组成一个稳定的监控系统则比较困难。另外，DVR 受限于主 CPU 性能，动态图像效果变差，只能适用于图像变化不大的环境。

3. 网络视频监控系统

进入 21 世纪后，随着网络技术的发展，半数字化的 DVR 系统进一步发展成为具有网络功能的视频监控系统，即第三代视频监控系统，也称为网络视频监控系统或 IP 监控系统。

简单地说，网络视频监控系统就是利用现有的网络资源，以数字视频的压缩、传输、存储和播放为核心，以智能实用的图像分析为特色，基于 TCP/IP 协议，采用网络摄像机、视频编解码器、网络交换机、路由器、网络视频存储设备、网络视频管理平台等所构建的基于 IP 网络的全数字网络监控平台，能够支持任意网络拓扑结构，实现全网视频的统一管理与远距离监控，满足大规模监控和多层次管理需求。数字化视频在网络上传输基本不受距离限制，用户可以通过网络中任何一台电脑观看录像和管理实时的视频信息。

网络视频监控系统使用现有的网络系统，采用嵌入式的"网络视频服务器"，实现从监控点前端、监控中心、监控工作站的数字化处理，是监控系统发展的必然趋势。本书 8.2 节将重点介绍网络视频监控系统的原理、组成及应用架构。

8.1.2 视频监控系统的关键技术

1. 光学成像器件

光学成像设备是监控系统的核心技术部件，视频图像质量与光学成像系统密切相关。光学成像器件主要包括镜头及感光器件，目前感光器件主要有电荷耦合（Charge Coupled Device，CCD）和互补金属氧化物导体（Complementary Metal - Oxide Semiconductor，CMOS）两种。CCD 器件的主要优点是高解析、低噪音、高敏感度等。早期的 CMOS 技术主要用于低端市场，但随着 CMOS 技术的不断完善，在高分辨率、高清摄像机中，CMOS 迅猛发展起来，并显示出越来越强的技术优势和市场竞争力。

2. 视频编码压缩算法及压缩芯片

视频编码压缩的目的是在尽可能保证视觉效果的前提下减少视频数据量。视频的编码压缩是视频监控系统数字化、网络化的前提条件，不经过编码压缩的视频信息的数据量大到计算机、网络带宽及硬盘存储均难以承受，因此，如何对大量视频数据进行有效地编码压缩就成为一个非常关键的问题。另一方面，视频编码算法复杂程度的不断提升给视频压缩芯片的处理能力带来不断地挑战。目前市场上流行的视频编码芯片主要有 DSP 和 ASIC 两大类，其中，DSP 为通用媒体处理器，即以 DSP 为核心并集成视频单元和丰富的外围接口，DSP 通过软件编程来实现视频编解码且能扩展多种特色功能；ASIC 是专用视频编码芯片，它可以集成一些外围接口，通过硬件实现视频编解码。

3. 视频管理平台

模拟视频监控系统中，所有设备都是模拟的器件，是实实在在的硬件设备，为方便管理，部分厂家开发出人机交互界面（Graphics User Interface，GUI），主要用来做设备配置和简单视频操作应用，软件平台只是个辅助手段。而在网络视频监控时代，视频监控系统中不再具有类似矩阵的硬核心产品，所有的设备、组建、服务变得分散和多元化，在此情况下，网络是依托，而视频管理平台是灵魂，平台变成系统不可或缺的重要组成部分。整个视频监控系统的"形散而神不散"架构完全靠管理平台的有效整合，尤其是在大型的系统中，平台将发挥越来越重要的作用，而视频监控系统也逐渐步出安防监控领域，向其他应用领域扩展。

8.1.3　视频监控系统的发展方向

视频监控系统已经经过了二十几年时间的发展，从最早模拟监控到现在的网络视频监控，可以说发生了巨大的变化。但现有的网络视频监控系统仍然存在以下不足：

- 清晰度不够，造成大量的视频数据没有真正的使用价值；
- 采集到的视频数据在传输或存储前没有经过智能筛选，造成海量录像数据利用率低下；
- 主要用于事后分析，难以实现预警。

针对现有视频监控系统存在的问题，以视频数字化和监控网络化为基础，视频监控系统正在朝高清化和智能化方向发展。

1. 高清化

根据美国电影电视工程师协会（SMPTE）、国际电联（ITU）和我国国家广电的相关定义，真正的高清视频格式目前主要有三种：720P（1280×720 分辨率，16∶9 宽屏显示，逐行扫描/60 Hz）、1080i（1920×1080 分辨率，16∶9 宽屏显示，隔行扫描/60Hz）、1080P（1920×1080 分辨率，16∶9 宽屏显示，逐行扫描/60Hz）。

高清摄像机与普通网络摄像机类似，集光学成像、编码压缩、视频缓存、网络传输等多种功能于一体，且比普通的网络摄像机具有更高的技术要求，一般采用专业的配套高清镜头及成像器件来实现高质量成像、采用极高复杂性及更高压缩效率的 H.264 编码算法。一个高清摄像机可以代替多个普通摄像机对相同范围场景的监控，节省线缆、安装及维护成本。

这里需要注意的是，高清视频监控只有在前端、平台、存储、浏览、显示等各个环节针对高清开发设计才有意义，因此高清视频监控必须依托完整的高清整体解决方案，而不仅仅是提供单纯的高清摄像机。高清摄像机只是在系统的前端保证了图像的高清晰，而只有保证视频在采集、编码、传输、显示等各个环节的高清，才能实现用户视频浏览、回放等的高清化。在信号传输方面，一般高清视频信号（以两百万像素参考）占用带宽在 3～8 Mb/s 左右，约是 4CIF 标清实时视频信号的 5 倍左右。高清视频信号大码流的特点要求在传输时必须保证足够的带宽。在高清信号显示方面，传统的阴极射线管（Cathode Ray Tube，CRT）监视器在显示高清图像时必须做非常大的屏幕，可以采用液晶及等离子显示设备实现视频信号显示的高清化。

"看得更清"是高清视频监控的目标。不同的行业、不同的场合对图像清晰度的要求不同，如在车水马龙的闹市区如何看清一个人的面部特征、看清楚车辆的牌照、甚至车辆细节等是很重要的；在城市道路交叉口、道路区间、在高楼大厦的大厅内，拥挤喧闹的出入口、停车库的出入口、高速公路、体育场馆等场合，高清视频监控大大提升系统的应用价值。高清 IP 监控所带来的优势是能够提供更多关键细节，能够提高智能分析算法的精度，同时也使单位面积监控点密度下降，可以降低系统的建设成本。

2. 智能化

将视频分析技术引入视频监控即智能分析视频监控。智能分析视频监控技术是最前沿的应用之一，体现着未来视频监控系统全面走向数字化、智能化、多元化的必然发展趋势。

视频监控系统的智能化使摄像机不但成为人的眼睛，而且成为人的大脑，这一根本性的改变，可极大地发挥与拓展视频监控系统的作用与能力。通过滤掉图像中无用的或干扰信息，能够大幅度降低资源与人员配置，全面提升安全防范工作的效率。同时，智能视频监控系统的自学习能力提供了一种预警手段，能够提升快速反应能力、将潜在的危机消灭在萌芽阶段。

高清视频和视频智能分析是视频监控的两种最新技术，两者相辅相成。高清视频技术可以给我们带来高清晰、无延时的包含丰富完整信息的高质量视频源，而智能分析技术则可以通过智能化的信息挖掘给我们带来多样化的应用。没有高质量的视频源，视频智能分析就会因为视频分辨率的问题大大降低准确率，就会因为场景问题，大大减少信息量；相反没有视频智能分析，那我们的高清视频应用就仅仅停留在"看"的初级阶段，而没有上升到"用"的高级阶段。

除了上面介绍的高清化、智能化以外，系统集成化、应用无线化也是视频监控系统的发展趋势。

8.2 网络视频监控系统

纵观视频监控技术的发展，走过了由模拟到数字，再由数字到网络的过程。模拟监控阶段的核心设备是视频切换矩阵，数字视频阶段的核心设备是硬盘录像机 DVR，网络视频监控阶段没有核心硬件设备，系统变得开放而分散，所出现的设备更加注重网络功能，系统的应用架构更加强调基于网络的传输、共享和管理。

8.2.1 网络视频监控系统的组成

智能网络视频监控系统的主要构成是网络摄像机(IP Camera，IPC)、视频编码器(Digital Video Server，DVS)、网络录像机(Network Video Recorder，NVR)、视频内容分析(Video Content Analysis，VCA)单元，中央管理软件(Central Manage System，CMS)、解码设备、存储设备等。

1. 视频编码器

随着网络基础建设的不断完善及视频编码技术的不断进步，利用视频编码器为主体硬件的网络化视频监控系统得到越来越多的实际应用。DVS 的出现，标志着视频监控系统进入了网络时代。DVS 的主要功能是编码压缩及网络传输，其基本组成如图 8-3 所示。

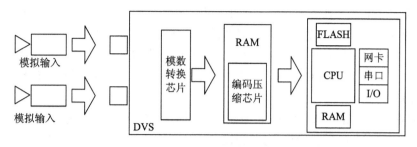

图 8-3　DVS 的基本组成

图中 DVS 的主要组成包括模拟视频输入端口、模\数转换器件、编码压缩器件、CPU 及内存、网路接口、I/O 接口及串口等。编码器将来自摄像头的模拟视频信号经模数转换芯片转换成数字视频信号，编码压缩芯片将收到的视频信号采用相应的压缩算法（如 MPEG4 或 H.264）进行编码压缩，将压缩后的数据存储到缓存中或通过网口发送到网络上。

与 DVR 相比，DVS 主要用来进行编码压缩及网络传输，而 DVR 侧重在录像功能。DVS 实质上可以看成是 DVR 的一个功能分拆，DVR 系统集视频编码压缩、本地存储、网络传输、软件管理等功能于一体，可以单机独立工作，而 DVS 可以看成是将编码压缩器件从 DVR 中完全独立出来，其本身仅仅是一个视频采集编码设备，不能独立构成系统，需与其他设备配合应用才能实现完整的功能，因此，DVS 必需采用开放式架构和标准的协议，这使得 DVS 在开放性、集成性方面比 DVR 要好。另外，基于 DVS 的监控系统在稳定性及组建成本方面较 DVR 系统也有一定的优势。DVR 的操作系统、电源、硬盘、主板等任何一个点失效将需要整机停机，影响使用。而 DVS 通常采用嵌入式处理器及操作系统，无硬盘及其他计算机组件，其单体设备的稳定性要好于 DVR。对于信号传输部分，DVR 系统需要所有摄像机的视频输入、控制信号等集中连接到 DVR 设备，这在监控点分布比较分散的情况下，管线铺设及施工成本大。若采用 DVS 系统，所有监控点的音视频信息可通过网络连接 DVS，能大大降低系统构建成本。

2. 网络录像机

进入 21 世纪后，随着网络技术的发展，通过网络对视频数据进行存储的需求越来越多，以硬盘录像机 DVR 为核心的监控系统又进一步发展成为具有网络功能的 NVR 系统。NVR 即网络视频录像机，是网络视频监控系统的存储转发部分，其核心功能是视频流的存储与转发。与 DVR 相比，NVR 的功能比较单一，本身不具有模数转换及编码功能，不能独立工作，通常与视频编码器 DVS 或网络摄像机 IPC 协同工作，完成视频的录像、存储及转发功能。

在 NVR 系统中，前端监控点安装 IPC 或 DVS，模拟视频、音频以及其他辅助信号经 DVS 数字化处理后，以 IP 码流的形式上传到 NVR，由 NVR 进行集中录像存储、管理和转发。因此，NVR 实质是个中间件，其软件功能主要包括视频浏览功能、录像及存储功能、回放及导出功能、事件调查功能、用户权限管理、设备管理及报警等功能。

目前，NVR 的产品从原理上可以分为两类：一类基于 PC 平台及通用操作系统，另一类基于嵌入式操作系统。前一类主要有两种产品形态，第一种是基于 PC 服务器式的 NVR 软件产品，即厂商提供的是 NVR 软件加授权许可模式，可以安装在任何满足要求的标准

PC 机或服务器上；第二种是软硬件一体化的 NVR 整体解决方案，即 NVR 软件安装在定制的 PC 服务器上。不同类型或不同形态产品在稳定性、可扩展性方面存在一些差异。

在稳定性方面，虽然 PC 式 NVR 系统的可靠性没有嵌入式 NVR 系统的可靠性高，但相比于 PC 式 DVR 系统，PC 式 NVR 系统的功能相对简单，出故障的环节较少，稳定性要好于 PC 式 DVR 系统。

在扩展性方面，由于 PC 式 NVR 系统基于通用的 PC 平台及通用的操作系统，其硬件的接口通用、开放且标准化，容易与其他硬件兼容，软件开发也比较方便。而嵌入式 NVR 由于硬件集成度过高，接口单一，与其他硬件的兼容性不够好，且嵌入式软件的附带功能不太强，使得二次开发相对复杂。

3. 网络摄像机

网络摄像机，也称 IP 摄像机(或 IPC)，是新一代网络视频监控系统中真正的 IP 监控设备，其特点主要体现在支持网络协议。IPC 的总体功能相当于"模拟摄像机＋视频编码器 DVS"构成的联合体，但两者的功能实现过程又有区别。IPC 是纯数字化设备，从视频采集、编码压缩到网络传输，所有环节可以实现数字化，整个过程只需一次模/数转换；而"模拟摄像机＋DVS"联合体要经过多次模/数转换才能与网络连接，导致图像在多次模/数转换中质量下降。

从组成上，IPC 包括镜头、图像传感器、声音传感器、模数转换器、编码芯片、主控芯片、网络及控制接口。也就是说，IPC 本身可以看作是镜头、摄像机、视频采集卡、计算机、操作系统、软件、网卡等多元素的集合体，其工作流程为：图像信号经镜头输入及声音信号经麦克风输入后，由相应的传感器转化为电信号，模数转换器将模拟的电信号转换成数字信号，经编码器按一定的编码标准进行压缩，网络服务模块接收到控制命令后按一定的网络协议将压缩后的数据发送到网络上。

与模拟摄像机相比，IPC 具有图像分辨率高(IPC 可达到数百万像素，而模拟摄像机最多达 40 万像素)、支持双向音频的功能(传统模拟摄像机不具备音频功能)。由于模拟摄像机产品种类丰富，技术发展成熟，功能也比较完善，在前期的视频监控系统中已大量投入使用，而 IPC 的单机功能不是很丰富，部分技术指标有待加强，目前的应用率还比较低。随着 IPC 技术的不断成熟及 IP 监控的发展，IPC 将逐渐成为未来前端图像采集设备的主流。

4. 视频内容分析技术

视频内容分析技术 VCA 属于计算机人工智能领域，其发展目标在于将图像与事件描述之间建立一种映射关系，通过"智能视频分析"使计算机从纷繁的视频图像中分辨、识别出关键目标物体。这一研究应用于安防视频监控系统，能借助计算机强大的数据处理能力过滤掉图像中无用的或干扰信息，自动分析、抽取视频源中的关键有用信息，从而使传统的监控系统中的摄像机不但成为人的眼睛，而且成为人的大脑，并具有更为"聪明"的学习思考方式。

VCA 的本质是算法，这些算法可以应用在 IPC、DVR、NVR 及视频分析服务器等设备中，使这些设备具有类似于人的智能。在视频监控中，视频内容分析的一般思路通常是：先将视频中的背景图像与前景目标分离，将前景目标的关键数据(如大小、速度、轨迹、出现时间等)抽取出来,形成对目标的语法描述,并与事先设定的逻辑规则(进入防区、从防区消失、拿走、遗留、徘徊等)相比对,形成对"事件"的判断,再将"事件"与"规则"匹配,判断是否发出报警。这样,就可以把值班人员从死盯屏幕的工作中解脱出来,而将值班员的重心放在对报警事件的核查处理上。

基于 VCA 技术的智能视频监控系统的报警触发反应时间比人工反应时间快很多(通常为毫秒级),其强大的数据检索和分析功能可提供快速的反应时间和调查时间,同时,系统可以按照 VCA 报警来传输或录像,可以节约带宽及存储资源。

随着智能监控应用的发展,出现了三种形态的视频分析产品。第一种是基于前端独立单元的视频分析模式,由独立部署的视频分析单元直接对摄像机输出的视频信号进行分析并报警;第二种仍是基于前端模式的视频分析,此时,视频分析单元被嵌入在前端的 DVS 或 IPC 中,即 DVS 或 IPC 本身具有视频分析功能;第三种是基于后端服务器的视频分析模式,视频流经 IPC 或 DVS 编码压缩后上传到网络,由 NVR 服务器或视频分析服务器抓取码流后进行视频分析。

5. 中央管理软件

模拟视频监控时代,系统的核心通常是硬件,软件只是辅助完成系统的配置工作,整个系统布设比较集中,管理平台价值不大。数字视频监控时代,DVR 的工作模式多为单机独立工作,对系统的整合管理需求不高。而随着网络视频监控系统的大量应用,系统架构变得网络化、分布化,系统设备(包括 IPC、DVS、NVR 等)的功能也变得专一化,系统的运行必须有软件平台的支撑。中央管理软件的任务就是利用统一的数据库、软件及服务,在分散的设备与用户之间建立一个接口服务平台,通过这个平台,完成系统中 DVR、DVS、NVR、IPC 等所有设备的统一管理与集中控制,为用户提供统一的接口应用及媒体分发服务。

当前,由于 DVR、DVS、IPC 等设备与平台之间没有标准的接口及协议标准,CMS 厂商通过熟悉各个硬件厂商(DVR、DVS、IPC)提供的 SDK 开发包进行二次开发,实现对前台设备的管理,此时 CMS 只是提供了一个统一的界面而已,系统的功能及平台能够实现的功能实质上还是由硬件设备或硬件设备的 SDK 决定,CMS 本身并没有深入到底层,因此系统运行效率不高。

8.2.2 网络监控系统应用架构

在网络监控系统发展过程中,主要存在两种系统架构:一种是以模拟摄像机加视频编码器 DVS 构成的系统;一种是以网络摄像机(IPC)、视频编码器(DVS)、网络录像机(NVR)、视频内容分析(VCA)单元、中央管理平台(CMS)、解码设备、存储设备等构成的全数字智能网络监控系统。严格来说,利用模拟摄像机加视频编码器构成的视频监控系统不是真正的网络视频监控系统,因为摄像机到编码器之间是模拟信号,而不是网络信号传输,但考虑到此架构实质功能与 IP 摄像机等价,因此将这种架构也视为网络监控系统。在今后很长一段时间内,这两种架构将会共存。

1. 基于视频编码器的网络视频监控系统

DVS 设备的输入为模拟的视频信息,它可以接入原有模拟矩阵系统的视频输出,也可以直接与模拟摄像机相连。前者主要用于对原有视频监控系统的升级改造，以便最大限度地利用原有设备、节省成本，这种情况下的系统结构如图8-4所示。DVS直接与模拟摄像机相连的情况主要用于新建项目中，其系统结构如图8-5所示。

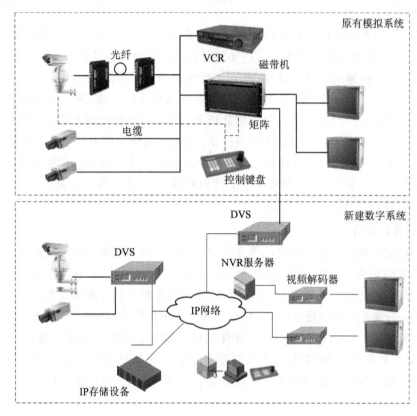

图 8-4 模拟系统与 DVS 数字系统的混合架构

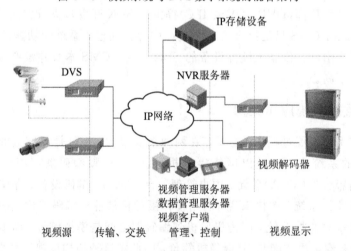

图 8-5 基于 DVS 的视频监控系统

图 8-4 的系统架构中，利用 DVS，将原有模拟监控矩阵部分通道的视频输出接入到 DVS 的视频输入端口，通过视频矩阵及 DVS 的串口进行通信，实现新旧系统的整合及对原有系统的数字化和网络化升级。

图 8-5 的系统架构中，DVS 分布在前端各监控点，连接模拟摄像机及其他辅助输入输出设备，实现视频的编码压缩和网络传输。NVR、存储设备及解码显示设备可根据用户需求部署在网络上任意位置。

2. 基于 IPC 的全数字视频监控系统

IPC 的应用模式是与 NVR、媒体服务器、视频分析单元、存储设备、中央管理平台等共同构成"智能网络视频监控"整体解决方案，整个系统架设在网络上，不受地域空间的限制，目前主要应用在大型、跨区域的新建项目中。图 8-6 是基于 IPC 的一种应用架构。

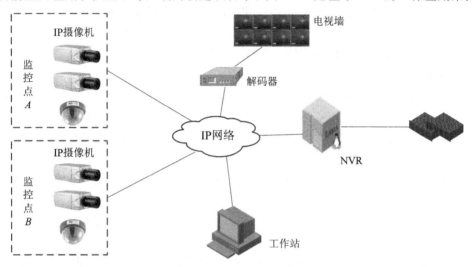

图 8-6　基于 IPC 的全数字视频监控系统

图 8-6 的系统架构中，NVR 服务器是整个系统的核心设备，通常部署在控制中心。以网络为传输平台，NVR 服务器通过各种标准接口及标准协议实现与 IPC、工作站、磁盘阵列、电视墙等的通信，负责系统设备管理、设备控制、录像存储、视频转发及回放等。其中，IPC 完成视频的采集、编码、压缩和传输工作，工作站完成系统配置、实时视频浏览、历史视频回放、录像回放等各种操作，电视墙完成实时视频的解码显示，磁盘阵列完成视频数据高可靠的存储备份。

8.3　银行网络视频监控系统

视频监控系统以其直观、方便、信息内容详实被广泛应用于生产管理、保安等场合，成为金融、交通、商业、电力、公安、海关、国防、住宅社区等领域安全防范监控的重要手段。下面以视频监控在银行业中的应用为例，介绍银行联网视频监控系统的组成及架构。

8.3.1　银行联网安防系统建设需求特点

随着国民经济和银行业务的不断发展，金融机构的业务量迅速增长，与此同时业务纠纷也在增加，针对银行的恶性暴力事件也时有发生，所以对金融系统的安全提出了新的要求。从 2004 年起银行陆续开始试点网络视频监控，从 2006 年下半年开始进入网络化改造全面启动阶段。目前银行的视频监控系统正由数字化向网络化和智能化迈进，其中，24 小时自助银行、金库和营业网点的视频监控系统都有联网的需求。

银行联网安防系统需要整合远程报警、视频监控、图像传输等多方面的功能。银行保安人员、银行管理人员、银行督导人员、安防中心甚至公安部门都需要在视频监控网络上进行管理。因此其对系统的软件与硬件甚至网络都有很高的要求。

(1) 系统应该连接大量的报警设备,一旦捕获到异常信号,系统能实现本地自动报警,上传报警信息实现远程报警。

(2) 系统要求对重点图像在监控中心进行录像备份。

(3) 系统能够将支行、二级支行、自助网点、ATM 机以及金库、办公大楼、机房的监控系统通过银行内部网络构成一个分层次的整体,实现信息共享。

(4) 可扩展性是银行联网监控的一个特殊要求。

(5) 多种录像存储触发支持。

• 对中心控制室、金库、重要证券保存地及进入中心控制室、监控室、业务库的通道等重要场所监控,只有区域内有物体移动时,系统才自动进行录像存储。

• 对业务受理窗口、营业大厅、客户等候区的监控在工作时段内进行不间断地实时录像存储。

• 对 ATM 取款机、业务自助受理终端机的监控只有客户使用时,系统才自动进行录像存储。

• 对自助银行的监控,当有人刷卡进入时,系统自动进行录像存储;当客户结束操作离开后,系统停止录像。

(6) 针对 ATM 机、自助银行的网络视频监控系统需要能够实现报警联动到中心平台,中心平台能够远程控制门禁等功能。

(7) 保留现有的本地视频监控系统,视频监控使用模式不变。

(8) 自助银行机操作人求助时,能够实现双向语音对讲、求助互动。

(9) 支持卡号叠加在图像上,方便检索。

(10) 视频监控网络化以后,要求可实现全省范围内远程集中监控。地市分行可通过网络直接调用所辖地市各监控点的视频图像,实现云镜控制;省行可以通过网络直接调用全省各监控点的视频图像,实现云镜控制;省级、地市级、安保公司能够分配不同的监控图像调看和管理权限。

(11) 对联网设备状况进行实时监控、发现设备异常及时告警。

根据银行联网安防系统建设的需求特点,银行建设联网视频监控系统的目的是建立一个高度集成的管理平台,将全辖区内的各个金库、自助银行、营业网点、离行式 ATM 机(可选)的视频监控系统、门禁系统、报警系统等集成在一个智能化管理平台上进行整合应用和统一管理,提高系统的使用效率,降低使用难度;将一级分行、二级分行、营业网点、自助银行、离行式 ATM 机(可选)以及金库、办公大楼、机房的监控系统通过银行内部网络构成一个有机的整体,实现信息共享,上级单位能及时全面地掌握有关情况;对系统的重要信息进行多重存储备份管理,保证重要数据的安全。

8.3.2 银行联网视频监控系统架构

根据银行联网安防系统的建设需求,银行联网视频监控系统的逻辑架构如图 8-7 所示。

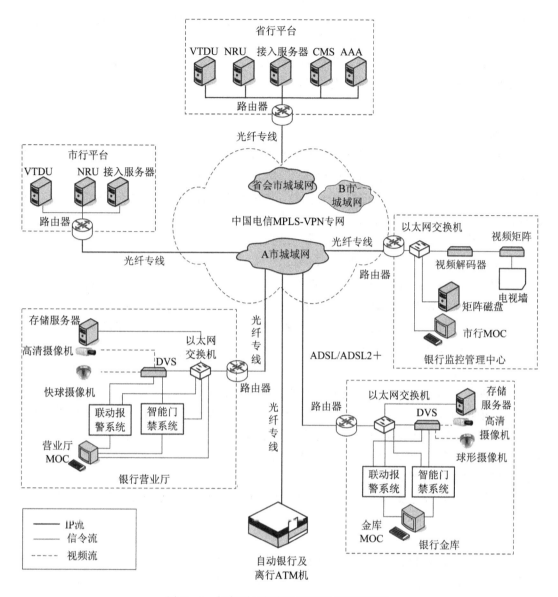

图 8-7　银行联网视频监控系统的逻辑架构

1. 监控网络

综合考虑银行联网监控的安全性和成本需求，MPLS-VPN 不失为一种优良的承载网络解决方案。MPLS-VPN 具有大容量、高可靠性、QoS 保障等诸多优势。MPLS-VPN 采用 MPLS(多协议标记交换)协议，结合服务等级、流量控制等技术，满足不同城市(国际、国内)间安全、快速、可靠的通信需求，整个虚拟专网的任意两个节点之间没有传统专网所需的端到端的物理链路，而是使用公用网络平台上的逻辑连接。监控前端和监控中心的接入支持 ADSL、MSTP、数字电路、帧中继、DDN、ATM、以太网等多种接入方式，能够提供速率为 $N \times 64$ kb/s～2.5 Gb/s 的接入带宽。

2. 中心服务平台

中心服务平台是视频监控系统的核心部分，实现前端和客户端设备的接入，一般具有设备管理、用户管理、权限管理、报警管理、存储策略管理、日志管理、AAA 认证、通信管理、媒体流调度传送、报警管理和计费管理等功能。

中心服务平台一般采用服务器集群的方式部署，由中心管理服务器集群、信令接入服务器集群、媒体传送单元和网络录像单元组成。

3. 监控前端

1）金库

金库监控对金库入口、守库室、周界围墙、内部通道等区域进行视频监控，并与金库的报警防范系统、门禁系统进行有机地结合。可在金库机房建立分控中心，实时监视库区内的视频动态，对云台、球机进行集中控制，并对硬盘录像机、视频和报警信号进行集中管理。金库监控系统通过网络与上级分行监控中心相连，监控中心可以通过网络远程监控和管理银行金库监控系统，接收报警信号，远程控制金库门禁。

2）24 小时自助银行和离行式 ATM 机

24 小时自助银行监控系统和离行式银行 ATM 机监控系统，在系统框架上与金库类似，主要是视频路数规模上的区别。由分行监控中心通过网络进行日常监控、控制、报警处理和异常处理等动作，本地一般只负责接入和上传压缩后的信号，以及录像资料的存储。监控中心可通过网络下载重要的历史录像资料。

3）银行营业厅

营业网点的监控主要包括对营业柜员的合规监控和对营业厅区域的环境监控。

营业柜员监控主要用于监控并保存银行工作人员每天的现场工作情况和与客户的交易过程，为可能出现的交易纠纷以及其他经济犯罪活动提供录像资料及法律证据。柜员监控对系统的稳定运行、录像的质量、存储的时间都有较高要求。监控点主要设于现金清点处（点钞机）、现金暂存处、现金柜台处等。

营业厅区域监控主要用于对出入口、营业大厅、周边要道等区域的安全防范。监控点主要设于门外、出入口、运钞车交接处、客户大厅、内部通道、内部人员出入口、安防控制间等。

前端采集的视音频和报警信号送入硬盘录像机处理，做本地录像和监控。同时将数据压缩后，上传到本地监控网络，供监控主机统一监控、管理和银行保卫科干部及其他领导远程查看用。

4. 监控中心

监控中心应用可分为三级，分别为全国级监控中心、省级监控中心和地市级监控中心。各级监控指挥中心可设置控制台、存储阵列和电视墙，控制台一般为普通客户端、解码器控制系统和电视墙控制系统的集成。可灵活选择视频信息投放到电视墙进行显示。监控中心为核心指挥机构，对系统资源统一管理与调度。监控中心建设包括实时视频浏览、历史视频调阅、远程云镜控制、与前端网点语音对讲、远程门禁控制等功能要求，以及前端设备远程管理、电子地图的应用、电视墙的应用和日志管理等应用管理方面的要求。

银行联网监控能够提高安防管理效率，降低管理成本。当前，基于银行业特性的网络视频监控技术正在逐步完善，越来越多的银行将在几年内实现视频监控的全面网络化改造。

8.4　本 章 小 结

本章较系统地介绍了数字视频处理技术的一个具体应用——视频监控系统。本章内容以视频监控系统发展历史为主线，简要介绍了第一代模拟视频监控系统和第二代数字视频监控系统，重点介绍了第三代网络视频监控系统的组成及应用框架，最后以银行网络视频监控系统为例，根据银行联网安防系统的建设需求，介绍了银行联网视频监控系统的逻辑架构。

❖ 思考练习题 ❖

1. 简述视频监控系统的发展历史。

2. 视频监控系统的关键技术有哪些？

3. 简述网络视频监控系统各组成部件的主要功能。

4. 结合本单位网络建设情况，在需求分析的基础上，试设计适用于本单位的智能网络视频监控系统方案。

5. 查阅资料，分析智能视频监控系统的发展趋势。

第 9 章 视频会议系统

随着通信网络与多媒体技术的发展，视频会议系统应用日益普及。视频会议系统通过通信把两个及两个以上地点的多媒体会议终端连接起来，在其间传送各种声音、图像和数据信号，使参加会议者有亲临现场的感觉。它对于召开重要的会议、及时作出重要决策、发布重要消息和提高工作效率等有较大的价值和意义。

9.1 视频会议系统概述

9.1.1 视频会议系统的基本概念

视频会议系统，又称会议电视系统，是指两个或两个以上不同地方的个人或群体，通过传输线路及多媒体设备，将声音、影像及文件资料互传，实现即时且互动的沟通，以实现会议目的的系统设备。视频会议是一种集通信、计算机技术、微电子技术于一体的远程异地通信方式，是一种典型的图像通信。在通信的发送端，图像和声音信号被变成数字化信号，在接收端再把它重现为视觉、听觉可获取的信息。

视频会议的参与者通过视频会议的方式，可以听到其他会场与会者的声音，看到其他会场与会者的视频图像，还可以通过传真和电子白板及时传送需要的讨论文件，使与会者有身临其境的感觉。

9.1.2 视频会议系统的分类

视频会议系统可以从节点数目、通信网络、传输内容、终端配置及应用场合等多个角度进行分类。

1. 按照节点数目分类

视频会议系统按照参与会议的节点数目可分为点对点会议系统和多点会议系统。点对点系统不需要多点控制单元（Multipoint Control Unit，MCU），其实质就是可视电话系统。

2. 按照通信网络分类

支持视频会议系统的通信网络有很多，而且各种通信网络均有其各自独特的特性，从而导致了在不同通信网络上视频会议系统设计和部署的差异性。视频会议系统按照所运行通信网络的不同可以分为专用网络（如 DDN）、局域网（LAN）、广域网（如 B - ISDN）、公共电话网（PSTN）和互联网（Internet）等。

3. 按照传输内容分类

在实际的计算机会议系统中，根据不同程度的需求和目的，在网络中交互的会议内容也有极大的差别。视频会议按使用的信息流分为文件会议、数据会议、多媒体会议等(从狭义角度讲,文件会议和数据会议并不属于视频会议系统)。

在文件会议系统中,与会者共享屏幕上一个或多个窗口,通过这些窗口交换信息,可传图文,但不能传声音;数据会议系统是在文件会议系统的基础上,在相同的通信线路上增加同时传送声音的功能;多媒体视频会议系统可以支持语音、视频、文本、图形等多种媒体的传输,是视频会议发展的方向。

4. 按照终端设备的档次及应用场合分类

视频会议系统可以在政府行政会议、公司远程会议、公用会议出租或个人临时会议中使用。根据视频会议系统设备档次及应用场合等因素可分为专业会议室型、标准会议室型、桌面宽带可视电话型和基于计算机平台的软终端型四大类。第一种类型系统设备性能要求很高,设备配置及安装位置相对固定,移动不方便,最高传输速率可达 4Mb/s,可提供高质量的音频和视频,系统价格比较昂贵,一般适用于政府机构、大型企业的专用会议室。第二种类型系统能提供良好的图像质量,系统安装简单,操作方便,价格合理,最高传输速率可达 2 Mb/s,可以在那些以视频会议作为应急的必要措施的中小型企业中使用。第三类系统没有专用的会议室通常只为一个人使用,主要用于远程办公。第四类基于计算机平台的软终端视频会议系统没有专用的硬件设备,软终端通过计算机提供的通信接口与简单的音视频输入输出设备连接,图像的编码解码通过计算机应用程序由计算机资源完成,图像显示由显示器显示,主要应用于个人用户。

9.1.3　视频会议系统的关键技术

视频会议是多媒体通信的一种主要应用形式,因此多媒体通信中使用的关键技术也是视频会议中的关键技术,主要包括高速多媒体网络传输技术、音视频数据压缩编码技术和同步技术。

1. 高速多媒体网络传输技术

现代计算机网络与通信技术是视频会议系统的基础,现有的各种通信网络可以在不同程度上支持视频会议传输。公共电话交换网(PSTN)由于信息传输速率较低,因而只适用于传输话音、静态图像、文件和低质量的视频图像。窄带综合业务数字网(N-ISDN)采用电路交换方式,其基本速率接口可以传输可视电话质量级的音视频信号,集群速率接口可以传输家用录像机质量级和会议电视质量级的音视频信号。理论上,最适合多媒体通信的网络是宽带综合业务数字网(B-ISDN),它采用异步传输模式(ATM)技术,能够灵活地传输和交换不同类型(如声音、图像、文本、数据)、不同速率、不同性质(如突发性、连续性、离散性)、不同性能要求(如时延、抖动、误码等)、不同连接方式(如面向连接、无连接等)的信息。随着 IP 网络的普及发展,Internet 的网络规模、用户数量以及业务量成指数型增长,IP 协议在 WAN 中占据了越来越大的比例,成为传送数据的主要协议。由于 IP 网具有很多专线网络不可比拟的优势,基于 IP 网络的视频会议系统已成为发展的主流趋势,但是目前的广域网环境及 TCP/IP 协议并不适合传送实时多媒体数据。因此,要开发全球范围的高性能视频会议系统首先必须建立高速的多媒体通信网络,同时配以新型的实时多媒体传输协议。目前世界各个主要的标准化组织、产业联盟、各大公司都在对 IP 网络上的传输协议进行改进，并已初步取得成效，如 RTP/RTCP、RSVP、IPv6 等，其中 IPv6 将从本质上提高 IPv4 的性能，支持资源预订（与 RSVP 协议相结合）和 QoS 控制，同时支持完整的 Multicast（内置 Internet 组管理协议 IGMP），因而将成为下一代 IP 技术的核心。

2. 音视频数据压缩编码技术

数字音视频信号相对于传统的模拟信号有很大的优势，但数据量大，无论对于存储还是传输都会造成很大的困难。考虑到一般通信网络传输速度的限制，要实时处理和传输视频和音频数据，不进行数据压缩是无法实现的。另外，实现压缩的可能性就在于图像或语音信源固有的统计特性，以及信号接收者的视觉和听觉的某些特性。迄今为止，已经提出了大量的编码方法。

在图像压缩方面有预测编码、变换编码、子带编码、小波编码、分形编码、模型基编码、矢量量化、运动估计等。在音频方面有自适应差分脉码调制（ADPCM）、线性预测编码（LPC）、子带编码、熵编码、矢量量化等。评价编码技术优劣的准则主要有三条：压缩比、重现质量和压缩速度，另外还有抗干扰能力、同步能力、可伸缩性等。其中压缩速度在多媒体应用中显得尤为重要。

目前在音视频编解码方面已经制定了一些国际标准，如用于视频编码的 H.261、H.263、H.263＋、MPEG－1、MPEG－2 等标准。这些标准的算法核心均采用了 DCT 和运动估计的编码技术，H.261 是 P×64kbps 的视频编解码标准，H.263 则是低比特率视频编解码标准，H.263＋又在 H.263 的基础上进行改进，提出了一些新的帧内和帧间编码技术，如在帧内编码时对 8×8 方块的第一行（或第一列）DCT 系数进行预测（H.263 标准只对直流分量进行预测），对帧内和帧间编码采用不同的 VLC 码表，帧间编码时可在一组缓存图像中选择一帧作为参考帧进行运动估计。另外还提出了图像分层技术和改进的 PB 帧方式等。

在音频编码方面，相继出现了 G.711、G.722、G.723、G.728、G.729、G.729A 等标准。除了早期的 G.711 和 G.722 标准，近期提出的低比特率音频编码标准其核心都包括 LPAS 技术。其中，G.728 的优点是低时延，它是 ISDN 视频会议系统的推荐语音编码标准；G.723.1 的优点是低码率，因而是 Internet 视频会议系统的推荐语音编码标准，但其缺点是时延太大；G.729 是目前很有前途的一种低比特率多媒体会议语音编码标准，它的时延和码率都较低，很适合在视频会议系统中使用。

3. 同步技术

在视频会议中，视频信息通常是由多个媒体流（音频、视频、文本等）组成的，各媒体流之间往往具有一定的时间关系，因此在接收端应实现同步回放，这种同步称为媒体同步（也称为唇音同步）。除了媒体同步外，由于视频会议是面向多个用户的，为了公平起见，一个用户发送的多媒体信息应当在所有接收的用户中同时进行回放，使每个用户有平等的反应机会，这种同步称为群同步。一般采用存储缓冲和时间戳标记的方法来实现信息的同步。存储缓冲法在接收端设置一些大小适宜的存储器，通过对信息的存储来消除来自不同地区的信息时延差。时间戳标记法把所有信息打上时间戳（RTS），凡具有相同 RTS 的信息将被同步显示，以达到不同媒体间的同步。

4. 视频通信系统的发展历史

和其他许多事物的发展一样，视频会议的发展也经历了一个从无序到有序、从不成熟到基本成熟的过程。在这个发展过程中，相继出现了电视会议、桌面视频会议、多媒体会议等多种远程会议系统。

1）发展初期

视频会议系统的历史可追溯到上个世纪 60 年代初，当时美国电报电话公司（AT&T）曾推出过模拟视频会议系统（Picture Phone），该系统传送的是黑白图像，并且只限于在两个地点之间举行会议，而且要占用很宽的频带，费用很高，因此这种视频会议没有得到进一步地发展。

进入 70 年代以后，由于相关技术领域的长足进步，最主要是数字传输的出现，传统视频会议系统所用模拟信号的采样或变换方法也得到极大的改善，数字信号处理技术开始走向成熟，视频会议开始采用数字信号处理技术和数字传输方式。但是数字信号的存储与传输仍是一个难以解决的问题，尤其是模拟信号如果用数字形式表示，其存储量和要求的传输能力更甚。对数据压缩问题的研究，成为突破障碍最终把视频会议技术推向市场的关键。总体来看，20 世纪 70 年代视频会议系统的发展处于相对平稳的时期，但研究工作并未中断。

2）快速发展阶段

进入 20 世纪 80 年代中期，通信技术发展迅猛，信息编解码技术趋于成熟，信息压缩算法性能大为提高，使得视频会议设备的实用性大为提高。这一阶段，数字视频会议逐渐取代了模拟视频会议，并且得到发展，在某些地区开始形成了视频会议网。但此时的视频会议由于价格和技术因素，仍只局限于高档会议室的视频会议应用，且由于各地使用的协议不一，难于实现国际视频会议。

3）实用阶段

20 世纪 90 年代初，第一套国际标准 H.320 获得通过，不同品牌产品之间的兼容性问题得到解决。在视频会议系统的发展过程中，音视频编码技术作为其中的关键技术之一起到了极大的推动作用。1990 年 CCITT 第 15 届研究制定了针对活动图像的 Px64kbps 的编解码器协议 H.261 之后，视频压缩编码技术开始走向标准化和实用化，一批符合 H.261 标准的专用芯片和多媒体会议产品（大多基于 ISDN）相继问世。五年之后，该研究组又提出更低比特率的视频编解码方案 H.263 标准。该标准可将视频图像最少压缩到大约 20 kb/s，可在普通电话线上通过 28.8 kb/s 的 V.34Modem 传送音视频信号。音频编码标准则从早先的 G.711、G.722 发展到以后的 G.723.1、G.728、G.729 等。在音视频编码协议不断改进与发展的同时，视频会议本身的协议也实现了更新换代。从基于 ISDN 环境的 H.320 标准到基于分组交换网的 H.323 标准，再到 PSTN 的 H.324 标准，另外还有 H.321标准（B-ISDN 环境下的视频会议）、H.322 标准（等时以太网环境下的视频会议）。

4）多功能阶段

随着计算机和通信技术的发展，视频会议系统在实用化和改善性能的同时，开发了适应在多种通信网络上召开会议的视频会议系统，功能也在不断满足用户的需求。配合 H.261视频压缩集成电路技术的开发，视频会议系统也有朝小型化发展的趋势。在 1992—1995 年期间，可移动型视频会议系统成为视频会议应用中的主要产品。视频会议系统在 90 年代中期的另一个发展趋势为桌上型产品开始成熟。

桌面视频会议系统是面向广大机关企事业单位、组织和个人的较理想的远程会议工具，其优点是价格便宜、带宽利用率高、接入方式灵活(PSTN、ISDN、LAN、Internet、虚拟专网 VPN 等)、具有互操作性以及便于升级扩充等等，因而在最近几年里得到了飞速的发展。视频会议是在桌面视频会议的基础上增加多媒体支持特性而形成的，目前对于视频会议还没有一个统一的定义和标准，也有人将桌面视频会议称为多媒体会议，因为许多桌面视频会议系统支持一些简单的多媒体特性(如电子白板、文字交流、文件传输、应用程序共享等)。视频会议系统比一般的桌面视频会议系统有一定的进步，但仍然存在较大的局限性，只能召开一般意义上的互相交流信息的会议，而不能让某一群体用户使用完成一项共同的工作，或者说，视频会议系统的协同性不够。

随着产品价格的不断降低，电视电话和解像器等消费型产品将开始向家用市场发展。

5) 视频会议系统的发展方向

随着近年来视频会议系统的便捷性日渐深入人心，视频会议系统以快捷、方便为特点越来越受到关注并得到了长足发展。视频会议系统使更多的使用用户摆脱了时间、地域的限制，随时随地轻松地进行多人的"面对面"实时沟通，同时降低了企业成本，提高了工作效率和决策速度，更提高了企业对客户服务的反应速度，视频会议系统经过多年的发展已经被广泛认可。据相关调查显示，我国在政府、金融、能源、通信、交通、医疗、教育等重点行业机构中，使用视频会议系统的用户比例日趋增多，视频会议系统已经成为我国行业信息交流和传递的重要手段。在过去的几年间，我国视频会议系统市场已逐渐步入快速发展阶段，在未来几年内，视频会议系统发展速度还将加快，其发展方向主要表现在以下几个方面：

(1) IP 化。从网络技术的发展趋势来看，Internet 正在向多媒体网络发展，在 Internet 上实现视频会议是目前研究和开发的热点之一。但是，Internet 原来是用于计算机互联和数据通信的网络，使用 TCP/IP 协议，就其目前广泛使用的 IPv4 协议路由器来说，存在无法控制带宽、端对端时延大、QoS 得不到保证等问题，难以满足多媒体通信业务的发展。但随着 ATM 技术、IP 技术、千兆以太网技术在网络层都可以统一到 IP 上，因此基于 IP 的视频会议将成为实时多媒体通信最为理想的方向，是视频会议发展的主流。主要原因有：交互式多媒体通信所依附的传输网路基础，由电路交换式的 ISDN 和专线网络向分组交换式的 IP 网络过渡；视频会议系统的市场目标将由大型公司、政府机构的会议室向小型化的工作组会议室、个人化的桌面延伸，最终发展到家庭；视频系统的功能将由原先单纯的视频会议功能发展成远程教学系统、远程监控系统、远程医疗系统等多方面的综合业务。虽然目前基于 ISDN、DDN 专线，符合 H.320 协议的产品在当前的市场中还处于主导地位，但可以预见，随着 IP 网络的普及和性能的提升，以及用于改善 H.323 协议本身存在缺陷(如网络适应性不是很好、过于复杂、缺乏安全性等)的新的协议和方案(如 SIP 协议)不断补充到现有的框架中，符合 H.323 协议的产品将逐渐取代符合 H.320 协议的产品而成为市场的主流。

可以肯定，随着 IP 的日益普及、IP 性能的逐步改善，性能良好、使用方便、价格便宜的 IP 视频会议系统将会得到广泛应用。

(2) 高清化。随着运营商成为视频会议的主要使用实体，随着 1080P 产业链迅速扩大，1080P 产品价格下降，运营商在网络带宽上拥有无可比拟的优势并安装了高清视频会议终端，运营商开始谋划利用高清视频会议系统提供外包服务激活市场需求。高清视频会议已成为市场主角，金融、政府、电力等高端客户开始测试和建设远程高清视频会议系统，以满足高端的会议、培训和交流的需求。随着技术的成熟以及市场竞争的加剧，国内各视频会议系统厂商将逐步降低产品价格，中低档位的 1080P 终端产品的价格已经迅速降到接近高端标清终端的水平，并在推动视频会议系统市场进一步发展的同时占据更多的市场份额。

（3）移动化。随着三网融合市场的逐步启动，移动视频会议市场将获得快速发展。目前的视频会议已经从简单的电视电话会议扩展到种类繁多的行业应用，包括企业的个人多媒体通信、应急指挥调度、生产监控、安全监控以及远程培训等，也可以远程控制计算机。通过无线的方式，让用户可以在家里和移动汽车上进行视频会议。一些小型视频会议客户端可以固定在用户的汽车上面，通过手写触摸来进行操控，实现多媒体会议沟通。这样的方式非常便携。

（4）融合化。在三网融合的背景下，视频会议系统由过去专业化逐步向融合化市场转型，更多的终端建设更趋向于融合，如和 3G、卫星通信等融合，未来将发展集成度更高、处理能力更强的视频终端接入技术。视频编解码技术会向 H.264 发展，语音技术向高保真、低带宽发展；MCU 向交换机和路由器融合；随着网络宽带化，视频会议终端也将智能化，将通信、娱乐、信息等各种功能融合在一起。除了视频应用本身的技术热点外，在企业应用中，除了应用和部署一套 IP 视频系统外，还要实现与语音、数据通信平台的统一以及与企业经营决策的各个业务流程相互融合与嵌入，还要面对跨网络互通、跨功能互操作和跨设备通信的诸多问题。

9.2　视频会议系统的工作原理

典型的多点视频会议系统是由终端设备、通信网络、多点控制单元(MCU)和相应的系统运行软件组成的，其拓扑结构如图 9-1 所示。其中的通信网络可以是 PSTN、LAN、ISDN、Internet、FDDI/ATM 等，但由于不同的通信网络原理及结构差异很大，导致了视频会议系统的组成部分及微观内部结构(包括终端系统的连接结构，MCU 的配置方案结构等)多有不同。下面介绍两种应用最广的视频会议体系，一种是适用于 ISDN、ATM 等电路交换网络的 H.320 框架体系，一种是适用于 IP 分组交换网的 H.323 框架体系。

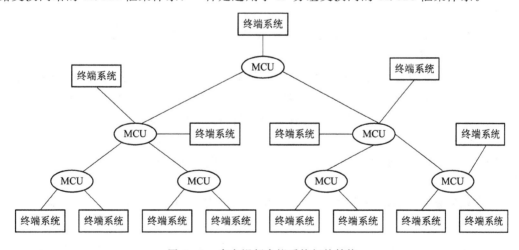

图 9-1　多点视频会议系统拓扑结构

9.2.1 基于 H.320 框架标准的视频会议系统

H.320 标准发展于 20 世纪 80 年代后期，于 1990 年 7 月由 CCITT(现在的 ITU)通过。它是第一个成功的低速率视频通信标准，描述了保证服务质量的多媒体通信和业务，使用带宽时以 64 kb/s 为基本增加量，称为"p * 64"，它包括 ISDN 和 56 kb/s 交换网(速率从 56 kb/s～2 Mb/s)上的视频会议和电视电话，目前仍是一个被广泛接受的 ISDN 视频会议标准。

1. H.320 终端

终端是视频会议系统的基本功能实体，在视频会议系统中处在会场的图像、音频、数据输入/输出设备和通信网络之间，其核心是编解码算法。它将本地会场的视频图像、语音和数据信息进行压缩编码、处理后发送出来，同时将接收到的各种信息进行解码，再现图像、语音和数据信号。会议终端根据不同的网络所采用的标准有所不同，主要表现在"复用控制"及"通信接口"模块的不同，此外，所使用的视、音频处理的标准也有所差别。

H.320 标准从总体上规定了视频会议以终端为主的系统框架。通常将符合 H.320 协议的视频会议终端称为 H.320 终端，其功能结构如图 9-2 的虚线框所示。

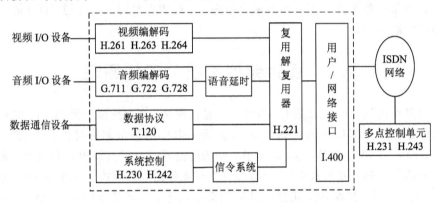

图 9-2 H.320 终端结构

1) 视频编解码

视频编解码对由视频 I/O 设备来的视频信号实行减少冗余度的处理，由 H.261/H.263/H.264 协议来规范，主要功能包括以下几点：

(1) 将来自本地会场视频输入设备的模拟视频信号数字化后进行压缩编码处理，以适应窄带数字信道的传送。目前，已有许多数字式摄像头产品，这种摄像头输出的信号已经被数字化，视频编解码器对此数字信号流直接进行压缩编码处理。

(2) 将来自远程会场的已压缩视频信号解压缩后，送给相应的视频输出设备。

(3) 可对不同电视制式的视频信号进行处理，以使不同电视制式的视频会议系统直接无缝互通，如 PAL 与 NTSC 之间的互通。

在多点视频会议通信的环境下，视频编解码器应支持 MCU 进行多点切换控制。

2) 音频编解码

在视频会议系统中，音频编解码与视频编解码具有同等的核心地位，按照 G.711、G.722 或 G.728 协议对音频信号进行编解码。由于音频数据量与视频数据量相比要小得多，音频编解码在视频会议系统设计中并不会成为瓶颈问题。

音频编解码功能主要包括两个方面：

（1）对来自本地会场音频输入设备的模拟信号数字化，以 PCM、ADPCM 或 LDCELP 方式进行编码。这类模拟信号频率通常为 50 Hz～3.4 kHz 或 50 Hz～7 kHz。编码后的数字音频信号的速率可为 16 kb/s、48 kb/s、56 kb/s 和 64 kb/s 四种。

（2）对来自远程会场已压缩的音频信号解压缩后，送到相应的音频输出设备。

3）语音延时

由于视频编解码器会引入一定时延，造成发言人的语言与唇部的动作不协调，其口形动作与语音相比有一个延迟，因此在音频编码器中必须对编码的音频信号增加适当的时延，以便使解码器中的视频信号和音频信号同步，即所谓的同步问题。

4）数据协议

数据协议是所有会议场点之间进行各种数据通信的基础，它必须支持电子白板、静止图像传输、文件交换及数据库存取等类型。

5）系统控制

系统控制是视频会议终端之间联络的工具，利用控制协议的控制信令对系统进行控制。一般，视频会议系统各终端之间的互通是依据一定的步骤和规程通过系统的控制来实现的，每进行一项步骤都由相关的信令信号完成。

6）复用解复用器

该设备可将视频、音频、数据、信令等各种多媒体数字信号组合为 64～1920 kb/s 的数字码流，成为与用户/网络接口兼容的信号格式。同时，也可把接收到来自远程会场的比特流分解为各种多媒体信号。对于该设备而言，不管是输入还是输出，数字比特流格式应符合 H.221 协议所规定的信道帧结构。

7）用户/网络接口

用户/网络接口是用户端的终端系统与通信网络信道的连接点，该连接点称为接口。该接口主要完成通信网络与多路复用和解复用模块的匹配问题。

上面简单介绍了 H.320 终端的主要功能模块，需要注意的是，终端系统结构中各模块并不是独立存在的，在实际设计时可能会将若干模块集成或镶嵌在一起协调工作，如时延电路模块就内嵌在音频编解码器电路中。

2. 多点控制单元

多点控制单元（Multipoint Control Unit）是多点视频会议系统的关键设备。MCU 将来自各会议场点的信息流经过同步分离后，抽取出音频、视频、数据等信息和信令，再将各会议场点的信息和信令送入同一种处理模块，完成相应的音视频混合或切换、数据广播和路由选择、定时和会议控制等过程，最后将各会议场点所需的各种信息重新组合起来，送往各相应的终端系统设备。MCU 还有自动统一传输速率的功能：同一次会议的所有终端系统应该工作在同一速率上，如果与它连接的终端系统速率不一致，它会自动选择所有终端系统的最低速率为工作速率。MCU 的工作原理如图 9-3 所示。线路单元包括网络接口、多路分解、多路复接和呼叫控制 4 个部分。每个端口对应一个线路单元。

在图 9-3 中，网络接口模块分输入、输出两个方向。一方面，该模块校正输入数据流

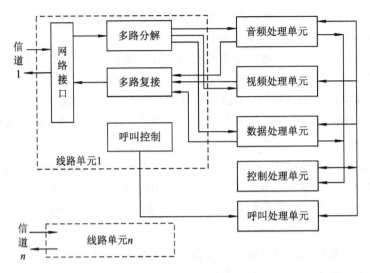

图 9-3 MCU 构成原理

和输出数据流，完成输入/输出符合码流的波形转换。另一方面，该模块按本地系统的时钟定位输入的数据流，完成输入码流的时钟同步。多路分解模块将输入的 H.221 格式的复合码流分解为视频、音频和数据信号并送往相应的处理单元。多路复接模块将视频、音频和数据处理单元送来的数据进行复接，形成固定格式的帧，以便在数字信道中传输。呼叫控制处理器主要负责决定正确的路由选择，混合或切换音频、视频、数据信号，并对会议进行控制。

综上可以看出，MCU 主要处理视频、音频和数据三类数据。

1）视频信号

视频信号主要由视频处理单元完成。MCU 对视频信号一般采用直接分配的方式，即对符合 H.221 协议的复合视频码流进行解复用处理，对分解出的各路压缩数字视频信号并不进行解码，采用直接分配的方式将视频码流发送到目的终端。若某会议场点有人发言，它的图像信号便会传送到 MCU，MCU 将其切换到与它连接的所有其他会议场点。如果每个会议场点需要同时观看多个会议场点的图像（多窗口系统或多监视器系统）时，MCU 的视频处理器才对多路视频信号进行混合处理，即解码、组合和再编码处理。在一般的视频应用中，MCU 只完成对视频信号的切换选择，并不进行解码处理。

2）音频信号

音频信号的处理主要由音频处理单元完成。如只有一个会议场点发言，MCU 将其音频信号切换到其他会议场点；若同时有几个会议场点发言，MCU 根据会议控制模式选出一个音频信号，将其切换到其他会议场点。音频处理器由语音代码转换器和语音混合模块组成。语音代码转换器从各个端口输入的数据流帧结构中分离出各种语音信号并进行解码，然后送入语音混合器进行线性叠加，最后送到编码部分以适当的形式进行编码并插入到输出的数据流中。

3）数据信号

数据信号的处理由数据处理单元完成，数据处理单元在 MCU 中是可选单元。一方面，MCU 根据 H.243 协议，采用广播方式将某一会议场点的数据切换到其他会议场点；另一方面，MCU 可根据 H.200/A270 系列协议的多层协议(MLP)来完成数据信号的处理。

9.2.2　基于 H.323 框架标准的视频会议系统

　　H.323 由 ITU-T 于 1996 年提出并完成标准化，它定义了一个在无服务质量(QoS)保证的 Internet 或其他分组网络上实现多媒体通信的协议及其规程。H.323 是 H.320 的改进版本。H.320 阐述的是在 ISDN 和其他线路交换网络上的视频会议和服务。自从 1990 年 H.320 批准以来，许多公司已经在局域网(LAN)上开发了视频会议，并通过网关扩展到广域网(WAN)，H.323 就是在这种情况下对 H.320 做了必要的扩充，扩充后的 H.323 标准支持以前的多媒体通信标准和设备，其拓扑图如图 9-4 所示。从图中可以看出，H.323 不仅在 Internet 上通信，还可通过 H.323 网关与 PSTN、N-ISDN 及 B-ISDN 上的终端进行通信。H.323 视频系统的基本组成单位是域(ZONE)，一个 H.323 系统的域是由一个 H.323 网守、H.323MCU、H.323 网关和所有 H.323 终端组成。

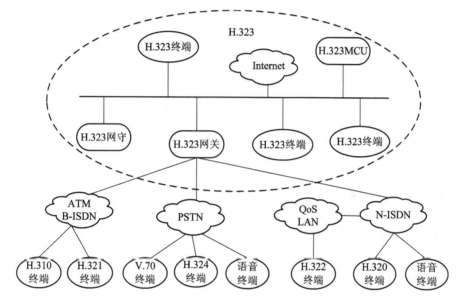

图 9-4　H.323 拓扑结构

1. H.323 终端

　　H.323 终端结构如图 9-5 所示。在 H.323 终端中，对语音的编解码功能是必备项，而对视频和数据通信则是可选项。H.323 终端允许不对称的视频传输，即通信的双方可以不同的图像格式、帧频、速率等传输。H.323 终端中的视频、音频及数据信息都是以分组方式按各自的逻辑信道进行传送的。

　　1) 音频编解码

　　H.323 允许音频编解码的标准种类较多，从低速到高速都有。音频编解码器必须具备 G.711 的编解码能力，并可选择使用 G.722、G.728、G.729、G.723.1 或 MPEG-1 音频标准进行编解码，可进行不对称工作。例如，若音频编码器具有 G.711 和 G.728 的能力，则它能够发送 G.711 标准的音频和接收 G.728 的音频。编解码器在工作时所使用的音频算法由 H.245 协议在能力交换期间所确定。H.225.0 为每个音频逻辑信道设置一个音频

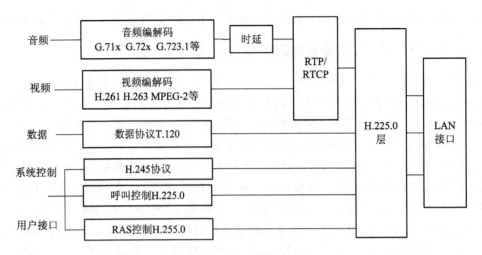

图 9-5 H.323 终端结构

控制逻辑信道,音频数据流根据 H.255.0 标准的格式进行传输。

2) 视频编解码

视频在 H.323 终端中是可选项。视频编码的标准可以是 H.261、H.263、MPEG-2 或 MPEG-4。图像格式允许采用 QCIF、CIF、4CIF、16CIF 等格式。H.323 允许不对称的比特率、帧频、图像分辨率的视频传输,例如可以允许具有 CIF 能力的终端以 QCIF 格式发送,而接收 CIF 图像。视频数据流根据 H.255.0 协议规定的格式进行传输,每个视频逻辑信道都伴随一个视频控制逻辑信道。

3) 数据处理

T.120 是一套支持多点数据交互、静止图像传输、电子白板共享的数据会议标准。T.120 可以在 H.323 通信建立前建立,也可以在 H.323 通信的过程中,由 H.245 打开数据逻辑信道,再建立 T.120 连接和通信。由于 T.120 是 H.323 与其他多媒体通信终端间数据互操作的基础,因此,通过 H.245 协商可将其实施到多种数据应用中,如白板、应用共享、文件传输、静态图像传输、数据库访问、音频图像会议等。

4) 系统控制

系统控制功能是 H.323 终端的核心,它提供了 H.323 终端正确操作的信令。H.323 的系统控制分为 3 部分。

(1) H.245 控制协议:在 H.323 的通信中,控制是利用多媒体通信控制协议 H.245 所规定的逻辑信道的信令过程进行的,完成通信的初始过程建立、逻辑信道建立、终端之间能力交换、通信结束等功能。H.245 的控制信号须在一条专门的可靠信道上传输,且该信道须在建立任何逻辑信道之前先行建立,并在结束通信后才能关闭。能力交换过程用来保证传输的媒体信号是能够被接收端接收的。这要求每一个终端的接收和解码能力必须被对方终端知道。终端不需具备所有的能力,对于不能处理的要求可以不予理睬。终端通过发送它的能力集合使对方知道自己的接收和解码能力,接收方可以从中选择某种方式。能力交换过程完成后,主叫和被叫之间就可以根据对方的接收能力发起媒体的信道建立过程。

(2) RAS 控制:H.255.0 协议规定如何使用 RTP 对音视频数据进行封装,定义了登记、接纳和状态(Registration、Admission and Status，RAS)协议。RAS 信道是端点设备到网守的信道，是一个非可靠传输信道。它采用 UDP 作为传输层，用于传送有关网守发现和端点设备登记的信息(终端和 MCU 通过 RAS 信道在网守中注册)。这一信息将一个端点的别地址和它的"呼叫信令传送地址"相联系。网守发现是终端用于决定向哪一个网守去登记的过程，可以用手工方式，也可以用自动方式进行。终端设备要加入 H.323 的域，必须要进行登记，告诉网守自己的传输地址和别地址。所有的终端都要通过网守发现过程向网守登记。

(3) 呼叫控制：呼叫过程使用 H.255.0 所定义的消息。呼叫信令就是用于建立呼叫、请求改变呼叫的带宽、获得呼叫中端点设备的状态、终止呼叫等的消息过程。在传输音视频数据前，先在端点之间建立呼叫联系以及建立 H.245 控制信道，然后再建立 H.245 媒体信道进行数据和音视频信息的传输。当控制功能从 H.255.0 移交给 H.245 以后，H.255 呼叫即可释放。

5) RTP/RTCP

两个终端间呼叫信令信道建立之后，H.245 控制信道建立起来，然后通过能力协商，打开相应的 H.245 逻辑信道，其中传输视频数据的视频信道就是一种 H.245 逻辑信道。在视频会议系统中，如何提高音视频数据传输的实时性和通信的 QoS，是一个技术重点和技术难点。在 H.323 视频会议系统中，采用了 IETF 提出的 RTP(Real-time Transport Protocal，实时传输协议)来保证 QoS。RTP 为具有实时特性的音视频通信提供了传输服务。它实际上包含两个协议：RTP 本身和 RTCP。RTP 用以传输实时数据，提供净荷类型指示、数据分组序号、数据发送时间戳和数据源标识等。RTCP 用于传输实时信号传递的质量参数，提供 QoS 监测机制，同时还可以传送会议通信中的参会者信息，为会议通信提供控制机制。

2. H.323 多点控制单元

多点控制单元支持在 3 个或者 3 个以上的端点之间召开视频会议。在 H.323 系统中，MCU 包含必选的 MC(Multipoint Controller)和可选的 MP(Multipoint Processors)，MP 可以没有，也可以有多个。

MC 完成对整个会议的集中控制。MC 的控制功能通过 H.245 协议完成，因此，参会各端点首先要建立至 MC 的 H.245 控制信道。MC 和参会的每个端点进行"能力交换"，并给每个端点发送一个能力集，告知它们可以执行的操作模式(视音频处理能力)。当有终端加入或离开此会议时，MC 可能会调整向各终端发送的能力集信息，MC 据此确定会议的选定通信模式(Selected Communication Mode，SCM)，MC 不负责音频、视频和数据的混合或交换，不直接处理任何媒体流。

MP 负责完成视音频编解码、格式转换、速率适配、语音的混合、视频的合成或切换以及多画面等功能。MP 对终端送来的信号进行音频混合、视频交换或合成以及 T.120 数据分配，然后将处理后的音视频流和数据流再回送各终端。发送端和接收端如果视频协议、格式和带宽一样，MCU 会直接转发，三者中有任一不一样就需要 MP 把发送端的图像格式翻译成接收端的图像格式。因此，MP 必须能执行各种媒体信息的编解码，具备在不同的音频、视频和数据格式以及比特率之间转换的能力，使得与会终端能使用不同的通信模式加入同一会议。如果终端之间的 SCM 不同，MP 则要进行通信模式的转换以保证各终端之间的正常通信。在实现多画面功能时，MCU 对需要加入多画面组合中的各终端图像进行解码，再组合编码成一路图像，传送给所有观看多画面的终端。一个多画面会议需要占用 MCU 一路多画面编码资源，有几个子画面需要几路多画面解码资源；多个会议有多画面则相应累加。

MC 和 MP 可以作为单独的部件或者集成到其他 H.323 部件。

3. 网守

网守也称为关守、网闸，是局域网 H.323 中一个特有的实体，并且是一个可选项，属于 H.323 系统中的信令单元，管理一个区域里的终端、MCU 和网关等设备。网守向 H.323 终端提供呼叫控制服务。虽然从逻辑上网守和 H.323 节点设备是分离的，但生产商可以将网守的功能融入 H.323 终端、网关和 MCU 等物理设备中，当然，网守也可以是一个独立的设备。网守执行三种主要功能。

1）接入控制

由于网络资源有限，网络上同时接入的用户数也是有限的。网守根据授权情况和网络资源情况确定是否允许用户接入。它通过地址转换(把终端的别地址转换为可寻址的 IP 地址)来控制终端、网关和 MCU 对局域网的访问。

2）带宽管理

网守可以通过发送远程访问服务(RAS)消息来支持对带宽的控制功能。RAS 消息包括带宽请求、带宽确认和带宽丢弃等，通过带宽管理，可以限制网络可分配的最大带宽，为网络其他业务预留资源。例如，网络管理员可定义同时参加会议用户数的门限值，一旦用户数达到此设定值，网守就可以拒绝任何超过该门限值的连接请求。这将使整个会议所占有的带宽限制在网络总带宽的某一可行范围内，剩余部分则留给 E-mail、文件传输和其他应用。

3）呼叫路由

所有终端的呼叫可以汇集到这里，然后再转发到其他终端，以便于 ATM 上的 H.310 终端、ISDN 上的 H.320 终端、公用电话网或移动网上的 H.324 终端之间的通信。

4. 网关

在 H.323 会议中，网关是一个可选择的部件，因为如果视频会议不与其他网络上的终端连接时，同一个网络上的终端之间就可以直接进行通信。网关提供局域网和其他类型网络之间的连接，在它们之间充当"翻译"。H.323 网关提供许多服务，最基本的服务是对在 H.323 会议终端与其他类型终端之间传输的数字信号格式进行转换(如 H.320 终端的传输格式 H.221 与 H.323 终端传输格式 H.255.0 间的转换)和通信规程间的转换(如 H.320 终端通信规程 H.242 和 H.323 终端通信规程 H.245 之间的转换)。另外，H.323 网关可实现 IP 数据分组的打包及拆包、执行语音和图像编解码器的转换、负责在 LAN 和电路交换网间实施呼叫的建立和消除。H.323 网关可建立连接的终端包含 PSTN 终端、运行在 ISDN 网络上与 H.320 兼容的终端以及运行在 PSTN 上与 H.324 兼容的终端。

9.2.3 基于 SIP 的 IP 视频会议系统

SIP(Session Initiation Protocol，会话初始协议)是一种基于 IP 网络提供多媒体会话控制的信令协议，是由 EITF 负责制定的。最初版本是 1999 年形成的 RFC2543，之后不断更新，最新的版本是 2002 年 6 月提出来的 RFC3261。SIP 是一个基于文本的应用层控制协议，独立于底层传输协议 TCP/UDP/SCTP，用于建立、修改和终止 IP 网上的双方或多方多媒体会话。SIP 协议借鉴了 HTTP、SMTP 等协议，支持代理、重定向及登记定位用户等功能，支持用户移动，通过与 RTP/RTCP、SDP、RTSP 等协议及 DNS 配合，SIP 支持语音、视频、数据、E - mali、聊天、游戏等。SIP 协议可在 TCP 或 UDP 之上传送，由于 SIP 本身具有握手机制，可首选 UDP。

SIP 协议是创建、修改或终止多媒体会话的应用层控制协议，其本身只能利用消息机制实现不同的呼叫机制，也就是说它只能提供服务，不具备通信功能，其只能通过以下几种方式实现通信功能：

（1）点对点视频通信。SIP 在建立会话时采用三次握手机制来保证呼叫的正确建立，连接成功后，再向被叫终端发送相应的操作请求，被叫终端根据其请求做出反应，给出对请求的处理结果。当通话结束后，利用 BYE 和 CANCEL 请求来终止之前建立的会话。

（2）视频会议通信。SIP 在实际应用中一般采用在系统中增加多点控制单元的方式或借助 H.323 标准中微控制单元的方式来弥补其会议控制功能不强的缺点。

系统中增加多点控制单元的工作原理是：多点控制单元的每个单元需要通过 INVITE 请求发出邀请，在 INVITE 请求中的 SDP(Session Description Protocol)协议上一定要加上对会议属性的描述，也就是说要给出会议的一些信息，让接到邀请的人员能知道此次会议的大体内容，有利于做出是否要参加的判断。会议开始后，多点控制单元需要将接收到的媒体流准确定位，并且依靠媒体处理器达到视频的分屏再与音频流混合的效果，然后由控制单元分别发送给每个 SIP 终端。

SIP 较 H.323 而言，具有设计思想简洁开放、移动性和扩展性支持好、终端设备具有良好的智能性等不可比拟的优势。利用 SIP 构建多媒体会议系统不仅可以方便地实现 H.323 的各种功能，而且还具有营运成本低，便于开发各种增值业务等巨大优势，其研发存在较大的经济效益和良好的社会效益。但是 SIP 协议起初是为 IP 电话而提出的，它主要用于点到点的会话连接和管理，并没有直接提供多方会话的功能，因而研究和实现基于 SIP 的多媒体会议系统存在一定的难度和复杂性。目前 SIP 会议框架还处于草案阶段，并没有正式成为标准，对此，IETF 也正在紧张地研究和制定之中。通常，大中型企业或行业用户比较适合 H.323 协议，因为此协议偏向效率，适合用于开发以指挥、调度通信、远程购物、电子商务为主的行业网络。由于中小型企事业单位更关注成本，比较适合选择 SIP 协议，利用其技术开发出的远程教育、远程医疗、远程监控系统、视频点播业务等企业网络，以省钱、灵活通信为主。

1. SIP 会议系统逻辑组件

SIP 会议系统的逻辑组件包括以下几种：

（1）会议中心节点(Focus)。会议中心节点使用 SIP 会话连接其他所有与会者，同时管理与他们的信令及媒体连接。

（2）会议策略服务器(Conference Policy Server)。客户端为了达到控制会议的目的，只能直接与策略服务器进行交互，客户可以修改会议相关的认证和状态，也就是说可以直接修改会议策略，换而言之，就是把抽象出来的会议服务器逻辑规则单独存放在会议策略服务器中，客户端通过直接与策略服务器交互从而控制会议。

（3）混合器（Mixer）。在系统中，混合器相当于传统 H.323 会议模型中的 MP，主要负责混音或视频叠加，可以由具有媒体混和能力的媒体网关充当。由于一个会议中心节点可以控制多个混合器，而且到目前为止还没有制定出会议中心节点和混合器的通信接口，所以一般采用 MGCP 或 H.248Megaco 协议连接两者。

（4）会议事件通知服务（Conference Notification Service）。会议中心节点可以使用 SIP 事件通知机制向与会者发布两类消息，会议状态消息和会议策略消息。参加会议的人员通过会议事件通知服务获取这两类消息。会议状态消息包括其他与会者的属性等，会议策略消息包括媒体策略、会议策略以及会议资源等。

（5）与会者（Participant）。与会者可以是普通的 SIP 客户端，也可以是其他会议的中心节点。当与会者是其他会议的中心节点时就可以组成新的 Simplex 级联会议。

（6）会议策略（Conference Policy）。会议策略具体的来说就是指参加会议人员的列表、召开会议的时间、会议的发起者是中心节点还是参加的会议人员等。

2. SIP 会议系统模型

目前多媒体会议有多种分类方式，按其组织方式一般分为集中式会议、松散式多播会议、全分布式会议。按照发起方式可分为主动发起和 Ad-Hoc 会议两种。主动发起方式指的是预先生成一个会议 URI，然后通过网页发布链接等非 SIP 方式通知与会者，或由会议服务器主动邀请与会者参与会议。Ad-Hoc 方式则可以将正在进行的 SIP 对话自动迁移至会议状态，从而接受多方会谈。SIP 会议模型通过专门的会议服务器支持主动发起方式，同时通过 Join 方法支持 Ad-Hoc 方式。

松散多播会议使用了多播技术。如图 9-6 所示，在松散多播会议中，参与会议的终端将其音频和视频多播到其他参与会议的终端，不需要使用 MCU，终端负责混合接收到的音频流以及从接收到的视频流中选择一个或多个显示。松散多播会议没有中央节点，终端间不需要信令通信，加入媒体多播组即可加入会议。这种会议方式功能简单，对网络资源的占用低，并能大幅度地降低成本，但是要求网络的配置支持网络多播，局限大，所以应用不广。

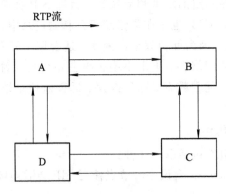

图 9-6 松散式多播会议模型

全分布式会议中，每个节点都与其他所有节点保持联系，没有中央节点，但是不管节点之间是不是有信息的交流都需要保持相对的通信，这样就造成了带宽的浪费和效率的降低,且对终端要求高,难以组织大规模会议,难以控制。

集中多点会议是指所有终端以点对点方式与一个MCU进行通信,如图9-7所示,终端发送控制、音频、视频或数据流到MCU,MCU中的MC集中管理会议,MCU中的MP进行音频混合、视频混合和数据分发,并将处理后的媒体流返还给参加会议的每个终端。

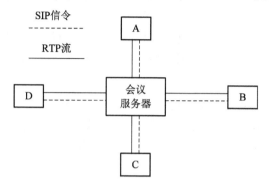

图9-7 集中式多点会议模型

集中式的多媒体会议系统是一种紧耦合的方式,这种方式需要有会议服务器的参与,会议服务器通过集中控制器负责会话控制信令,通过媒体混合器负责媒体流的混合和分发,所有参加会议的成员与集中控制器发生SIP信令关系,与媒体混合器建立多播或多重单播媒体连接。集中式的多媒体会议系统性能优越,在安全性、会议规模等方面都可以满足企业用户的需要,该系统架构的会议服务器有着广阔的商用前景。

9.3 视频会议系统的组网及应用

9.3.1 视频会议系统组网结构

1. 点对点组网结构

点对点视频会议系统只涉及两个会议终端系统,其组网结构非常简单,不需要MCU,也不需要增加额外的网络设备,只须在终端系统的系统控制模块中增加会议管理功能即可实现。其组网结构如图9-8所示,图中控制协议虚线实际上并不存在,其内容也是通过接口相互传递的。

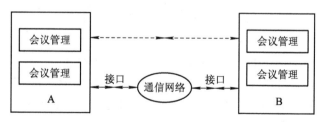

图9-8 点对点组网结构

两个会场(终端系统)只需相互拨号呼叫对方并得到对方确认后便可召开视频会议。目前比较流行的可视电话的通信网络是PSTN,实际上这是点对点结构的一种特例。

2. 多点会议组网结构

在多个会场进行多点会议时，必须设置一台或多台 MCU(多点控制单元)。MCU 是一个数字处理单元，通常设置在网络节点处，可供多个会场同时进行相互间的通信。MCU 应在数字域中实现音频、视频、数据信令等数字信号的混合和切换(分配)，但不得影响音频、视频等信号的质量。

多点会议组网结构比较复杂，根据 MCU 数目可分为两类：单 MCU 方式和多 MCU 方式。而多 MCU 方式一般又可分为两种：星型组网结构和层级组网结构。

1) 单 MCU 方式

当会场数目不多且地域分布比较集中时，可采用单 MCU 方式，其组网结构如图 9-9 所示。图中 Ta，Tb，…，Tf 均为视频会议终端系统设备。

各会场依次加入会议时，必须经过 MCU 确认并通知先于它加入会议的会场。

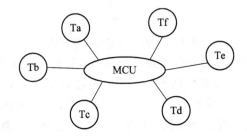

图 9-9 单 MCU 方式组网结构

2) 星型组网结构

多 MCU 连接的星型组网结构如图 9-10 所示，其中 VCT 是视频会议终端 Video Conference Terminal 的缩写。

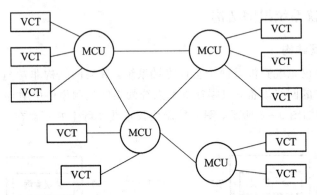

图 9-10 多 MCU 连接的星型组网结构

这种星型结构对会议终端系统要求较低，增加新会场时易扩展。MCU 功能类似于交换机，各 MCU 在这种组网结构中地位平等。由于该组网方式的会场数目较多，其会议控制模式宜采用主席控制模式。

3) 层级组网结构

多 MCU 连接的层级组网结构最适宜布置在各会场地域上很分散的情况，可利用 ISDN、B-ISDN 或 DDN(长途数字传输网)等通信网络，其组网结构如图 9-11 所示。

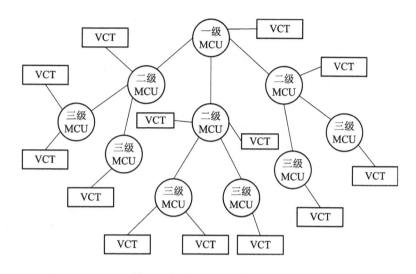

图 9－11　多 MCU 连接的层级组网结构

这种层级结构覆盖的地域很广，也可以进行国际间视频会议，不仅易于扩充，而且更易于管理。多个 MCU 受上层的 MCU 控制和制约。

9.3.2　典型视频会议系统

视频会议作为目前最先进的通讯技术，只需借助互联网，即可实现高效高清的远程会议、办公，在持续提升用户沟通效率、缩减企业差旅费用成本、提高管理成效等方面具有得天独厚的优势，已部分取代商务出行，成为远程办公的最新模式。近年来，视频会议的应用范围迅速扩大，从政府、公安、军队、法院到科技、能源、医疗、教育等领域随处可见，涵盖了社会生活的方方面面。

1. 基于 H.320 系统的某省电子政务视频会议系统

自 1999 年启动政府上网工程之后，大部分政府部门都搭建了一套网络传输平台，组建了互联网站，推出了一些针对社会公众的网上办公业务。在网络高速发展为政府信息化提供充足的发展平台时，这些越来越多的对外电子服务逐渐对政府内部和政府之间的协同办公与业务处理提出了更高要求，单纯的文件传输和信息发布已经无法满足人们更高层次的需求。基于网络传输的多媒体应用和视频会议已逐渐成为政府应有的主要交流方式。某省电子政务视频会议系统构建于省电子政务网中的视频会议专网，是覆盖五大办公厅、部分省厅局单位、省电子政务网管中心、3 个省级移动会场、16 个州（市）和 129 个县（市、区）的党政部门专业的视讯系统。如图 9－12 所示，省到州市带宽为 4 M、州市到县带宽为 2 M。整个系统网络拓扑结构为星型树状结构，通过多点控制单元（MCU）的级联实现会议终端之间的互通。

全网基于标准的 H.320 架构，采用 2 级分布式组网结构，通过 SDH E1 专线电路接入方式点对点连接，省-州市采用 4M SDH 专线链路，州市-区县采用 2M SDH 专线链路。在此基础上构建纵向覆盖全省各州市、县网管中心的以视频和语音为主要业务的综合视讯应用骨干平台，通过多点控制交换单元（MCU）的级联实现会议终端设备的互通。E1 线路采用 2M SDH 专线，相对于 IP 网络能提供更为可靠和更为稳定的承载网络保证。E1 组网能

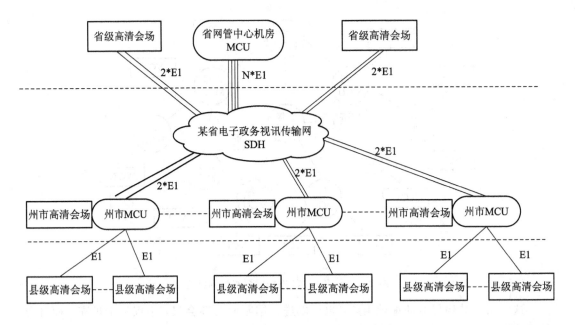

图 9-12　省电子政务视讯承载网络拓扑图

避免 IP 线路传输数据存在的网络丢包严重、线路带宽被挤占、网络延时大和网络 QoS 得不到保证等质量弊端，同时还能避免 IP 线路传输存在的数据安全得不到保证、广域网上防火墙 NAT 设备众多对视频会议的影响等弊端。E1 专线可靠稳定的数据传输性能能有效保证政府视频会议系统稳定运行，因此，E1 方式组网是对重要性和质量要求很高的省电子政务视频会议系统的最合适选择。

如图 9-12 所示，省电子政务视讯系统采用级联组网，具体配置如下：省级主会场配置高清视频会议终端 6 台，省电子政务网络中心控制室配置视频会议视频交换平台 MCU 1 台，用于召开全省的视频会议；配置资源管理平台，用于全省视频会议系统的管理和调度；各州市网管中心分会场配置高清视频会议终端 1 台；各州市网管中心维护机房配置视频会议视频交换平台 MCU 1 台，用于召开州市党政部门到所属区县部门的视频会议；配置资源管理平台，用于该州市视频会议系统的管理和调度；各个区县分会场配置高清视频会议终端 1 台。整个系统的功能包括：

1）会议控制功能

系统支持多种会议控制方式，如主席控制、导演控制、自动轮询、语音激励等，根据会议的不同需要可选择不同的会议控制方式。

2）多画面功能

系统提供强大的多画面功能，至少是 4 画面，这样各会场都能在一个显示设备上同时显示，增强会议的临场效果。

3）双流功能

系统能提供标准的 H.239 双流，包括 2 路活动图像或 1 路活动图像和 1 路 PC 桌面。

4）双视传送

终端内置双视传送功能，支持同时将 2 路的摄像机实时图像传送给远端，增强视频会议的临场效果。

5）字幕功能

终端提供内置字幕机功能，主席会场可现场或提前编辑好字母，会议中可通过滚动方式或其他方式在会场中实时发送给其他会场。如用于重要提示、会议通知、欢迎词等。

6）全景会场功能

在会议中主席会场可同时使用双流发送、双视传送、字母发送等功能，使各分会场可以同时看到主会场与会者实时场面、演讲人的实时图像、演讲人的演讲胶片内容、主会场的滚动字幕等。

7）分屏显示

系统提供在1台显示设备上同时显示"远端的会场图像＋远端胶片＋本地会场图像"，显示模式可通过终端遥控器灵活选择，例如：远端图像、远端胶片、远端图像＋远端胶片、远端图像＋远端胶片＋本地图像。

8）动态速率调整

系统支持动态速率调整，当网络出现拥塞时，视频会议的带宽得不到保证，将会出现画面马赛克甚至停顿的情况，系统动态速率调整技术可通过检测网络状况动态调整视频会议的码率，当网络带宽不足时，自动降低会议带宽，当网络状况恢复后，视频会议恢复到正常带宽，这样可保证会议的连贯性，提供更好的视音频效果。

9）多点摄像机控制

主席会场可以对其他分会场的摄像头进行远程控制（上下左右、远近、调焦）以及位置预置等，支持对远端多个视频源的选择和控制。

该省电子政务视频会议系统拥有优秀的扩展性，以便将来增加会场接入数量。系统MCU支持3级数字级联和5级简单级联，可以非常方便地增加会议点数。

2. 基于 H. 323 系统的大型区域性视频会议系统

对于大型企业、行业用户需要建设全国性或地区性视频会议系统，以前多采用基于E1专线、ISDN或ATM的H. 320系统。由于目前国内中心城市、地市级甚至县级城市网络条件大大改善，对于会议室级的会议系统来说，可利用IP专用网络来组建基于H. 323的会议系统。图9-13是一种基于IP网络的视频会议系统，可用于整个企事业单位或某个部门的全区域会议，例如工作会议，宣传教育活动、经验推广和工作汇报等。如图9-13所示，整个系统基于IP数据网，采用H. 323体系标准。

中心点配置MCU、网管和会议控制台视频终端。MCU汇集中心会场及各个下属单位分会场码流，负责对这些码流进行处理、转发、画面分割等，通过会议控制台对这些码流进行分发、交换、会议控制，由视频录像点播服务器负责对会议进行录像和点播。会议控制台负责会议的召集、管理和结束等管理控制功能；网管服务器负责进行网络的参数设置和对网络运行情况进行监控；流媒体服务器负责会议录像，网络上的PC机可以通过WEB方式进行点播。

分会场配置视频终端、专用会议摄像机和话筒。音视频信号送到终端进行编码后，通过网络传送到中心MCU进行转发、控制等处理。本视频会议系统的主要功能包括：

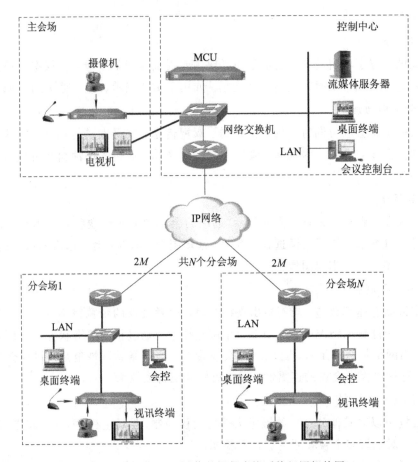

图 9-13 基于 IP 网络的视频会议系统组网拓扑图

1) 会议控制功能

系统支持 4 种会议控制方式，包括主席控制、导演控制、自动轮询以及语音激励，根据会议的不同需要可选择不同的会议控制方式。

（1）主席控制模式：任意一个会场都可以申请经允许成为主席会场，成为主席的会场可以点名某一个分会场发言，可以选择自己想要观看的会场，具有强制退出任一会场、结束会议及远遥摄像头的能力。

（2）导演控制模式：会议管理员通过会议控制台控制会议的进程，称为导演控制模式。

（3）自动轮询：通过设置循环切换的周期和需自动轮询的会场，可将这些会场图像依次循环发送到其他各会场。

（4）语音激励：根据与会者发音的强度和讲话时间长短选择最符合条件的发言者，将其画面发给所有分会场。

2) 多画面显示

多画面显示功能作为视频会议系统中的辅助功能，可增强系统应用的灵活性，便于在单一显示设备上以分屏形式同时显示多个远端会场的图像。如图 9-14 所示，本系统支持丰富的多画面显示方式，可支持 1、2、4、9、16 等多种灵活的画面组合模式。系统可在无需结束会议的情况下，实现多画面格式以及多画面与单画面间的动态切换。可以设定各个会场都接收多画面图像或只在主会场显示多画面、其他分会场只收看主会场图像。

(a) 1画面　　　　　　　　(b) 2画面　　　　　　　　(c) 4画面

(d) 9画面　　　　　　　　(e) 16画面

图 9-14　多画面显示模式

3）中文字幕和数字横幅

（1）字幕显示方式多样：会场台标、滚动字幕、翻页字幕。

（2）可设置数字横幅：横幅的颜色、字体都可设置，省去每次开会制作会议横幅的繁琐和费用。

4）动态速率调整

当网络出现拥塞时，视频会议的带宽得不到保证，将会出现画面马赛克甚至停顿的情况，本系统采用动态速率调整技术，通过检测网络状况，动态调整视频会议的码率，当网络带宽不足时，自动降低会议带宽，当网络状况恢复后，视频会议恢复到正常带宽，保证会议的连贯性，提供更好的视音频。

5）智能丢包恢复

当网络出现丢包情况时，对端接收不到视频会议码流，画面会出现跳跃、停顿甚至黑屏等现象，本系统采用智能丢包恢复技术，通过检测网络丢包率，重发丢失的数据包来保证网络拥塞时的会议效果。

6）网守功能

网守（GK）是局域网 H.323 中的一个特有的实体，它向 H.323 终端提供呼叫控制服务。能够为终端提供终端接入控制、带宽管理、呼叫路由等网守功能。

7）多网段接入

如果网络中存在多个网段，各网段之间相互隔离，但是建设了视频会议系统之后，要求各个网段之间视频内容能互通，例如，数据网要访问视频网的内容或本身视频会议设备就不在同一网段，本系统支持两个网段的接入。

8）内置代理功能

如果网络中存在防火墙和 NAT，本系统可通过内置代理提供防火墙和 NAT 的透明穿越，在对原有网络配置影响最小的情况下实现系统部署。

本系统可以召开主会场和所有分会场参加的全网视频会议。可用于整个单位或某个部门的全区域会议，例如工作会议，宣传教育活动、经验推广和工作汇报等。另外，本系统支持自助式会议和主叫呼集会议，各会场仅需对终端进行操作即可召集会议，无需中心管理员干预。在操作方式上，可以采用遥控器呼叫，也可采用 PC 登录终端的终端控制台进行操作。几个用户可不经过中心 MCU 召开点对点会议，方便互相之间的交流和学习。

9.4　本章小结

本章主要介绍了数字视频处理技术在视频会议系统中的具体应用。首先从视频会议系统的分类、所涉及的关键技术、发展方向等方面对视频会议系统进行了概要介绍，在此基础上，分别介绍了基于 H.320 框架标准、基于 H.323 框架标准和基于 SIP 的视频会议系统的工作原理，最后，介绍了视频会议系统的典型组网方式及应用案例。

❖ 思考练习题 ❖

1. 简述视频会议系统的分类。
2. 在视频会议系统终端结构中，为什么要对语音信号进行一个人为的延迟？
3. MCU 主要处理哪三类数据？简述各自的处理方式。
4. 常见的视频会议系统框架性协议有哪些？举例说明各自的应用领域。
5. 比较基于 SIP 的视频会议系统和基于 H.323 框架的视频会议系统各自的特点。

参 考 文 献

［1］ Y Wang，J Ostermann，Y Q Zhang. 视频处理与通信. 侯正信，杨喜，王文全，译. 北京：电子工来出版社，2003.

［2］ 张晓燕，李瑞欣，刘玲霞. 多媒体通信技术. 北京：北京邮电大学出版社，2009.

［3］ 刘富强，等. 数字视频图像处理与通信. 北京：机械工业出版社，2010.

［4］ 章毓晋. 图像工程. 北京：清华大学出版社，2006.

［5］ 万卫兵，等. 智能视频监控中目标检测与识别. 上海：上海交通大学出版社，2010.

［6］ 李玉山. 数字视频技术及应用. 西安：西安电子科技大学出版社，2006.

［7］ 孙景琪，等. 数字视频技术及应用. 北京：北京工业大学出版社，2006.

［8］ 毕厚杰. 新一代视频压缩编码标准：H.264/AVC. 北京：人民邮电出版社，2005.

［9］ 刘传才. 图像理解与计算机视觉. 厦门：厦门大学出版社，2002.

［10］ 王润生. 图像理解. 北京：国防工业出版社，1995.

［11］ 余兆明，等. 视频会议系统及其应用. 北京：北京邮电大学出版社，2002.

［12］ 朱子健，等. 视频会议系统原理与设备. 北京：国防工业出版社，2010.

［13］ 赵荣椿，等. 数字图像处理导论. 西安：西北工业大学出版社，2000.

［14］ A M Tekalp. 数字视频处理. 崔之祜，等译. 北京：电子工业出版社，1998).

［15］ R Jain，R Kasturi，B G Schunck. Machine Vision. 影印版. 北京：机械工业出版社，2003).

［16］ 西刹子. 智能网络视频监控技术详解与实践. 北京：清华大学出版社，2011.

［17］ 黎洪松. 数字视频处理页数. 北京：北京邮电大学出版社，2006.

［18］ 谢剑斌，等. 数字视频处理与显示. 北京：电子工业出版社，2010.

［19］ 何小海. 图像通信. 西安：西安电子科技大学出版社，2005.

［20］ 朱秀昌，等. 数字图像处理与图像通信. 北京：北京邮电大学出版社，2002.

［21］ 朱秀昌. 图像通信应用系统. 北京：北京邮电大学出版社，2003.